U0335790

Mark Stuart Day

[美]马克·斯图尔特·戴 著　独孤轻云 译

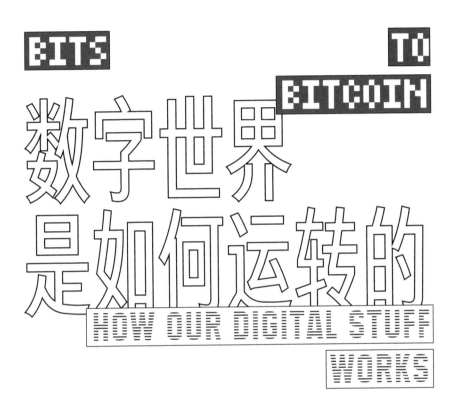

BITS TO BITCOIN

数字世界是如何运转的

HOW OUR DIGITAL STUFF WORKS

九州出版社
JIUZHOUPRESS

奥兹：注意窗帘后面的那个人！这是伟大的奥兹告诉你的！

多萝西（拉开窗帘）：你是谁？

陌生人：哦……我……我是伟大而强大的……奥兹巫师。

多萝西：你是吗？我不相信你。

陌生人：恐怕我的确是。除了我，没有其他巫师。

——选自《绿野仙踪》（1939）

前　言

　　20 世纪 70 年代末，我在上高中时为校报写过一篇文章，解释了个人计算机能够做些什么，它的优点之一是可以存储菜谱。这没有问题——只是不太像你在介绍计算机时首先想到的事情。

　　在那个时候，我们很容易意识到一些重要的事情正在发生，但并不能预见计算机如今拥有的能力。我们现在拥有大量使用计算机和通信技术的设备和服务，因此我不需要再强调计算机的价值了。实际上，现在的难题是如何让人们断开与手机、平板电脑、音乐播放器和笔记本电脑的连接，正视其他事物的优点。

　　随着计算机从新奇事物演化成无处不在的必需品，有大量的发现和发明涌现。就像我曾经需要解释计算机能够做些什么一样，我认为现在需要解释一下计算机系统和基础设施更加宽泛的背景。

　　在日常生活中，管道是非常重要的，但它在出现问题之前很少受到关注——计算基础设施也是如此。你很可能不太关心房子里的管道，直到某个管道出现泄漏或其他问题。这种情况下，你需要立即找人修复它（并且愿意为此向他们支付丰厚报酬）。做一名"计算水管工"同样是一件有用但通常比较乏味的事情。我有幸研究了世界上的一些大型组织，看到了他们对基础设施的各种处理方式——好的、坏的和丑陋的处理方式。

奇怪的是，对于一个非专业人士来说，了解物理学家头脑中关于狭义相对论的知识比了解计算机科学家头脑中关于协调进程的知识更容易——尽管我们的日常生活和狭义相对论几乎没有任何交集，但我们几乎所有的日常活动都涉及进程之间的某种协调。我发现，在《纽约书评》(*New York Review of Books*)杂志社或美国国家公共广播电台等场所工作的人，对计算机科学的"大道理"几乎一无所知，但它们可以而且应该和这些地方有莫大关联。

因此，本书试图向具有其他学术背景，尤其是人文学术背景的人解释计算机系统。虽然我在大学期间只接受过工程学教育，但我是自由艺术和信息公民的支持者。我认为，知识对我们的学术和政治自由以及实现人类潜力都至关重要。

本书有意回避了编程。我的经验是，一些受过良好教育的聪明人并不喜欢编程。我想这种说法很容易验证，也很容易理解：编程是一种很奇怪的活动，但是学过编程的人往往会忘记它的奇特性。在我看来，对编程缺乏意愿或兴趣就像对歌剧缺乏兴趣：它意味着当事人接触不到某些重要的知识和经验，但它并不意味着"非歌剧人士"需要补救性的帮助。

我们如何在不涉及编程的情况下探索计算机科学？我的目标不是向未来的专业人士提供完整的介绍，而是为好奇者点燃火花。本书的组织原则与动物园类似。我收集了一些"标本"，我会描述每种"动物"，并指出它们之间的某种联系。

　　动物园现在已经过时了。最好的方法是在自然栖息地观察动物，其次是在更好地模拟自然栖息地的大型公园里观察动物。当然，如果可以选择，我们应该选择不那么人为、限制较少、更接近动物真实世界的呈现形式。不过，将动物装在笼子里的旧式动物园仍发挥了重要的教育作用，它们可以展示世界各地的真实动物，使人们意识到它们的重要性。动物园在野生动物和人类对其重要性的全面理解之间架设了重要桥梁。

　　我的动物园里包含了一些技术问题，甚至可能会让计算机专业人士感到陌生。写书是一种有趣的学习经历，因为我需要不断思考什么才是真正重要的，为什么重要，而且不能把这本书写成某种通用的计算机科学教材。一些读者可能会从书中获得有用的见解，另一些读者可能会被惹恼，甚至可能同一位读者同时拥有这两种体验。

　　就像对待任何一个动物园一样，理性的人会对我所展示的"收藏品"的完整性和连贯性提出质疑。和任何一个动物园管理员一样，我会通过意图和环境的结合来解释我的选择。我的同事杰瑞·萨特泽（Jerry Saltzer）和弗兰斯·卡里舒克（Frans Kaashoek）所著的权威教材《计算机系统设计原理》对我有显著的影响。实际上，你可以把本书看作非专业人士对这本专业教材的注解。如果你有兴趣进一步研究这些主题，这本教材是极佳的资源。

参观这个动物园并不能让任何人成为专业程序员，甚至不能为任何人提供关于任何主题的完整介绍——正如参观动物园不能让任何人成为动物学家，甚至不能让任何人对任何一种动物有完整的了解。但在这两种情况下，我们都可以欣赏到一些个体的特征，也可以对包含这些个体的互联世界的奇观建立初步印象。

导　言

现代世界有一种重要的基础设施，它不太为人熟知，仅仅因为它相对较新。你可能非常熟悉其他种类的基础设施。例如：

- 交通基础设施支持人和货物的流动。它由公路、桥梁、隧道、铁路线、机场、仓库等组成。

- 电力基础设施支持电力的发电和输送。它由发电厂、变压器、配电线路、电表等组成。

- 供水和污水基础设施支持净水和污水的处理。它由水坝、水库、沟渠、管道、处理厂等组成。

每一个二战后出生的人都会认为这些基础设施是理所当然的。相比之下，本书解释了我们通常所说的计算基础设施的一些重要方面。这种基础设施是支撑现代世界的最新"管道"或"机械"，它所包含的元素在未来人类眼中就像公路、电力和自来水一样普通，但目前它们仍处在发展变化中。

即使你对基础设施的建设或分析没有直接兴趣，你也需要理解它——包括它的能力和局限——这和你是有利害关系的。你可能对涉及某种计算机的设备和服务有一些应对经验。例如，你可能拥有手机、平板电脑或笔记本电脑。你可能习惯在网上搜索或在社交网络上查看好友近况。但你可能不太清楚这些究竟是怎么运转的。本书将会解释支持这一切运转的要素。

软件、进程、计算——这是表示这一领域最重要内容的一些常规词语。不管我们使用什么词语，软件都具有有趣的双重性质。一方面，软件是可以直接影响世界的真实事物；另一方面，从某种程度上说，软件只是处理器运行时投下的影子。正如其他作家所说，编程更像是施展魔法，而不是文学写作和机器制造。与文学的性质不同，程序可以在没有读者参与的情况下产生效果；不过，和其他工程学科的物理材料相比，程序实体更像是小说家的文字。

本书分为四个部分：

第一部分介绍了单一进程的世界。这个世界既有惊人的威力，又有惊人的局限，即使我们假设计算机总是正确运行。

第二部分在前一部分的基础上研究拥有多个进程的世界，尤其是这些进程相互作用时的情况。相互作用的进程在某些方面能力低于预期，在另一些方面能力则远超预期。第二部分结束时，我们可以概述一个简单的网页浏览工作原理。

第三部分在多进程世界的基础上研究有时会失败的进程和机器。不过，各种巧妙的发明可以让这些相互作用的进程超越基础机械的局限。

最后一部分讨论了相互攻击或自我防御的进程问题：如何保

密，结果是否可信，如何预防欺骗。在最后一部分结束时，我们可以解释比特币系统面对攻击时准确记录资金转移的机制。

现在，我们要结束导言，开始真正的旅程。常言道，千里之行，始于足下。我们的旅程始于下一部分对单一进程的思考。

目 录
contents

前 言　i

导 言　v

第一部分　单一进程　1

第 1 章　步骤　3

第 2 章　进程　19

第 3 章　名字 / 名称　35

第 4 章　递归　49

第 5 章　局限：不完美程序　61

第 6 章　局限：完美程序　81

第二部分　相互作用的进程　99

第 7 章　协调　101

第 8 章　状态、改变和相等　113

第 9 章　受控访问　127

第 10 章　中断　141

第 11 章　虚拟化　157

第 12 章　分隔　173

第 13 章　数据包　193

第 14 章　浏览　199

第三部分　不可阻挡的进程　227

第 15 章　失效　229

第 16 章　软件失效　257

第 17 章　可靠的网络　267

第 18 章　云的内部　279

第 19 章　再谈浏览　311

第四部分　防御进程　325

第 20 章　攻击者　327

第 21 章　汤普森入侵　339

第 22 章　秘密　353

第 23 章　安全信道、密钥分配和证书　375

第 24 章　比特币的目标　401

第 25 章　比特币的机制　411

第 26 章　回顾　437

致　谢　441

数字世界是如何运转的
Bits to Bitcoin

第一部分　单一进程

第1章 步骤

一百多年前，乔治·修拉（Georges Seurat）和保罗·西涅克（Paul Signac）等艺术家开始尝试用纯色的小点创造图像。这种技术的衍生物——电视和各种数字显示器——现在已经变得极为常见，你很难想象人们曾经对这些由小点构成的画面嗤之以鼻。

在现代科技语中，我们将这些点称为像素（意为"图像元素"）。现在，像素被广泛用于各种用途。许多人都经历过相关的像素化现象，当显示系统的某种局限使像素变得异常大而模糊，使部分或全部图像呈"块状"。这些现象意味着图像是用一系列离散元素呈现出来的，而不是我们可能更愿意看到的连续平滑的图像。一个有趣的哲学问题是：如果世界本身是由非常小的离散元素构成的呢？我们的体验会有什么不同？我们能够分辨吗？

人们常常用"数字"（digital）一词描述各种具有"阶梯式"或"块状"特征的计算机或媒体系统。"数字"的含义是我们即将进行的计算探索的一个重要基础。我们可以将世界由小块组成的哲学问题换一种说法，即"数字意味着什么？"不管"数字"是什么，它都是本书后面讨论的所有系统的基础。因此，它的性质会相应地限制这些系统的潜力。

我们的手指也被称为 digits，这就是 digital 一词的由来，用手指计数可能是每个人对数字系统的最初体验。我们让孩子伸出一根、两根和三根手指，为整数"1，2，3……"计数。当我们选择数手指时，我们都知道，手指只有在明显"向上"或明显"向下"时才算"数"。

尽管存在这种规范，你的手指还是完全可以采取半弯的姿势。如果你询问这种半弯姿势代表什么数字，答案通常是"我不知道"或者"什么也不是"。根据我们用手指学会的整数计数方案，我们只能得到整数值的答案——用"二又二分之一"或"2.16"回答是"没有意义的"。

日常生活中的另一种数字系统是台阶。台阶将两个水平面之间的垂直空间划分为几个不同的层次。我们可以对比台阶与直接连接两个水平面的斜坡。在斜坡上，我们可以在水平方向上前进很小的距离——实际上，我们可以选择任意小的距离——对于水平距离的每一个小变化，垂直距离都会有一个相应的小变化（反之亦然），这与台阶不同。在台阶上，一个方向上的小变化并不总是导致另一个方向上的小变化。特别是台阶上升边缘在垂直方向上会有显著的变化，但在水平距离上只会产生很小的变化。

让我们暂时假设台阶和斜坡具有相同的坡度（见图1-1）。在现实世界中，这种相同的坡度几乎永远不会出现：这种相同的坡度意味着要么斜坡陡峭而危险，要么台阶平缓得令人沮丧。不过，这对我们是有用的，因为我们只想理解两者的特点。

有三种常见的方式可以将台阶与斜坡关联起来（见图1-2）。一种可能是台阶刚好位于斜坡下方，踏步①"最外侧"部分与斜坡

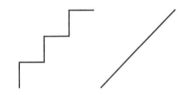

图1-1　坡度相同的台阶和斜坡

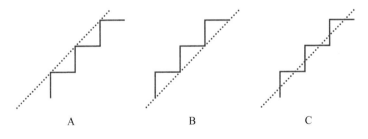

A　　　　　　　　B　　　　　　　　C

图1-2　斜坡和台阶的不同关系

①　工程上踏步可以指一个单体的台阶，而台阶基本上是一个复数的概念。——译者注

重合。一种相反的可能是，台阶刚好位于斜坡上方，踏步"最内侧"部分与斜坡重合。第三种可能处于前两种中间，每个踏步中心与斜坡重合。

我们选择谈论第一种结构，因为相关的物理方面的经历和直觉使其更容易被解释。不过，要注意的是，使用哪种结构并不重要：我们谈论的是台阶和斜坡间隙的性质和面积。不管如何摆放台阶和斜坡，这些间隙都具有相同的总面积。

当台阶和斜坡具有相同的坡度，并且斜坡与踏步最外侧对齐时，斜坡上的大多数位置会略高于台阶水平部分对应的垂直对齐位置。如果我们把脚放在斜坡上的任意位置，它会稳稳地停在斜坡上；不过，如果我们在使用台阶时把脚放在完全相同的位置，脚并不会稳稳地停在任何事物上——相反，它会下落一小段距离，移动到位置低一些的踏步上，然后稳稳停住。如果我们认为自己在沿平滑的斜坡向上走，这种反复落向踏步的经历会令人不快。我们会将它们看作我们预期的"斜坡"的错误、粗糙或凹凸不平。大多数人错过台阶踏步时都会经历暂时的混乱或不适。"错过斜坡"可能会有类似的感觉，但是重复的频率更为密集而已。

我们可以将台阶变小，以减少"斜坡体验"和"台阶体验"之间的差异（见图1-3）。

很小很小的台阶与斜坡是无法分辨的。实际上，如果我们以显微镜的尺度观察现实中的任意斜坡，我们会发现，它并不是连

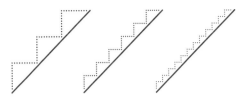

图 1-3 将台阶变小

接两个水平面的完美直线。相反，它是一系列颠簸的、具有不同坡度和高度的水平位置变化。不过，这种微小的颠簸对我们平常使用斜坡时影响不大，我们完全可以将其看作平滑的斜坡。

一般来说，一个系统可以拥有台阶，也可以平滑地变化。在专业术语中，有台阶的系统叫作数字系统，没有台阶的平滑系统叫作模拟系统。有时，同一个系统中既可以找到模拟元素，又可以找到数字元素。重要的是，数字和模拟仅仅是模式而已。当我们需要注意和处理不同的离散等级（比如台阶）时，我们称该系统为"数字的"。当我们需要忽略粗糙性和尖锐变化，并且拥有足够多的中间等级（比如斜坡）时，我们称该系统为"模拟的"。不过，我们可以选择将台阶看成颠簸的斜坡，也可以将斜坡看成显微镜下的台阶，我们不能说任何系统是"绝对数字的"或"绝对模拟的"。

本书接下来重点将放在以两种截然不同的方式实现数字化的系统上。计算与"做事"有关，也与"事物"有关。通常，我们关注的是两者的结合，即"用事物做一些事情"。不过，一开始，我们最好将两者分开来讲。在本章接下来的部分，我们将关注"事物"——即计算机科学家所说的数字数据。下一章，我们将关注"做事"——即计算机科学家所说的进程。

比 特

什么是数字数据？我们所有的"事物"是用一系列比特（Bits）表示的。每个比特的值为 0 或 1，就像开关的开或关一样，没有其他的中间值，只有 0 或 1，但是它们有很多！当我们拥有从 0 到 1 并且返回到 0 的"单一踏步"时，我们可以将其结合起来，按照我们的意愿建立一个复杂的台阶。我们稍后会看到，我们可以用这些简单的基本要素表示各种奇怪而起伏的曲线。

在此之前，我们要问一个问题：数字有什么好处？用数字数据打造系统有什么意义或用处？

如果我们需要存储或传输数据，我们通常关心可靠性（我们将在第 15 章更加仔细地考虑可靠性）。如果我们存储或传输的事物很重要，那么我们希望确保输出和输入的东西完全相同。我们不想失去任何东西，而且不想看到任何失真，不管我们谈论的是语音、文本消息、照片还是电影，不管我们是想将其发送给别人，还是想把它们存储起来，供以后使用。

数字系统的迷人之处在于，它通常比模拟系统更具有指定量级的可靠性。这不是说数字系统一定更容易创建，而是说数字系统更容易得到好的结果。

噪　声

噪声是任何存储和传输系统都需要对抗的敌人。这里的噪声
不是指响亮或令人分心的声音——相反，它是潜入传输和存储
的每个阶段的低水平的"嗡嗡声"。这种噪声很难完全消除，因
为它通常来自热力学过程——即包括大气在内的任何物理材料
的分子随机振动。

在模拟系统中，你很难分辨新增噪声与信号的微小波动。毕
竟，信号（比如音频记录）的原始形式完全可以拥有一些微小波
动，这种波动应该被捕捉和保留下来。所以，我们不能直接宣称
信号中的所有微小波动都是噪声，应该被消除。

在图 1-4 中，左边是复杂的"摆动"模拟信号，中间是某
种新增的强度较低的噪声。最终信号（结果）和原始信号相比存
在细微的失真：如果你仔细观察，你会看到，它们的形状不完全
一样。遗憾的是，如果只看结果，那么我们无法明显看出哪些微

图 1-4　添加到模拟信号中的噪声很难分离出去

小摆动是噪声——其中一些存在于原始信号中。我们并不知道
如何才能改善结果，消除噪声，并恢复原始信号。

作为对比，图 1-5 表示的是数字信号以及之前模拟案例中

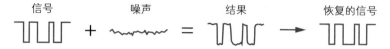

信号　　　　噪声　　　　结果　　　恢复的信号

图 1-5　添加到数字信号中的噪声更容易分离出去

的低强度噪声。结果仍然是失真信号，但我们现在知道，数字信号只包含"高"值和"低"值，任何摆动都是噪声。我们可以滤除摆动，恢复原始数字信号，这对模拟信号来说是不可能的。

在建立数字系统时，我们可以让信号中的微小波动失去意义——从 0 到 1 和从 1 到 0 的转变比噪声过程导致的微小变化大得多。因此，系统可以成功将每个存在细微失真的元素映射回最初的比特值，从而成功提取出干净而没有噪声的信号。

计算是真实的吗？

在计算的世界里，对于某种物理形式的比特模式来说，重要的是比特模式，而不是物理形式。我们可以用绳结类比。绳结也是一种模式。对于某个绳结来说——比如所谓的平结——不管是用细绳还是粗绳系成的，它都是平结。材料可以是尼龙、聚酯或大麻，颜色也可以多种多样，但这并不重要——绳结还是同样的绳结。实际上，如果我们有一条由不同颜色、粗细和（或）材料组成、两端无缝连接而成的绳子，我们可以系一个结，让它在绳子上滑动。它仍然是同一个结，尽管它在不同的时间由不同的材料组成。

同样，如果我们将一页纸（比如本书的一页纸）复印到不同颜色或厚度的纸上，甚至用手绘字母将其抄录到墙上，我们可以看到它的信息特性仍然是相同的。文本的其他方面会发生变化——比如阅读和携带的便捷程度——但是所有不同版本具有同样的"文本属性"，我们可以透过表面上的变化分辨出这种纯物理形式。

类似地，不管表示成磁化波动、半导体电荷、印在纸上的黑色条形码还是闪烁的光线序列，比特模式仍然是比特模式。存储和计算机化的物理性质可能对速度、容量和可靠性产生很大影响，但"比特就是比特"——例如，"磁比特"并不会比其他比特更好或更差。

因此，在计算领域，物理实质并不重要，但这并不意味着计算是虚拟或想象的。计算是真实的，计算的具体实现是物理的——但计算的重点不是物理的。对于将"真实"和"物理"同等看待的人来说，计算的非物理特性很难理解。有趣的是，计算就像魔术，它本身不同于世界上的"普通物质"，但却有能力影响世界。

称量程序

在一个关于计算的非物理实质的笑话中，一位美国宇航局工程师在太空计划早期试图计算待发射火箭的总重量。他找到编程团队的负责人，询问程序的重量。

"没有重量。"程序员回答道。

"不，你真的需要告诉我程序的重量，不然我没法得到准确的总数。"工程师说道。

"我说了，没有重量！"程序员坚持道。

工程师感觉对方在开玩笑，因此拿来了一摞当时用于编程的穿孔卡片。他把沉重的盒子丢在程序员大腿上。

"这是一个程序，它并非没有重量！"工程师叫道。

程序员平静地回答道："不，孔才是程序。"

模拟或数字转换

如果我们从一些平滑变化的模拟数据入手，我们似乎只能使用平滑变化的模拟形式——但实际上，我们可以在模拟和数字世界之间转换。这里的关键在于我们要用类似于观察斜坡的小台阶的观察方式：我们可以让踏步变得足够小，使数字形式与模拟形式类似。这一原则不仅适用于斜坡，而且适用于任意模拟形状。更妙的是，数字和模拟之间的联系可以用规则表示：在表示指定模拟数据集合时，我们可以算出需要的踏步大小。

假设相关数据是正在播放的某种音乐的声音。从物理上说，这种声音由复杂的气压变化序列组成。如果我们可以看到在空气中传播的音乐，我们就会看到空气中的声波有些类似海浪。磁记录和留声机等模拟技术可以将这些复杂声波复制到不同介质上——带子上的磁颗粒或乙烯基上的凹槽。如果我们仔细观察唱片上的凹槽，实际上可以看到声波的一个版本。

所以，我们可以在不同的模拟介质上有效复制声波，以制作声波的模拟呈现形式。我们面临的挑战是将声波表示成一系列台阶（数字呈现形式）。有两个简单的工程知识与我们用数字形式表示声音的探索有关。

第一个简单的知识是，任何复杂的起伏波形都可以用一系列正弦波近似表示。图 1-6 是一个正弦波的图像。虽然所有正弦波具有类似形状，但它们的频率（波峰间距）和幅度（波峰高度）存在差异。一个正弦波听上去像是纯音符——具有单一音调，声音没有任何复杂性。

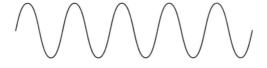

图 1-6　正弦波

令人吃惊的是，即使是最混乱的波形也可以用一些不同的正弦波近似表示。在图 1-7 中，上方的三个简单的正弦波叠加形成了下方更复杂的波形。虽然从这个简单的例子中看起来不明显，但反向过程同样有效——给定一个极为复杂的周期重复波形，我们可以将其分解成一组正弦波。这种叠加正弦波的工作并不能确保是完美的。不过，随着我们将越来越多的成分波添加到整体

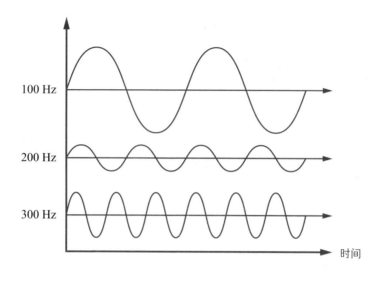

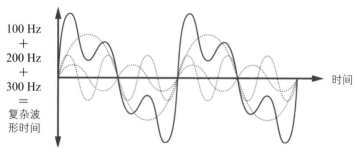

图 1-7　叠加多个正弦波，形成一个更复杂的波形

中，我们会越来越接近精确的匹配……但我们可能永远无法实现匹配。但我们可以选择某种阈值，称达到阈值的匹配"足够接近"并宣告成功。

　　第二个简单的知识是，对于任何重复波形，如果我们以合适

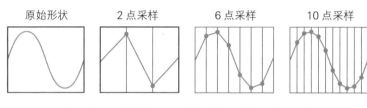

图 1-8　采样频率的增长带来更加准确的重建效果

的速度采样，就可以完美地复制它。这里的采样指的是不完整的测量——不是连续测量，而是偶尔但有规律地测量。采样其实是一种"分步式"或间歇性测量。图 1-8 表示通过采样重建信号的方式。采样越多，重建效果就越好。

　　合适的采样速度至少是波形频率的两倍。采用更快的采样速度也可以，但是要想完美复制，我们必须以待复制波形的最高变化速度的至少两倍采样。为什么是两倍？这里的数学原理有点复杂，但在物理方面的直觉是，如果你以波形中最高变化速度的至少两倍采样，你就永远不会错过任何事情——你会捕捉到波形中每一个有意义的变化。

　　例如，你可能知道墙上插座里的家庭用电是一种波。在美国，这种"电波"每秒摆动 60 个来回（或者说频率是 60 赫兹）。所以，如果我们的波是 60 赫兹的美国交流电波之一，我们可以每秒采样 120 次，并且确信我们可以将这些读数完美地还原成原始波形。工程师将这种基于采样的重组称为波形重建。

　　正如我们所提到的，你听到的声音是空气中的声波传到你耳朵里的结果。让我们以某种音符为例。如果你懂音乐，你会知道

"比中央 C 高三个八度的 A"这种描述。如果你不懂音乐，也没有关系。我们只是在选择某个音符，具体是哪个音符并不重要。这个音符（比中央 C 高三个八度的 A）的频率刚好是 3,520 赫兹。所以，如果我们以两倍的频率采样（即每秒 7,040 次），我们就可以完美重建。

交流电波和纯音符都是正弦波，但是这种频率加倍技术并不限于正弦波——以波形频率的两倍采样足以重建看上去一点也不像正弦波的波形。让我们再一次强调，这是对波形的完美重建——只要波形以指定的频率精确重复。（在现实世界中，许多复杂的声波会增长、衰减或者以各种方式变化，而不是在这种意义上严格地重复。）

让我们总结一下前面这两项技术。首先，"叠加波形"技术可以将非周期波形分解成一系列周期性正弦波。当这些正弦波叠加时，结果几乎与原始波形相同。作为补充，第二个技术"采样"可以只用采样点完美重建任意周期波形。

重要的是，我们可以将这些思想结合起来：我们可以将任意波形分解成许多周期波形，然后用采样测量将其完美地表示出来。这两项技术的结合意味着我们应该可以通过数字采样完美呈现任何声音。我们只需要确保以声音中最高频率波的两倍频率采样。

在实践中，这种方法存在一些问题。其中一个问题是如何确定有意义的最高频率。在涉及人类感知时（通常是这样），我们需要确定这种"完美呈现"是对于所有人的完美，还是对于大多数人表面上的完美。一些异常个体的视力和听力比几乎所有其他人强得多，为适应他们的特殊天赋而打造系统会使一切变得极为昂贵，同时又不会为大多数人带来价值。

因此，大多数数字音频和视频系统会做出权衡，对一些人来说可以看到或听到的"小故障"，但对大多数人来说是不会发现的。如果你的朋友抱怨某段录音的音质不佳，那么他也许真的可以听到你听不到的声音。

原生数字

我们需要为所有重要事物的采样和重建问题操心吗？不。别忘了，一些重要事物已经有了最容易理解的数字呈现形式。例如，在撰写本书时，我只是将一系列字符插入存储在笔记本电脑里的文字处理文件而已。它属于"原生数字"。虽然你可以找到写作过程中的模拟元素（作者手指按动键盘时的移动，笔记本电脑屏幕上可见的特定字母形状和字母间的空隙），但它们不是重要元素，没有被存储起来。这些模拟元素并不会影响经历多个编辑和印刷阶段并呈现在你眼前的这本书的样式。在最初的写作中，真正重要的只有特定字符序列的选择和存储——而一个离散的字符序列是明确数字呈现形式的完美案例。

我们可以对比一下这种写作过程与使用钢笔书写原始手稿的写作过程。在某个时候，原始的手写文本需要被打印出来，这种数字化过程与上述音乐案例具有一些相同的风险。

总结一下：

- 我们可以对数字数据和模拟数据使用数字呈现形式。
- 数字数据易于正确地存储和传输。

这些特点共同解释了为什么它会吸引所有形式的媒体进行数字化。

此外，随着时间的推移，数字存储成本会大幅下降——我们将在下一章研究这一现象。这种成本下降为模拟形式广泛转向数字形式提供了额外的激励。

第2章 进程

在上一章，我们将台阶视为斜坡的"数字化"版本。我们比较了台阶和斜坡，以便通过这种视角理解数字与模拟的含义。现在，让我们考虑通过离散步骤前进的想法——这些步骤不一定是台阶上的踏步，它们只是单独而可以区分的步骤而已。这是组成软件行为的一种"数字行为"。我们在上一章惊叹于周围的像素化世界，现在，我们要考虑将我们和其他人的所有活动"像素化"意味着什么。在本章，我们要从抽象的步骤概念下沉到计算硬件的一些非常具体的特征上。

我们感兴趣的步骤就像人的从容步行，而不是快走或奔跑。每一步要么还未开始（并未产生影响），要么已经完成（业已产生影响）。我们从一个稳定的站立位置移动到另一个位置，这种移动是由一次迈步引起的。我们之前说过，在用手指计数时，我们没有为半弯的手指赋予明确含义；同样，我们看不到任何"部分"步骤，任何"部分"结果，或者类似的事情。

"一步"是最小的不可分的原子，一切都是由此建立的。这种看法与日常生活中关于时间的直觉不同：我们往往认为时间可以任意细分。我们目前最好的秒表也许无法测量小于百分之一秒的时间单位，但我们相信，更加精密的仪器可以（原则上）感知或测量更小的时间间隔。相比之下，在这个步骤的世界中，没有比最小的步长更小的事物。

作为进程的阅读

根据将进程看作"步骤序列"的简单定义，进程无处不在。例如，考虑阅读一本书——就像你现在做的一样。科学家已经了解到，从生理、神经、心理机制的角度来看，阅读是一个极为复杂的过程。我们不会试图介绍所有细节。相反，我们会把重点放在阅读体验上，选出一些元素，帮助我们建立更一般概念的想法以理解进程。

我们可以将阅读看作一个进程，将阅读每一页看作不同的步骤，从第一页开始，到最后一页结束。我们也可以将阅读每个句子、每个词语或者每个字母看作不同的步骤。

在图 2-1 中，我们可以将阅读书摘看作阅读页的序列，或者句子的序列。注意，句子边界不一定与页边界重合，因此一个层次的步骤与另一个层次的步骤可能不完全对应。

图 2-1　页和句子

　　类似地，在图 2-2 中，我们可以将阅读一段文本看作阅读句子的序列，或者词语的序列。由于一个词语不可能分到两个句子里，因此每个句子边界都可以找到与之精确对应的词语边界（反之则不然）。

图 2-2　句子和词语

　　作为对于某种进程的描述，所有这些不同的步骤都是可以适用的。我们甚至可以复杂化，将这些描述结合在一起，以捕捉它们的相互关系：页包含词语，词语包含字母。句子也包含词语，词语包含字母。句子常常跨越页边界，因此我们不能说页只包含完整的句子。

　　这里可能会导致混乱，因为在一些情况下，我们可能会面对看上去像是部分步骤的情况。对于字母、词语、句子和页，我们有时可以将较小的步骤打造成步骤序列，然后将这种序列看作更大的单一步骤。有时，这种序列表现得不像单一步骤，容易出现部分完成、部分变化等情况。不过，这种困难不会改变数字模式的性质。如果我们观察一个部分完成的步骤内部，我们会发现组合在一起的更小的步骤。在某个足够低的层级上，存在某种不可分割的步骤。系统底层是某种机械，它可以干净、重复、不可分割地完成单一步骤。

为了通用起见，我们有时将较低的层级称为"执行步骤的机械"。这个术语当然可以表示我们通常理解的"计算机"，即可以购买的现成硬件。当我们仔细观察一台计算机时，我们会看到一个电子设备。我们需要为它插上电源或者提供电池，使之工作。如果打开计算机，我们会看到执行电磁操作的各种芯片和装置，它们由电力驱动。人们很容易认为电力和奇怪的部件是计算必不可少的。事实上，它们并不是必不可少的。它们只是极快地执行步骤的机器组件而已。即使我们想到某种奇特的未来计算机或不涉及电力和电磁组件的另类计算机，只要它是执行步骤的机器，这里的想法就仍然适用。

图灵机

这种执行步骤的通用机器有一个简单的模型。它包含两个元素：某种"小抄"和某种"便笺本"（见图 2-3）。

小抄就像专门定制的词典一样。不过，它与词典有所不同：机器不是查找与某个词语相应的定义，而是用小抄确定自己接下

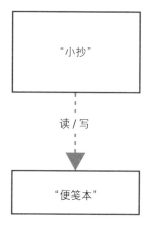

图 2-3 小抄和便笺本

来应该做什么。所以，机器每一步的行动完全取决于便笺本内容和小抄内容的结合。对于指定的机器，我们可以根据自己的意愿设置小抄，但是当机器开始运转时，它就不会修改小抄了。相比之下，机器会修改便笺本。机器有一个简单的重复周期：它会查看便笺本上的内容，然后在小抄上查找相应的行为，随即在便笺本上写下一些内容。这就是计算机的基本原理，尽管这听上去令人吃惊。

根据这种简短的描述，你可能认为这种便笺本很简单。实际上，它有一定的结构和局限性。首先，便笺本被分为排成一行的离散区域。通常，这些区域由单元格组成，每个单元格足以写下一个字符。不过，它们也可能很小，只能写下 0 或 1，或者（原则上）很大，足以写下一部小说。重要的是，这些单元格之间应该有明确的界限，以免相互混淆。其次，一个单元格的内容应该在单一机器步骤下可识别——这是人们不会让单元格大到足以容纳一部小说的原因。最后，这些单元格应该足够多，以免我们担心单元格不够用。为避免这种担忧，我们只需说明总是有可用的单元格——如果需要，我们可以拥有无数的单元格。

执行步骤的机器有一个特定单元格，那是它当前的焦点：机器只会读写当前单元格。机器也可以改变当前单元格，但它只会将焦点向左或向右移动一个单元格。

这种机器会执行以下步骤：每次一步，反复执行。从某种角度看，每一步都是相同的：它包括读取当前单元格，在小抄上查找对应项，写入当前单元格，以及向左或向右移动到新的单元格。从另一种角度看，每一步都是不同的：

- 从当前单元格读取的内容可能是这个计算之前从未读取过的内容。
- 需要采取的行动可能是这个计算之前在小抄上从未见过的行动。
- 写入当前单元格的内容可能是这个计算之前从未写入过的内容。

所以，即使每一步的梗概或结构是相同的，任意一步的详细内容——输入、行动、输出——都可能是独一无二的。

计算机科学家将这种执行步骤的机器称为图灵机（见图 2-4）。它以发明它的数学家艾伦·图灵（Alan Turing）的名字命名。在计算机科学中，小抄被称为有限状态机。在图灵最初的设计和其他大多数描述中，上述便笺本被描述为某种带子。

令人吃惊的是，这种小抄、便笺本和重复的简单步骤的奇怪组合足以表示任何计算。

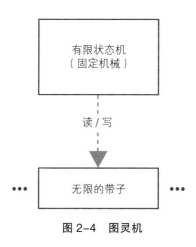

图 2-4　图灵机

如果以合适的方式观察现代计算机，你可以看到图灵机的影子。现代计算机拥有一些具有一组固定的重复功能的硬件，就像图灵机的有限状态机一样。现代计算机反复执行获取下一条指令和执行相应行动的循环，就像图灵机重复简单的读取、查找、写入行为一样。现代计算机可以对内存或硬盘上的大量位置读取和（或）写入，就像图灵机可以对便笺本和（或）无限的带子上的无数单元格读取和（或）写入一样。

现代喷气式客机与莱特兄弟驾驶的首架动力飞机没有任何具体的相同之处，但我们仍然可以发现它们的共同特点。同样，现代计算机的复杂程度和实际计算能力远高于图灵机，但我们仍然可以看到它们的家族相似性。

无限进程

阅读过程通常拥有可以辨别的开始和结束，它通常始于第一页，结束于最后一页。但有时阅读是无休止的过程。例如，有些人选择每天阅读《圣经》上的一小段文字。当他们读到结尾时，就会从书的开头重新开始。

在讨论这些问题时，我们应该区分开规程和行为。规程是从较高的层级上描述我们希望发生的事情，而行为是真实发生的事情。一旦将规程和行为区分开，我们就可以看到一个简洁的规程，它所对应的行为可以很不简洁——时间很长，空间范围很大。一个简单的例子是打印"Hi"，然后暂停一秒并重复（见图2-5）。

它不是很有用，但它可以说明这一点：它的描述很短，它的活动持续而没有结束，它打印"Hi"的次数是无限的。我们可以将这里的描述或规程称为程序，尽管它是一种很不正式的程序。正如我们在这个例子中所看到的，一个小程序可以指定一个永远持续的进程。

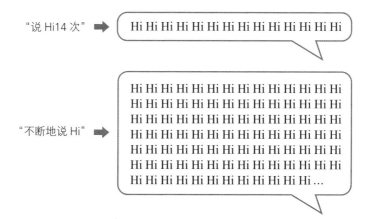

图 2-5　有限进程和无限进程

执　行

进程中发生的事情——它的实际行为——也被称为进程的执行。给定进程（比如某个阅读过程）的执行取决于执行步骤并为前进提供能量的事物。在阅读过程的例子中，读者提供了进入下一步的能量。对于计算机程序，最终提供能量的是硬件。实际上，这就是计算机的本质，即将能量转换成步骤的事物。

一方面，进程是真实事物，可以对世界产生影响。另一方面，它只是由某个程序驱动的执行步骤的机械投下的影子。如果从另一个角度考虑执行，我们可以问，电影拷贝和投射在屏幕上的影像之间有什么关系？或者，唱片和扬声器发出的音乐之间有什么关系？对计算机科学家来说，它们都可以用来类比程序和进程之间关系。电影拷贝和唱片类似于程序，投射的影像和播放的音乐类似于进程。电影放映机和唱片播放器是执行这种转换的机器，类似于我们描述的执行步骤的机械。

我们可以说，程序是进程所做事情的静态描述。我们也可以说，进程是程序描述内容的动态实现。不管怎样，我们应该看到，程序和进程在一个层次上是对同一事物的不同描述，而在另一个层次上是完全不同的事物。

电影拷贝和唱片类似于程序，因为它们可以机械重复——我们重视它们的持续重放能力，并且努力确保重放的准确性。程序和进程有一个更加松散的类比。我们可以考虑乐谱和交响乐演出的关系，或者菜谱与菜肴的关系。虽然乐谱和演出是关系密切但种类不同的实体，菜谱和菜肴具有可比关系，但在这些例子中，我们认为"程序"的解读不是通过纯机械实现的。实际上，许多读者认为这些领域的"机械"解读是低品质的。在这些领域努力提高保真度和还原度似乎没有抓住重点。

由于电影拷贝和唱片录制在机械上是可复制的，并且强调保真度，因此它们迅速从模拟介质转换成了数字介质。也许在几年后，大多数读者将不会真正理解电影拷贝和唱片的类比，因为这些事物将会变得非常陌生，完全被数字版本所取代。

既然我们对这些"行动步骤"的含义已经有了一定的理解。现在，我们应该更详细地考虑如何在现实中实现它们。这意味着我们既要理解如何创建程序，又要理解能够执行该程序的步骤机械所涉及的内容。

有效构造

计算机科学家将程序这类事物称为有效构造，即我们可以理解其制造方法的事物。

相比之下，数学不需要有效构造。从数学上讲，对我们不知道如何实现的条件进行假设是没有问题的。例如，在一个古老的笑话中，一位受雇提高牛奶产量的数学家写在报告中的第一句话是，"假设有一头球形奶牛"。同样，下面确定每粒沙子平均重量的方法在数学上也没有任何问题：

1. 称量沙滩，以确定总重量。
2. 统计沙粒，以确定沙粒总数量。
3. 用总重量除以总数量，以确定平均重量。

不过，我们可以意识到，这不是可行或明智的程序：我们并不清楚"称量沙滩"真正意味着什么，或者应该使用什么设备。类似地，统计沙滩上的所有沙粒也许是可能的，但这似乎不是花费精力的良好途径。这种"称量沙滩"方法可以充当程序员所做工作的反面案例。对于计算，每一步都必须有效——我们需要拥有可以实际执行的某种途径，而不仅仅是设想或想象。

硬件与软件

原则上，我们不需要用任何机械来执行程序。实际上，

"computer"一词最早指的是执行计算的人员。如果我们愿意，我们可以仅仅凭借手工按步骤执行程序。不过，手工执行效率低下，容易出错，而且非常枯燥。所以，我们几乎总是更愿意让某种执行步骤的机械去做这项工作。

在计算机科学家的术语中，执行步骤的机械通常被称为硬件，被执行的程序被称为软件。区别两者的一个简单方法是考虑其相关事物能否通过电子传输。所以，物理计算机的设计（规格和图纸）可以看作一种软件，但设备本身不是软件。

目前为止，根据我们的讨论，硬件似乎是固定的，只有软件是动态或可变的。不过，这不是对情况的准确总结。实际上，硬件本身是人工设计出来的物品，因此硬件可以修改、调整和重新设计。我们可以打造更好的硬件，正如我们可以打造更好的程序和进程。我们甚至可以从整体的观点考虑软件和硬件，认为两者的边界可以移动和重新设计。

令界限更加模糊的是，我们可以使用定制硬件。有一个例子是现场可编程门阵列技术（FPGA）。这种阵列由大量简单的小硬件资源组成，它们相互连接并进行相应排列，以更好地与待解决问题的结构相匹配。从一个角度看，这种阵列是硬件。从另一个角度看，它是软件。

当我们采用整体的观点时，我们常常可以将功能从软件移至硬件，以加快速度，或者将功能从硬件移至软件，以提高灵活性。我们可以从整个系统的设计途径来思考，从全软件入手，将最低层次"固化"为速度更快的硬件。此外，我们还可以考虑从全硬件入手，然后将较高层次"蒸发"成更加灵活的软件。我们的总体目标是在速度和灵活性之间实现平衡。

这种权衡的棘手之处在于，将太多功能放入硬件可能会降低整体速度。所以，虽然"硬件较快"是一种简单直接的想法，但我们不应该盲目追求这种想法。相反，更准确的说法是"简单的硬件速度较快"。

均匀性带来速度

要想理解为什么所有硬件不具有同等速度，可以想象你要为单一制造商的单一生产线管理存储汤罐头的库房。从某种角度看，你可能需要处理多种商品——也许是几百种不同的汤。不过，从处理库房商品的角度看，所有这些不同的汤是基本相同的：它们具有相同的罐头尺寸，罐头被包装在相同尺寸的箱子里，条码在罐头的相同位置上。由于存在许多均匀性，你的货架和机械可以根据这种均匀性进行优化。

假设因为处理汤罐头的成功，你赢得了高速高效运营库房的声誉，其他制造商开始请你处理他们的仓库。他们的一些商品与汤罐头尺寸不同。即使只考虑其他汤类制造商，他们的罐头、箱子、条码位置和你之前合作的单一制造商也是不同的。均匀性的降低必然会降低操作效率：你现在需要更昂贵的基础设施，任何一组操作都可能需要更长时间。

在制造执行步骤的机器时，你也会面对类似的问题。操作越相似，这些操作的执行就越高效。执行步骤的机械执行的不同操作种类越多，均匀性就越低，成本也就越高。

摩尔定律和均匀性

不均匀性可能会带来额外成本。如果整个仓储业主要专注于汤罐头，我们就可以更清晰地看到这种额外成本。如果货架和自动化供应商之间存在竞争，并且大多数供应商都在提供汤罐头处理系统，那么这些领域将会出现持续进步——而我们作为这些系统的消费者将从中受益。相比之下，如果我们打造自己的非均匀系统，它与整个行业打造的系统差别很大，会发生什么情况呢？我们可能会收获一个完全不同的细分市场，但无法从专注于汤类的行业进步中获益。

同样，当我们将这种思维应用于计算机时，我们可以看到，我们能够打造各种定制硬件，以解决特定的计算问题。这种定制硬件短期可以带来利益，但从长期来看，我们会错过主流计算驱动的持续进程改进。

这一观察结果使我们意识到，这里面有一个重要的经济因素在起作用。1965 年，戈登·摩尔（Gordon Moore）发表了一篇关于半导体产品上的晶体管密度趋势的论文。我们后来将这些半导体产品称为"芯片"，但它们的专业名称是集成电路。摩尔观察到，从 1958 年到 1965 年，晶体管密度每年增加一倍，这种趋势可能会在未来很多年里持续下去。这种密度的增加意味着用同样的资金可以购买更多更快的设备。摩尔的观察随后被称为"摩尔定律"。多年来，计算设备的成本和性能一直在根据摩尔定律大幅优化。

摩尔定律常常被认为是现代计算发展中令人震惊又违反直觉的存在，其速度和存储容量的增长与成本的下降的确不同寻常。在捕捉这些进步的极端性质时，常见的做法是将其映射到另一个领域，比如交通运输，进而让人们考虑现代商业飞机只需花费500美元、用20分钟就能环绕地球，并且只需要5加仑燃料的可能性设想。由于这种戏剧性的发展史，人们有时会认为，摩尔定律似乎能在未来几年里带来足够的计算能力，足以解决所有问题。但现实情况则更复杂一些。在本章接下来的部分，我们将研究摩尔定律究竟在讲述什么。下一章将会解释为什么就连摩尔定律的惊人进步也无法解决一些计算成本问题。

摩尔定律讲述的是硬件随着时间的推移而进步的速度。实际上，在涉及细节时，摩尔定律有许多稍微不同的版本——因此它并不像它的名字暗示的那样具有定律属性。在这里，我们认为摩尔定律指的是芯片上的晶体管密度大约每18个月增加一倍。

摩尔定律经常被忽略的一个重要条件是，它适用于所谓的主流原则。大多数人最感兴趣的计算任务和计算机器最受工程师的关注，也是竞争最激烈的领域。所以，除了"简单的硬件速度快"这一观察想法，我们还需要意识到"常用的硬件速度快"。

这个原则有点违反直觉，所以值得详细解释。

摩尔定律是更普遍的经济原则的一个特殊版本。在任何制造业，我们认为我们会从规模经济中获益——如果我们能销售更多相同的产品，我们就可以将固定成本分摊到更大的销售量上，从而降低总成本。此外，规模更大的生产通常可以带来利益，因为想要降低制造成本的聪明人会更多地关注这种生产。这会导致一个良性循环，即顾客会被这些销量更高的产品吸引，因为它们比同类产品更便宜。

摩尔定律实际上指的是最流行的产品的进步速度，其内在引擎是这种良性制造循环。我们距离最流行的产品系列越远，我们从摩尔定律中获得的利益就越少。虽然摩尔定律听上去似乎常常与电子设备或计算机有关，但它其实与主流技术的进步关系更加密切。

即使没有摩尔定律带来的任何进一步的改进，现代世界也为我们提供了方便且拥有惊人执行步骤的机器。我们拥有每秒执行几十亿次（简单）步骤的设备，其中最便宜的设备成本只需要几毛钱。

第3章 名字/名称

翻译文学能否原汁原味地重现原作？从某些角度看，用一种语言写成的优秀图书在另一种完全不同的语言下仍然是优秀图书的可能性似乎不大。实际上，你很难找到一本真正无法翻译的图书。我起初认为苏斯博士（Dr. Seuss）的《帽子里的猫》（*The Cat in the Hat*）和詹姆斯·乔伊斯（James Joyce）的《芬尼根的守灵夜》（*Finnegans Wake*）可以作为证据。不过，《帽子里的猫》有一个备受赞誉的法语译本，而《芬尼根的守灵夜》前三分之一的中译本也大受欢迎。大多数图书似乎都有一组核心思想、人物和情节可以有效转换成与原著语言完全不同的另一种语言。当然，有一些元素在新的语言中也许效果不好，但是由于巧合或译者的技巧，也许会有一些元素在新的语言中效果更好。例如，在阿斯特里克斯（Asterix）的书中，英文版的名字道格马蒂克斯（Dogmatix）比法语原版的伊迪飞（Idefix）更有趣。

这两个名字都有头脑简单的含义……但是由于它是阿斯特里克斯那条狗的名字，因此英文版的名字在某种程度上具有法文版无法比拟的贴切性。[①]

类似地，计算可以具有不同模式——或者说不同译本——同时仍然保留一些相同的重要性质。这些相同性质可以是同样的效应或效应缺失，同样的局限等，以及一些无法翻译的比特和（或）令人高兴的意外改进。在本章中，我们将以新的思路重新提出关于步骤的想法。这种新思路的基本步骤是用值取代名字。

本章使用的记号是最多的。如果你习惯数学符号表示法，或者喜欢玩单词替换游戏，那么你可能不会被这里的内容吓到。但是，如果你不太喜欢数学符号表示法或者不太满意本章的讲述方式，你随时可以在本章的任意位置跳到下一章。你会错过这种计算新思路中一些"独具风味"的内容，但你不会错过任何基本思想。

名字中有什么？

在日常生活中，我们通常不难区分地图和地图所描述的地形。一般来说，地图是一种物质材料：它可以印在纸上，或者显示在移动电话上。而实际的地形则是土地、公路和建筑。地图也具有不同的比例尺：会将整个街区或城市缩小成几厘米的尺寸，

---

① 本书的一位审阅者不清楚为什么道格马蒂克斯这个名字比伊迪飞好，因此我要详细说明：道格马蒂克斯是狗（dog），伊迪飞也是狗（chien）。前者存在巧合，具有幽默感，后者没有巧合和幽默感。我希望这个解释可以帮到你。

但这些地形的实际尺寸可能是几千米。

就像我们通常不会混淆地图和地图所代表的地形一样，我们也不会混淆名字和它所命名的事物。我们在日常语言和写作中对名字和引用的典型用法通常不会很复杂。

计算机科学涉及的名字和命名的问题复杂程度可能会令人惊讶。它的命名系统比日常语言中使用的命名系统更复杂。而且，组成名字的"材料"或"物质"通常与被命名的"材料"或"物质"非常相似。和日常经验相反，这一领域中长期存在着将地图和地形弄混的风险，即将名字和它所命名的事物弄混的风险。

让我们从一个简单的例子开始。巴拉克·奥巴马（Barack Obama）是一个男人的名字。我们可以将这个名字作为他的某种替代（见图 3-1）。

如果我们不知道他的名字，或者不想使用他的名字，但他就

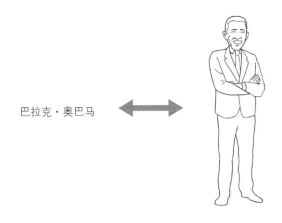

巴拉克·奥巴马

图 3-1 名字和它所命名的人

在附近，我们可以指着他，或者使用"站在那里的人"这类间接描述（见图 3-2）。

图 3-2　用手势代替名字

在本书这类书面文档中，我们可以将图片作为另一种"命名"，以指代我们所谈论的某个人。从某种意义上说，我们的图片是巴拉克·奥巴马的一个名字，因为我们并不能将真人装到这本书里。

下面是另一个例子：阿拉伯数字 5、罗马数字 V 和一条斜线穿过四条竖线的符号全都表示同一个数字（见图 3-3）。

不过，它们都只是这个数字的名字，而不是数字本身。数字本身是"五"的某种抽象概念，而不是纸上具有 5 这个形状的特定符号。

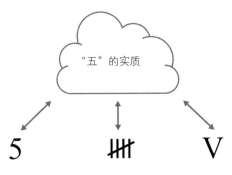

图3-3 "五"的3个不同的名字

即使巴拉克·奥巴马在我们说话时就站在我们身边，我们在表述"巴拉克·奥巴马是首位在夏威夷长大的美国总统"这类说法时也不得不使用某种名字。我们可以不说"巴拉克·奥巴马"，而是指着站在旁边的人，但这仅仅是另一种名字而已。我们不能拉起这个人的身体，将他塞进句子开头：人的物理意义上的身体不应该成为句子中的某种实体，就像"巴拉克·奥巴马"这个名字不应该成为和朋友推杯换盏的某种实体。

引　用

让我们将命名的思想再向前推进一个层次，以分辨巴拉克·奥巴马和"巴拉克·奥巴马"（这里的引号很重要）。考虑下面两个正确的句子：

巴拉克·奥巴马是首位在夏威夷长大的总统。

"巴拉克·奥巴马"（Barack Obama）的长度是 12 个字符（空格也算 1 个字符）。

将它们与下面两个结构类似但不正确的句子进行比较：

"巴拉克·奥巴马"是首位在夏威夷长大的总统。

巴拉克·奥巴马（Barack Obama）的长度是 12 个字符。

有些人会注意到这种错误，觉得很恼火。从结构上看，这两个句子仍然可以被接受：它们都是简单的陈述句，只是交换了主语而已。不过，它们具有不匹配的含义，其引用和用法上的结构是错误的。严格地说，这两个句子没有意义。第一个句子称一串字符可以担任总统，第二个句子称一个人可以从文本角度测量。

请记住，我们讨论这些问题不是为了语法的纯粹性，而是为了进一步讨论名字和被命名的事物，以阐明计算机科学的一些重要思想。你可能很想跳过这个话题，挥手说道："每个人都理解名字。"但大多数人并不是真的理解名字——至少是当命名系统比日常使用更加复杂时。

我们的例句表示了引用的使用和误用。原则上，只要愿意，我们可以不断使用引用机制。在实践中，当人们使用英语这样的语言进行沟通时，只能使用一两个引用层次。

计算机科学家将英语和其他类似语言称为自然语言。虽然我们一开始的例子是英语中的引用，但我们很快就会转向人工语言。人工语言的结构更简单、更规则，因为它们是有意这样构造的。命名和替代的问题看上去可能有点棘手，但我们应该意识到，自然语言拥有一些我们不会试图解决的额外的复杂性。

下面的例子已经使许多读者感到混乱和造作了：

"巴拉克·奥巴马"是巴拉克·奥巴马的名字的引用方式，它在两边添加了引号："巴拉克·奥巴马"。

在这个句子中，同一位总统的名字出现了三次，每次都有所不同：

- 总统的名字第一次出现是在嵌套引用中：我们谈论的是如何引用名字。这种引用不同寻常，因为我们通常不会在引号中看到引号，尽管它有时也会出现，其原因不限于本书中的故意构造。
- 总统的名字第二次没有出现在引号中，因为它指的是人（尽管它嵌在短语"巴拉克·奥巴马的名字"中……这其实也是一种引用！）。
- 总统的名字第三次出现也是对名字的引用。

有趣的是，这种非常复杂的构造与名字的主人完全无关。我们完全可以说出下面的句子：

> "乔治·布什"是乔治·布什的名字的引用方式，它在两边添加了引号："乔治·布什"。

只要我们替换其中同一个人的名字，得到的句子就仍然是成立的。

普通人的思维可能会直接由此转换到其他话题上，但数学家和计算机科学家可能会认为通过某种方法谈论这些模式会比较方便。一个额外的好处是，找出一种方法表达这些共同模式并执行替代时，我们将会进入计算领域。

进入计算领域？这是怎么回事？我们难道不是仅仅在研究如何极为谨慎地对待名字和被命名的事物吗？

是的，但有一种关于计算的观点认为，计算从根本上与不断重命名有关。我们在前面的章节中了解了"执行步骤的机械"以及一种关于计算的机械论观点。从这种角度看，有一种机器只会反复执行每个步骤。计算就是机械按照计划——即我们所说的程序——运行时发生的事情，而机械按照程序运行就是进程。

不过，正如"5"和"V"是两种不同但同样有效的表示"五"这一基本概念的方式，还有另一种同样有效的计算观点，它始于一种重命名游戏。计算仍然有一些步骤，但是这些步骤现在是简单的重命名或替代行为。程序是我们一开始的文本，进程包括遵循替代游戏规则时发生的文本转换。

句　型

让我们看一下前面提到的这个复杂句子：

"乔治·布什"是乔治·布什的名字的引用方式，它在两边添加了引号："乔治·布什"。

然后我们开始玩替代游戏。沿着这条道路走下去的回报是，我们将在这个过程中发明自己的计算方法。

替代游戏类似一种文本代数。回想一下，在高中代数中，像 x 这样的变量可能会在一个等式中多次出现。也许 x 是我们想要找到的关键答案，或者它只是帮助我们寻找最终答案的某个中间答案。我们在当前的上下文中观察命名和被命名对象，可以将 x 这样的变量看作代表值的名字。对于上述复杂的句子，我们用 x 替代总统的名字，可以得到通用的模式：

"x"是 x 的名字的引用方式，它在两边添加了引号："x"。

这个句子从某种技术或哲学角度看也许成立，但它似乎不太有用，或者没有太大意义。没有关系，因为我们只想捕捉一个模式。我们并不是想让这个句子本身成为有意义的句子，它更像是一个句子生成器：我们可以用它生成巴拉克·奥巴马版本或乔治·布什版本（以及其他许多版本）的句子。

另一种思考这个句子的方式是将其看作被冻干的速溶咖啡。它需要用被去除的成分（真正的文本）重建，就像速溶咖啡需要用热水重建一样（如果你不理解这个类比，请直接将其忽略）。

我们最好是用某种标志提醒读者这个句子需要重建。因为我们了解这个句子是如何生成的，所以我们知道并不需要真的理解带有 x 的句子版本。但如果我们只是在书中某个地方看到它，我们可能不知道它是生成句子的模式。相反，我们可能认为它想表达关于 x 的某种深刻的哲学思想，并且浪费时间试图在词句中理解这种思想。

λ（兰姆达）

我们不会发明新的符号，而是使用计算机科学家有时在类似情形中使用的相同符号，即使用希腊字母 λ。如果我们在模式前面写上"λx."（读作"兰姆达爱克斯点"），它就表示"在下面的文本中，x 只是占位符，它随后会被替代"。

为了理解这种新的表示法，让我们先在非常简单的例子中使用一下。假设我们想要捕捉一种仅仅将文本"加倍"的句子模式：如果输入"巴拉"，我们会得到"巴拉巴拉"，如果输入"巴拉克·奥巴马"，我们会得到"巴拉克·奥巴马巴拉克·奥巴马"。

下面是一个加倍的模式，它提供了一个新的文本，包含我们输入文本的两个副本：

$$\lambda x.xx$$

让我们先把它读出来，使它看上去不那么可怕："兰姆达爱克斯点爱克斯爱克斯。"接着，让我们考虑它的含义。圆点将这一行分成了点右边的主体和点左边的形式参数（形参）。形式参数告诉我们需要替代的占位符——这里是 x。主体告诉我们发生替代的文本——这里是 xx。λ、形式参数、点和主体放在一起，叫作表达式。

图 3-4 表示在同一表达式上标注的这些部分。

所以，我们知道主体中出现的 x 将被其他事物替代。用什么替代 x？用你为表达式提供的输入。表达式并不关心替代物是什么。不管你提供什么，它都会以几乎相同的方式工作。

"提供"一些内容意味着什么？你只需要将你提供的内容写

图 3-4　表达式的各个部分

在表达式右边。下面是我们为加倍表达式提供字母 a 的例子：

$$\lambda x.xx\ a$$

空格左边是我们之前写下的 λ 表达式。空格右边是字母 a。

我们通常更关心的是这种组合的结果，而不是仅仅写下表达式。我们可以做一个大致的类比。如果说 237+384 的值是 237+384，这样说并没错，但是没有用。大多数人更感兴趣的是它的最终简化值 621。我们引入右箭头"→"，以指示箭头左边的内容可以简化或化简成箭头右边的内容。

$$\lambda x.xx\ a \rightarrow aa$$

下面是另一个例子：

$$\lambda x.xx\ abc \rightarrow abcabc$$

前面几个例子只使用了文本连接（有时称为串接），即将两段文本放在一起，然后将其看作一段文本。这种强大的表示法还可以表示算术——尽管我们并不关心具体如何做到这一点。相反，我们只会利用我们的知识，用简单的算术运算编写一些示例。例如，我们可以编写一个简单的加一表达式（即计算机科学家所说的递增函数）。它只对任意输入数字加一：

$$\lambda x.(x+1)$$

然后考虑该函数的几种用法的结果：

$$\lambda x.(x+1) \ 3 \rightarrow 4$$
$$\lambda x.(x+1)17 \rightarrow 18$$

最后是一个更简单的例子，它被计算机科学家称为恒等函数，它的输入就是输出：

$$\lambda x.x$$

下面是一个使用恒等函数的例子：

$$\lambda x.x \ 2 \rightarrow 2$$

我们也可以用这种表示法表述下面的事情：

$$\lambda x.x \text{"巴拉克·奥巴马"} \rightarrow \text{"巴拉克·奥巴马"}$$

我们可以从这些例子中看出，恒等函数并不关心它的输入是数字还是文本。

在研究名字时，需要记住的是，通过名字抵达的计算世界与我们之前通过步骤抵达的计算世界是相同的。不管你将计算看作运行在机器上的程序还是被其他名字替代的名字，它的本质都是同样的"计算性"。

简单的名字替换一般很容易理解。下一个层次的名字使用通常更加复杂，因此我们会从稍显愚蠢和幽默的角度讨论。

第 4 章　递归

在上一章，我们将名字替换视为一种计算形式。你可能已经知道，首字母缩写是一种特殊的名字替换。例如，两个字母的缩写 US 可以扩展成 United States（美国），四个字母的缩写 NASA 可以扩展成 National Aeronautics and Space Administration（美国国家航空航天局）。三个字母的缩写 IBM、FAA 和 NSA 极为常见，所以人们有时会开玩笑地提到 TLA，即 Three-Letter Acronym（三个字母的缩写）。这种幽默，至少部分来自自我引用：TLA 本身就是一个 TLA。

我们可以将自我引用推向另一个层次。例如，缩写 XINU 可以扩展成"XINU Is Not Unix"。在某种程度上，这种扩展"有效"，因为它提供了关于缩写字母含义的额外信息。但是在另一种意义上，这种扩展"失败了"，因为它仍然包含未扩展的缩写 XINU。重复这一过程不会改善局面，只会得到：

XINU Is Not Unix Is Not Unix

这句话毫无意义，而且它仍然包含未扩展的缩写。

幽默的读者可以在这种自我引用和有些荒谬的扩展中发现乐趣。不过，纯粹的机械替代是失败的，因为最初的 XINU 会重复扩展。

用名字本身定义名字被称为递归。尽管在这些缩写例子中递归只是体现了幽默，但它是计算机科学中比较重要（并且有些烧脑）的概念之一。

为什么递归这么重要？我们在 XINU 的例子中看到，递归可以用有限的形式表述无限的或潜在无限的事物。在 XINU 的例子中，这种无限扩展是没有用的——除了引发一个有趣的反应。不过，我们将会看到表现更好的递归可以具有实用价值。特别是我们将在第 14 章中看到，网络上一些对基础设施命名的最佳理解方式就是递归。

和其他计算概念类似，我们可以提出这样的问题：某件事情之所以有趣，是因为它是"程序员的工作"，还是因为它具有更大的意义？在这里，我们完全可以问："递归思维"是真实而有用的吗？如果是，它有什么用处？下面，我们先要稍微深入地理解什么是递归，它是怎么工作的，然后再来回答这个问题。

阶　乘

让我们考虑两个比递归缩写更严肃的关于递归定义的例子。第一个例子与数学有关，第二个例子与语言有关。（如果你认为自己是一个"不喜欢数学"的人，你可能想要跳过这个例子，直接去看下一个例子。）

我们的数学例子是阶乘的定义。某个正整数 n 的阶乘是从 1 到 n 的所有整数相乘的结果。n 的阶乘写作"$n!$"，因此定义它的一种方法是：

$$n!=1\times2...\times(n\text{-}1)\times n$$

这个定义利用了我们对序列的理解以及省略号"..."的含义，以省略序列的"中间"项。我们可以区分两种不同情况，使这个构造变得更加清晰：

$$\text{对于}\, n\text{=}1\text{：}\, n!\text{=}1$$
$$\text{对于}\, n\text{>}1\text{：}\, n!\text{=}1\times2...\times(n\text{-}1)\times n$$

也就是说，我们将定义分成两种情况：一是 n 值为 1 的情况，二是 n 大于 1 的情况。让我们考虑另一种使用递归但保留分类讨论框架的替代公式：

$$\text{对于 } n=1: n!=1$$

$$\text{对于 } n>1: n!=n\times(n-1)!$$

和我们之前所有的阶乘定义相比，这个版本在等号右边使用了阶乘符号"!"。实际上，第二行看上去是循环的：n 的阶乘是根据另一个阶乘定义的。我们可以立即看到无限扩展的风险（回忆我们之前看到的 XINU 扩展的问题）。我们能得到什么有用的东西？

第一行提供了一个选项（计算机科学家称之为基本情况）：它确保我们可以为问题的某个简单版本提供简洁的答案。第二行是另一个选项（计算机科学家称之为简化步骤）：它确保我们可以在计算部分结果的过程中不断向基本情况移动。所以，递归定义有效地为我们提供了一种计算 n! 的方法：我们可以反复调用这个定义，比如下面计算 4! 的例子：

$$4!=4\times3!$$

$$4!=4\times(3\times2!)$$

$$4!=4\times[3\times(2\times1!)]$$

$$4!=4\times[3\times(2\times1)]$$

$$4!=4\times(3\times2)$$

$$4!=4\times6$$

$$4!=24$$

在这里，我们只是在反复代入阶乘的定义，直到抵达基本情况，然后相乘。

重复的故事

现在，让我们看一看语言版本的递归。这里有一则鹅妈妈的童谣，这个故事其实是在讲述如何反复使用修饰从句：

这是杰克建造的房屋。

这是放在杰克建造的房屋里的麦芽。

这是吃了放在杰克建造的房屋里的麦芽的老鼠。

故事以同样的脉络进行，最终形成了涉及一个 11 个不同名词短语的句子：

这是种玉米的农民，

他养着一只早上打鸣的公鸡，

公鸡叫醒剃光胡子的牧师，

牧师为衣衫褴褛的人主持婚礼，

这人亲吻孤独的少女，

少女为牛角碎裂的奶牛挤奶，

奶牛将狗抛起，

狗令猫担忧，

猫杀了老鼠，

老鼠吃了麦芽，

麦芽放在杰克建造的房屋里。

看到这个故事，似乎所有聪明的孩子最终都会注意到，同样的机制被反复使用，结局是灵活的——故事完全可以继续延伸下去。

如果我们分析这个故事，可以归纳出几个规则。首先，有一个可以扩展的框架：

This is [] the house that Jack built（这是杰克建造的房屋）

我们用括号标记的地方可以插入"其他事物"，而周围的框架可以保持不变。如果我们观察插入的事物，可以看到一个模式：

[]

[the malt that lay in]（放在房屋里的麦芽）

[the rat that ate [the malt that lay in]]（吃了（放在房屋里的麦芽）的老鼠）[1]

―――――――――

[1] 为了对应英文括号嵌套，中文的括号均用小括号表示嵌套，特此说明。——编者注

[the cat that killed [the rat that ate [the malt that lay in]]]（杀了（吃了（放在房屋里的麦芽）的老鼠）的猫）

按照常规的思维，我们可能会就此止步。不过，按照计算机科学家的思维，我们会设计出生成这些短语的规则。

首先，我们可以说，我们的规则与选择名词有关。在上述例子中，我们只有三个名词，所以让我们继续使用它们。不管在哪里使用名词，我们都会使用"麦芽""老鼠"或"猫"。我们可以将这条规则写成：

名词 = 麦芽 | 老鼠 | 猫

竖线"|"表示选项，大约相当于我们在上一个例子中定义阶乘函数时的两种情况。它通常读作"或"——所以，在本例中，名词可以是"麦芽""老鼠"或"猫"。

同样，在上面的例子中，我们只有三个动词，所以我们会沿用它们。不管在哪里使用动词，我们都会使用"杀了""吃了"或"放在"。

动词 = 杀了 | 吃了 | 放在

然后我们可以看到名词和动词以一种特定形式组合起来，我们可以称之为"that 短语"。我们的例子是"the malt that lay in"（麦芽放在），"the rat that ate"（老鼠吃了）和"the cat that killed"（猫杀了），我们注意到它总是由 the、名词、that 和动词组成：

that 短语 =the 名词 that 动词

为了捕捉不断变长的短语，我们用递归定义以合适的方式为"that 短语"嵌套。我们可以在已有结构上不断用括号添加更多的"that 短语"，而整个短语仍然讲得通。例如，我们已经看到的：

[the cat that killed [the rat that ate [the malt that lay in]]]（杀了（吃了（放在房屋里的麦芽）的老鼠）的猫）

如果我们给它套上另外一层短语，它仍然符合语法（但在概念上会很奇怪）：

[the malt that ate [the cat that killed [the rat that ate [the malt that lay in]]]]（吃了（杀了（吃了（放在房屋里的麦芽）的老鼠）的猫）的麦芽）

所以，这里的方案可以总结成下面的规则：

复合短语 = 复合短语 that 短语 |that 短语

注意，复合短语既是被定义的事物（等号左边），又是定义的一部分（等号右边）。为什么这不是一种毫无意义或愚蠢的循环？因为有一个非递归选项。我们可以停止"选择"递归部分，插入仅由"that 短语"组成的复合短语。我们已经知道，"that 短语"具有简洁优雅（并且非递归）的定义。

我们在阶乘定义中看到了类似的结构——基本情况是 $n=1$ 的情况，因为在这种情况下，答案只是 1，而不是递归依赖于阶乘定义的某种计算。对于短语生成器，基本情况是只有一个"that 短语"，没有额外的复合短语。

如果我们应用这些规则，在每次有选项时随机选择，就可以为鹅妈妈的童谣生成一段看似合理但却很无聊的新诗句，比如：

This is the malt that killed the rat that lay in the cat that lay in the cat that ate the rat that lay in the malt that killed the house that Jack built. （这是杀了放在放在吃了放在杀了杰克建造的房屋的麦芽的老鼠的猫的猫的老鼠的麦芽。）

这不是好的文学，但它符合语法。将它和下面这样的非句子进行比较：

This is malt rat killed cat cat the house that Jack built.（这是麦芽老鼠杀了猫猫杰克建造的房屋。）

第二个例子比第一个例子更糟糕。第一个例子可能很愚蠢或没有意义，但它不像第二个例子那样不连贯或错乱。作为计算机科学家，我们可以将其与我们得出的规则进行比较，以证明它缺乏连贯性。作为英语使用者，我们也可以从直觉上注意到这一点。简单的机械规则似乎与我们的大脑对语言的处理有一些共同点，这暗示了（但是无法证明）我们的大脑可能使用了一些类似的规则。

有限和无限

现在，让我们回到递归思维对非程序员是否重要以及有何意义的问题上。可以说，递归支撑着语言的无限生成能力和有限理解能力。也就是说，我们每个人生成和理解语言的能力是有限的。我们的大脑和其他大多数哺乳动物相比也许显得大而复杂，但它们仍然是有限的……和任何无限的事物相比，它们其实相当小！不过，有限的大脑并不意味着有限的语言界限。即使我们可以将所有人类在所有时间说出的所有话语进行分类，我们也不会用尽语言的可能性，因为我们可以在其中某个分类表述的中间或结尾添加一个从句。我们生成新句子和将从句嵌入其他句子中的能力似乎没有明确的界限。一个人在任意时刻使用的词语和句子是有限的，但任何事情都无法阻止他理解新的词语和句子——人脑没有"用光"的时候，语言本身也没有"碰壁"的时候。

虽然人类语言包含许多这种简单排列无法捕捉的额外特征和复杂性，但它却是一种有力的"概念证据"，证明有限的设备可以生成和理解无限不同的语言。即使自然语言使用的递归与计算科学家和数学家眼中的递归不完全相同，但计算机科学领域的递归似乎也是一个方便的比喻。

递归思维也是一种解决问题的技巧。例如，在处理问题时，我们可以寻找少数简单的基本案例，然后寻找递归步骤，将更大的问题分解成简单的案例。从这种角度看，递归是分而治之这个一般原则的特殊案例。在解决问题的背景下，递归的无限可扩展性意味着问题的绝对大小不一定是一个限制。我们不需要担心语言"不够用"。类似地，递归公式意味着我们不会用光将大问题分解成更容易解决的小问题的能力。

第 5 章　局限：不完美程序

到目前为止，我们只考虑了理想的小型程序和进程。从本章开始，我们要向更现实的观点迈出第一步，理解进程的构建和运行中必然存在的一些局限。在本章中，我们将讨论进程的各种缺陷。在下一章中，我们将讨论即使进程是完美的，也存在一些局限。不过，这两章都假设只有单一进程在正常运转的执行步骤的机械上运行。在随后的章节中，我们将遇到多进程（第 7 章）和失效（第 15 章）导致的其他问题。

所有软件都有缺陷

专业的程序员往往不会仅仅因为程序中存在缺陷而相互批评。如果 A 公司仅仅因为 B 公司发布的软件产品存在一系列的已知问题而对其提出批评，这会是一件很奇怪的事情——因为现实情况是，A 公司的软件产品几乎肯定也会有一系列类似的已知问题。我们能指望拥有毫无缺陷的软件吗？目前，这是一种不现实的预期。我们可以希望——但不能保证——的是这些缺陷并不严重，即使是这种希望有时也很难实现，其原因值得讨论。

有一些程序设计技巧可以帮助我们使程序更容易理解，也有一些工具可以帮助我们识别可能的错误来源，但软件通常会包含一些错误（有时叫作"bug"），因此可能无法满足用户的期望。

这种对错误的接受常常令非程序员感到吃惊。其中一些问题是由软件行业的不良做法导致的，但大多数问题与软件的基本性质有关——因此它们不太可能在短期内消失。

在本章中，我们将讨论导致软件缺陷的4个关键问题：

1. 离散状态的使用。

2. 大规模状态变化。

3. 可塑性。

4. 难以准确捕捉需求并予以实现。

下一章将讨论即使软件不存在缺陷也会出现的一些问题，但在本章接下来的部分中，我们会依次讨论这些导致缺陷的问题。这些问题是现实带来的局限，我们可以将其看作我们无法拥有完美的计算所导致的风险。

离散状态
首先，离散状态的使用本身就会成为错误的来源。我们之前研究了在软件和进程的世界里数据和行为的数字性质（第 1 章和第 2 章）。从数字角度看，世界由离散值的台阶组成。相比之下，从模拟角度看，世界由连续而平滑变化的数值曲线构成。我们需要重新审视世界的数字视角，以理解它为何会成为错误的来源——尤其是当我们犯下只从模拟角度思考的错误时。

模拟元素通常不仅是模拟的（平滑变化的），还是线性的：输入的每个微小变化都会导致相应的输出微小变化。例如，当我们将音量旋钮调高一级时，可以预测旋钮位置的相对微小变化对应于感知到的音量的相对微小变化。

相比之下，数字元素通常不仅是数字的，还是非线性的。也就是说，知道输入的变化幅度并不能很好地预测输出的变化幅度。打开系统就是一种数字变化。当我们将开关旋钮从"关"转到"开"时，旋钮的移动幅度可能很小。对比旁边的音量旋钮，这种幅度可能只会带来几乎难以觉察的音量变化。不过，对于开关旋钮，旋钮位置相对较小的变化无法告诉你相应的音量变化有多大。根据音量设置和（或）系统构造，系统启动时的声音大小各异。

测　试

对于线性模拟系统，我们不难想出一组简单而合理的测试。有一个可以接受的输入范围：比如一个音量旋钮。我们希望检查最小可接受输入（旋钮调至最低）、最大可接受输入（旋钮调至最高）以及两个极值范围中间某个输入的表现。如果系统在这三种测试中的表现可以接受，而且随后只用在预期最低设置和预期最高设置之间的输入上，那么测试人员可以很有把握地相信，系统的表现确实可以接受。

如果设计者保守而谨慎，他们可以通过确保系统在比实际预期输入值更宽的范围内的表现可以接受，以构建一个"安全系数"或"误差范围"。这种方法就是现代社会建造高楼和大桥时采用的方法。我们可以依赖它们，因为它们在我们的预期变化之外提供了更多保障。

这种方法在许多重要领域都很有效，但它对程序，或者对任何具有诸多离散状态的系统（比如计算机硬件）根本不起作用。为理解原因，我们看下面这个有些可笑的例子，一个对用户选择的数字做出反应的无限程序：

1. 输出"输入一个数字"。
2. 如果被输入的数字刚好是 27,873，则引爆大量炸药。
3. 否则，输出"OK"，然后返回步骤 1。

如果你遇到一台运行这个程序的计算机，而你无法看到组成程序的这些步骤，那么你很难得知引爆炸药的特定数字。你可以在程序中输入几个不同的数字（它看上去很像只能对任何数字回复"OK"的程序），即使你恰好尝试了紧邻的数字 27,872 和

27,874，你也无法知道两者之间的数字具有完全不同的效果。这是出乎意料的非线性！

即使这些离散的非线性行为是唯一的问题来源，也已经够糟糕了。可惜，问题还不止于此。

大规模

假设我们想办法构造出了拥有平滑线性行为的进程，或者可以用工具验证进程的线性行为，现在，我们是否能够很容易写出可以预测的正确进程？遗憾的是，答案是否定的。现在，我们需要关心第二个关键问题：大规模的状态变化也是错误的来源。

大规模意味着什么？这不是说任何单一的变化本身有问题。计算机程序的问题通常具有深刻的概念和智力挑战性，只有少数人能理解。（多进程协调在一定程度上具有高度的智力挑战性，我们将稍后讨论，但大多数编程问题并非如此。）

相反，计算机程序的典型问题有些类似于建筑师设计建筑的问题。需要制订很多小决策，还有很多关于如何制订决策才能取得最佳效果的规则。任何孤立的单一问题都不难解决。问题在于，会有很多需要制订的决策有时以意想不到的或令人不快的方式相互作用。"早餐角应该大约这么大，以提供舒适的座位……换鞋处应该大约这么大……后门应该在这里……哦，我们现在已经靠近地界线了，所以让我们将后门移到，哦，现在门会开到早餐桌上……"

所以，我们在编程时遇见的问题不只是之前提到的，我们处理的状态具有数字非线性性质。这些问题比最初出现的更严重，因为它涉及的状态数量非常多。

现代计算机的速度很快——几乎令人无法理解。当一台计算机的规格中包括"时钟速度"的数字时，我们通常将其指定为某个千兆赫（GHz）的数字。你可以认为它代表了计算机每秒可以完成的加法运算次数：1GHz 是每秒 10 亿次求和。这种速度很好，因为它意味着计算机可以执行很长的步骤序列以解决真正困难或有趣的问题，这在缓慢的人类看来是非常神奇的。但这种速度也有一个相应的缺点：我们很快就会看到，就连相对简单的程序也可能具有极为大型和复杂的分支结构，无法对其进行充分的测试。当然，导致大型不稳定结构的不是速度本身。相反，更快的速度使更长、更复杂的序列成为可行的解决方案。我们很容易认为，更快的计算速度应该与更快的测试速度相匹配，这样的话这个问题最终会变得不那么重要。遗憾的是，这种随意而乐观的分析是不正确的。

倍 增

为了给这个问题提供一些相关背景，我要介绍一个关于在棋盘的每个格子上倍增的故事。在这个故事的一个版本中，一位极其富有的老皇帝要奖赏一位聪明的发明家（在某些版本中，他是国际象棋的发明者）。发明家"只"要求在第一个格子里摆上一粒金子，在第二个格子里摆上两粒金子，在第三个格子里摆上四粒金子，然后不断翻倍，直到棋盘的六十四个格子全部摆满。因为皇帝觉得自己很富有，又确实想要好好奖励发明家，而且不熟悉翻倍的增长速度有多快。所以，他认为这个安排听上去没问题，于是答应了。结果，他交出了自己所有的金子（以及其他所有财产！），仍然没有把棋盘摆满。

为了更详细地理解这个故事，我们可以用指数表示每个格子里的金粒数量（如果你不理解或不喜欢指数，可以直接跳到结论）。第一格有 1 粒，即 2^0，第二格有 2 粒，即 2^1，第三格有 4 粒，即 2^2。所以，第 n 格有 2^{n-1} 粒金子。事实上，在考虑这个问题时，人们估计世界上发掘的所有金子都不到 3 万亿粒。这已经是很多金子，但在指数表示法中，3 万亿还不到 2^{42}。因此，我们可以看到，还没有摆到 64 格棋盘的第 43 格时，不明智的皇帝就没有金子了。

分 支

对于程序，需要关心的不是金粒的倍增，而是测试案例的倍增。如果我们有一个简单的程序，比如下面这个：

如果某事为真，则做事情 1，否则做事情 2

我们可以看到，我们需要至少两种测试案例：一个是"做事情 1"，另一个是"做事情 2"。图 5-1 表示了这种双路选择。

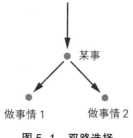

图 5-1　双路选择

随着棋盘的倍增，每增加一个需要覆盖的格子，情况就会变得更糟。在编程中，前进到棋盘的下一格意味着程序变得更加复杂一些。假设"做事情 1"内部拥有更多选项，比如下面：

如果其他某事为真，则做事情 3，否则做事情 4

同样，"做事情 2"内部也更复杂（图 5-2 表示了这种多层选择）：

如果另一件事为真，则做事情 5，否则做事情 6

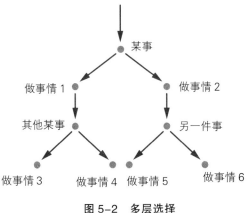

图 5-2　多层选择

　　我们在这种描述中有意说得很模糊。我们只想捕捉这样一种思想：每次引入另一个双路选项时，我们都可能使相关的测试案例数量倍增。棋盘只有 64 格，这种程度的倍增已经足以耗尽皇帝的财富了。现在，假设计算机的时钟速度与它在不同可能性之间选择的速度大致相等——显然，当时钟速度以 GHz（每秒 10 亿次行动）为单位衡量时，它很快就会积累起不可思议的庞大的替代路径集。

　　当然，真正的程序不会在每一个机会面前都进行新的双路选择——它会做某种"真实工作"，并且决定做哪些事。所以，10 亿个选择的机会不一定意味着 10 亿个不同的选项。即便如此，我们也很容易得到数量惊人的替代选项。

　　可能性的增加在实践中意味着什么？它意味着我们必须放弃任何"完全覆盖"或"详尽测试"的想法，除非我们面对的是最小、最简单的程序。因为可能性实在是太多了。所以，如果我们的程序包含错误，那么我们几乎无法相信自己有能力将它们全部找出来。

不过，如果我们可以找到这些错误，我们就万事大吉了吗？不。令人吃惊的是，软件的灵活性会影响我们制作优秀软件的努力……就像我们接下来会看到的那样。

可塑性

在某些方面，软件似乎是一种理想材料。我们不需要担心它的重量或强度，它的制作也不需要重型工具或巨大的工厂。如果我们能够清晰地思考出一个解决方案，并将其准确地写下来，那么我们的制造过程就不会有困难——相反，我们基本上已经生成了最终产品。软件本身几乎没有阻力，很容易塑造。奇怪的是，软件这种可塑性是我们第三个关键的麻烦来源。软件暴露了我们设计能力和思维的缺陷。

由于编写一行程序很"容易"，因此修改一行程序也很"容易"。这种容易意味着正确地编写任意给定的软件（似乎）不那么重要。实际上，软件专业人员常常希望尽早让用户用上软件——通常是在软件可能会为用户带来净收益的第一个时间点。在这个早期阶段〔有时用希腊字母表示，如阿尔法（alpha）或贝塔（beta）〕，程序可能仍然含有大量已知但未修复的错误。人们的预期是，这些错误随后将被发现并修复。

在许多情况下，这种早期发布的行为具有经济合理性，尽管它让毫无戒备的消费者很不舒服。通常，某个新产品或新功能的可用版本首次推出时率先进入市场是有好处的。当你是唯一可用的选择时，你可以在没有他人竞争的情况下霸占市场。只要你的版本是最先推出的，并且没有非常严重的缺陷，你就很有可能领先于更加谨慎但在你之后推出产品的竞争者。

下载补丁和新功能已经成了普遍现象，包括那些曾经作为简单不变的设备出售的产品。过去，电子消费产品（比如电视机）的嵌入软件一旦离开工厂就不会升级了。人们在制作这些软件时的基本预期是，它们能够在无须更新的情况下可靠地工作，因此它们不是非常复杂。然而，现代电子消费产品的制造越来越注重网络连接性和复杂的软件能力。相应地，修复或扩展功能的"软件更新"策略也在增加。

许多人反对发布不完美的软件，然后再进行修复的做法。为了解决这个问题，人们进行了各种尝试，主要通过说教、以各种方式羞辱程序员，以及（或者）低估软件的可塑性。但在几乎所有严肃的编程工作中，都会出现一个必须做出艰难选择的时间点。在那时，软件可塑性的现实几乎总会胜过单纯的良好意图。在一些不同寻常的情况下（比如老式的消费电子产品，或者美国宇航局为宇宙飞船编写的程序），软件的更新时间和方式存在着现实的物理限制，因此可塑性问题就不那么重要。相反，人们希望确保这种无法修复的软件是精心构建的，以免失效。不过，由于很难限制软件本身具有的可塑性，人们就很难专注于发布第一次就能完美工作的程序。取而代之的是，消费者越来越多地被告知在支持网站上下载已有程序的"更新"版本。或者，他们可以使用网络上的"云"服务，在那里，可用服务随时可能悄然更新（我们将在第 12、13、17 和 18 章进一步关注网络和云）。

更糟糕的事情

更糟糕的是，修复已经发现的错误有时会引入新的错误。造成错误的根本原因（人类的认知局限、误解、压力下的错误选择）通常不会在第一个版本与校正版本或新版本之间发生改变。有时，这些问题会变得更糟："维护"工作不受重视，因此通常由能力不高的程序员处理，尽管理解和校正他人程序的任务通常比编写新程序更难。

做一些新的工作是很有吸引力的，有可能结果会更好。相比之下，处理之前的一堆垃圾并再次打补丁是很令人不快的事情。由于程序员通常没什么动力处理旧程序，因此修复一个问题常常会无意中产生一个新问题，而新问题可能比原始问题更糟糕。这个现象是计算机专业人员常常不相信重要程序新版本的一个关键原因。这些专业人员在安装（据说得到改进的）新版本后常常会费尽心机地回溯到之前的版本。

一些计算机科学家测量了某些大型程序的错误率。这些研究表明，在某个时候，保持程序的未修复状态通常更好，因为平均而言，每次"改进"都会使事情变得更糟。不过，就像一开始就把程序做到完美的准则很难做到一样，放弃"修复"旧程序的准则是很少见的。和软件看似吸引人的可塑性导致的其他问题一样，修复问题似乎是很自然的想法。

与之紧密相关的问题是，人们常常会对为软件产品添加功能的实际成本产生误解。通常，实现一些微小改变所需的工作似乎微不足道——单独来看，这种改变可能只需要付出很小的努力。遗憾的是，这种微小变化常常会产生巨大的成本。这些成本的来源可能与实际需要的改变关系不大，但这些成本是无法避免的。其中一个成本是新功能与现有程序的融合——比如控制新功能行为的用户界面的修改。另一个成本是新功能的测试，以确保它不会破坏程序的其他任何功能。你无法通过捷径削减这些成本。毕竟，如果用户无法使用这项功能，那么它就是没有用的。由于软件是数字和非线性的，涉及大量的状态，因此任何"微小变化"都无法绕过测试。每个拥有大量实际经验的程序员都知道一个看似无害的变化如何产生严重的意外影响。

需　求

通过前面几节，我们知道，随着程序长度、决策和分支点的增加，程序中可能的路径数量会迅速增加。如果在我们的实现中存在错误，可能很难找到它们。但如果我们假设某个神奇的测试工具可以消除这种担忧，这样就没问题了吗？遗憾的是，答案是否定的。我们接下来要讨论准确捕捉需求的难度，这是本章第 4 个也是最后一个关键问题。

有时，确定一个系统应该具备什么功能也很困难。例如，如果系统要被另一个人使用，我们需要判断这个人喜欢什么或不喜欢什么，他们认为什么有帮助或什么令人恼火。我们经常很难了解自己的想法，尤其是在面对复杂权衡时——在试图确定他人的偏好时，问题就更加困难了。

考虑一个可以对数字进行排序的程序。在某种程度上，我们不难发现，程序应该接受一些无序的数字，将其排好序并输出。我们可能并不知道如何很好地排序，但数字排序的含义应该是很容易解释的。但是，当我们开始试着为制作程序而做足够详细的解释时，我们就会遇到困难。

例如，数字如何提供？（从键盘上输入？从文件中读取？从文档中扫描？）

接着，我们可能会问，结果如何输出？（显示在屏幕上？写入文件？打印出来？）

通常，当这类程序编写好时，它们不只是在执行步骤的机械的"裸金属"上运行。所以，可能会有各种支持服务帮助我们解决其中一些问题，就像我们能够召唤的魔咒一样。假设我们可以排除许多这样的细节，使程序"只"需要处理输入数字流和输出数字流。即便如此，我们仍然需要做出一些设计选择，这在一定程度上是一个判断的问题，而不是数学上可以证明的正确性。

即使有这些支持服务帮助我们，这些服务可能也不具有足以解决问题的能力。负数可以吗？它们意味着误解吗？拥有小数部分或科学符号可以吗？单词可以吗？如果可以，它们如何与数字排序？其中一些比较可能会非常奇怪，尤其是当它们打印在纸上时。例如，零长度（空的）字符串""与一个空格" "和两个空格" "的比较——它们是不同的，但我们通常不会比较它们。它们可以排序，但这真的是我们想要的吗？

此外，难以设计的不只是用户和程序的交互。采用一个我们已经构建的程序，并研究如何让它与正在构建的新程序进行最佳互动，也是一个挑战。例如，我们的数字排序程序可能需要处理其他测量或分析程序生成的数字。该程序生成的数字是什么格式？它生成数字的频率如何？它能生成多少数字？排序程序如何知道所有待排序数字已经得到接收？

我们已经了解了将一个模糊的问题陈述充实为一个真实的程序需求时所涉及的一些挑战。在考虑其他人编写的两个程序，并研究怎么结合才能使它们实现最佳合作时，难度就更大了。此时，各种权衡和详细的设计选项很可能是未知的，而这正是现实世界的系统搭建者一直面临的任务。

表述需求

除了弄清"需求是什么"这个严重问题，另一个严重的问题是如何表述需求，使之得到理解。即使你确信自己知道一个复杂的系统是如何工作的，你也不一定能够通过表述使另一个人同样理解。

例如，你可能高度确信，你本人可以将数字和非数字分开，对数字排序——但这并不意味着你同样确信你可以写下所有的测试和案例，使其他人能够有完全相同的表现。在解决问题时，我们很容易依赖默认的知识，即我们可能没有意识到并且不一定知道如何表述的知识。

如果你是本书的成年读者，那么你可能知道如何骑自行车。但这并不意味着你能通过写一本书让其他没有经验的人骑好自行车。

另一个紧密相关的问题是，你能否通过表述某个程序使计算机或机械实现（而不是人）与你的理解相匹配。回到骑自行车的例子上，我们还可以看到，能够骑自行车并不意味着能够通过写程序让机器人骑自行车。

规　格

即使我们可以很好地表述需求，以便区分解决问题时的成功和失败，我们也可能会在表述规格时遇到困难。规格代表了满足需求的一组首选解决方案。和需求相比，它们更接近最终的实现技术，同时仍然保留了一些实现灵活性。

大多数需求和规格的陈述是用人类（自然）语言非正式写成的。这些描述的优点是令读者感到舒适，但它们很难写得精确——所有自然语言在正常使用时似乎都有一定程度的歧义和模糊性。因此，你很难写出一定能被不同读者以相同方式理解的自然语言文本。为了在另一个领域非正式地确认这一问题，我们可以看看法庭案件。虽然一些法律纠纷会呈现不同版本的事实和支持这些对立立场的证据，但也有在数量惊人的案件中，事实不存在争议，而法律的正确使用存在疑问。即使监管机构试图制订非常详细的规则，词语的含义及其在特定情况下如何适用也常常存在争议。

相比之下，正规（人工）语言更加精确，其生成的规格在不同读者眼中可以表述相同的功能。通过生成精确的语法、规则和使用正规的语义，我们可以非常精确地表达某种陈述的含义，比如：

$$P \rightarrow A|B|C \cdot D$$

（这个等式不一定表示有意义的事情。它只是这种陈述在各种正规语言中的一个例子。）

不过，理解这种正规语言需要专业的知识，因此"真正的用户"不太可能真正理解和准确评价这些描述。

这似乎是一个尴尬而无法避免的权衡。一方面，不精确的语言可以得到准确的评价。另一方面，精确的语言无法得到准确的评价。到目前为止，精确性和准确性之间的最佳妥协是首先生成正规的规格，然后由精通正规语言和擅长自然语言写作的人将其转换成自然语言。不过，这个过程成本很高，而且必然会引入额外的错误机会，因为它需要更多的转换步骤。

模　型

构建模型（有限的实现）是捕捉需求和规格的另一种常见方法。例如，在构建一个"迅速而随机"的排序程序版本时，我们需要识别有关可接受输入的边界的问题——以便随后更好地向用户提出合适的问题。此外，让用户试用我们的排序程序很有可能促使他们发现我们没有做对的事情（或者确认我们做对的事情）。

这种方法对某些语言描述难以理解的领域特别有用，比如在设计网站外观以及用户与网站的交互时。不过，这种方法不是普遍的解决方案。模型在本质上忽略了细节。理想情况下，这些细节并不重要，但有时很难确定什么是重要的，什么是不重要的。

对于这些问题，一种方法是根据产品或服务的微小改变的反复迭代进行编程实践。这种方法避开了需求和规格的一些问题，倾向于认为反复修补最终会导致明显的改进。它的潜在危险是，可能永远不会有人从架构或战略角度思考整个系统。如果我们从一辆小汽车入手，而这个工作却需要一辆半挂车，那么不管我们添加多少售后配件或者多少次重新油漆汽车外壳都没有用——汽车仍然无法胜任这项工作。有时，当人们完全从功能的小幅递增角度考虑时，也会遇到类似的挑战，即使这种方法能够限制任何给定的范围和风险。

实　现

现在我们知道，捕捉和指定系统在应该做什么方面存在一些问题。让我们暂时将这些问题放在一边。根据本章的一贯模式，这里面仍然隐藏着问题：即使我们假设存在完美规格，也仍然存在如何确保实现与规格相匹配的问题。

规格是对我们希望发生的事情的"更高级别"的描述。相应地，实现是这件事情的"较低级别"的实现。一个正确的实现是指完全符合规格的实现。比起给定一个完整、精确、准确的规格，构建一个正确的实现要容易得多。许多编程错误是由规格不完整或不准确引起的，而不是由于程序员无法编写正确的程序。不过，良好的规格并不总是能够让人写出完美的程序。错误也可能来自程序员的误解或无能。

程序员很少构建一些完全无法工作的事物，至少在一些重要情况下如此。但是，程序员经常（至少）要忽略一些次要、模糊或不同寻常的情况——或者得到一个"单字节溢出（off by one）"的边界条件。

除了我们之前提到的可能路径的爆炸式增加，这种关于边界的问题是我们需要测试程序的原因之一。尽管程序可能会沿着许多不同的路径执行，但程序员的错误往往会聚集在其中的少数路径上。我们可以回忆本章前面提到的例子，程序在特定的单一输入值上爆炸式增加。虽然理论上一个程序有可能存在这样完全随机的行为，但这种情况在实践中非常少见。相反，人类的沟通不良和（或）认知局限问题往往会导致特定类型的实现错误，这种错误通常可以预防、发现和消除。

从离散状态的使用到实现的挑战，我们已经提出了一些程序通常存在的重要错误。接下来，我们将讨论程序在没有缺陷时存在的一些局限。

第6章 局限：完美程序

上一章描述了程序的各种不完美之处，因此无法按照我们的希望工作。与之相比，本章将讨论程序在完美的情况下，仍然无法按照我们的希望工作。这可能令人吃惊，但即使是完美的程序也有局限性。

环　境

第一个问题是，程序可能在某个时刻是正确的，但我们还需要考虑程序运行的环境——宇宙中所有不属于程序但与它相互作用的事物。除了我们已经考虑过的问题，不断变化的程序环境还会带来新的挑战。

环境中的大多数变化与程序无关。例如这样一个程序：当我激活程序时，它会输出"你好，世界"。这种程序的运行和作用不会受到咖啡价格、电影明星的爱情或者木星相位的影响。不过，这个程序会受到它所运行的计算机、计算机上可用的操作系统服务以及计算机显示设备的影响。天真的程序员可能认为这个简单的"你好，世界"程序完全不受环境变化的影响。短期来看，这种观点是正确的。但是，如果我们打算在 20 世纪 70 年代的贝尔实验室或麻省理工学院的计算机上编写这个程序，那么我们就无法让这个程序持续地在一台身边的现代计算机上原封不动地运行出来。

在现代计算机上运行这个程序有两种方法。第一种方法叫作移植，它需要修改程序，以适应新环境。第二种方法叫作仿真，它需要创建另一层程序，以重建旧程序所预期的 20 世纪 70 年代的环境。我们可以调整程序适应新环境，也可以调整环境适应旧程序，或者对两者进行某种组合——但我们不能指望今天正确的程序在未来永远都是正确的程序。

这种随着时间的推移程序和环境发生失配的现象被程序员俗称为"比特腐烂"。这个词语意味着软件随着时间而腐朽，这当然是一种经验之谈——尽管程序是由永远不会磨损和退化的神奇的非物理"材料"制成的。

大型问题

接下来，我们将会关注如何扩展系统，以解决大型问题。所以，对于构造完美的程序，另一个重要局限是，需要解决的问题可能太大，现有资源无法胜任。这里所说的"问题太大"是什么意思？假设我们拥有关于问题大小的某种测度。例如：

- 如果我们在某一本书中寻找某个词语，那么在另一本更厚的书中寻找它可能更难。
- 如果我们在某一本书中寻找某个词语，那么寻找它所有的出现位置可能比寻找它任意一个出现位置更难。

不过，仅仅知道一个问题比另一个问题更难并没有太大用处。我们希望确定限制因素是什么。我们在其他背景下对这个问题比较熟悉。假设我们的汽车速度能够达到每小时 100 千米，我们需要在城市中行驶 10 千米。我们能直接用 10 千米除以 100 千米每小时的速度，得出驾驶时间为 0.1 小时（6 分钟）的结论吗？大概不能。在正常的城市里，整个路线的速度限制远低于每小时 100 千米，一些十字路口的红绿灯可能也会让我们耽误一段时间。

假设我们试过这样的驾驶方式，发现行驶 10 千米实际需要 24 分钟，而不是 6 分钟。并进一步假设这种速度无法令我们满意。购买速度可达每小时 200 千米的更贵的汽车是明智的选择吗？不，因为汽车的最高速度并不是限制因素。限制因素是其他因素，我们需要发现和修正它，以获得明显的改进。

一般来说，要确定程序中的限制因素并不容易。在寻找限制因素时，如果没有其他可用信息，我们需要仔细分析程序的活动，尤其是当输入的大小和（或）数量增长时。测量程序性能叫作基准测试，改进程序性能叫作调谐。基准测试和调谐所涉及的概念与赛车中的概念没有太大区别——实际上，这些词语在很大程度上是从赛车领域借用过来的。

计算复杂性

不过，计算机科学家还有另一种理解和改进性能的方法，这种方法与改进赛车性能的措施差别很大。这种方法叫作计算复杂性。专业的程序员在设计程序时会考虑它们对大型问题的扩展情况，他们在进行设计选择时知道各种潜在解决方案的计算复杂性。他们受过良好的计算机科学教育，因此熟悉这些问题，而且有能力对关键实施问题做出明智的选择。不过，仅仅知道"如何编程"并不意味着对这些主题有良好的理解。

计算复杂性取决于两个"技巧"：

1.在考虑程序性能时，我们只考虑当问题的规模更大时具有主导作用的因素——即规模很大时真正的瓶颈或限制。

2.我们用一种数学类比描述这种性能。我们不是对程序性能进行详细分析，而是判断它是否与少数常见的数学函数之一类似。

就像我们可以将袜子分为黑色袜子、白色袜子和彩色袜子，而无须非常确定袜子的颜色或图案一样，我们可以根据相关问题规模变大时的资源消耗速度将程序分类。和袜子分类一样，可能会有一些棘手的边缘情况，但我们仍然可以使用这种方法更好地理解我们拥有的程序——我们知道，我们至少可以区分黑色袜子和白色袜子。

我们不是根据颜色为袜子分类，而是根据程序的复杂性为程序分类。程序的"颜色"是最接近程序行为的数学近似值，这种"颜色"就是程序复杂性的含义。在这里，"复杂性"一词不仅仅是表示复杂事物的非正式词语。相反，它是一个问题困难程度的精确含义。

忽略常数

让我们回到计算复杂性的第一个"技巧"上，以便更好地理解它。在考察性能时，我们希望关注限制因素——我们不想被那些不是"大问题"的事情分心。我们在高速汽车穿越城市的例子中提到过，为不是限制因素的条件提速是没有用的。

在关于计算复杂性的讨论中，我们要绕过这种推理，假设我们关注的是输入的大小决定整体成本的情况。我们假设许多优秀的检测工作已经排除了古怪或不具代表性的性能，我们现在面对的是很简单的局面，程序的性能主要由输入的大小以某种方式决定。

如果我们考虑数字排序程序，输入的大小就是我们希望排序的数字数量。我们称这个输入大小为 n。在这个例子中，它是待排序的项目数量，但在其他情形中，它可能是其他事物。我们会丢弃所有不包括 n 的成本。也就是说，如果我们有某种固定的开销需要支付，但不会随着问题的规模大小而变化，我们就忽略它。用专业术语来说，这叫作忽略常数——我们关心的是成本如何随着 n 的增长而增长，而任何常数开销都与这种比较无关，因为它们根本不会增长。

也许更令人吃惊的是，我们还会忽略"只会"使成本倍增的常数。在这种分析中，2n 和 n 是相同的，和 n/2 也是相同的——它们都只是 n 的"变体"。这种观点用专业术语来说叫作忽略常数因子。

忽略常数和常数因子可能会显得很奇怪。这合理吗？答案既是肯定的，也是否定的。从考虑核心规模问题的角度看，这当然是合理的。别忘了，我们的目标（第二个"技巧"）是将不同程序的行为分为不同类别，每个类别拥有相同的内在增长特性。我们将会看到，这些族系之间的差异是每个族系内部差异完全无法比拟的。我们可以将内在复杂性看作交通工具，将常数因子看作司机或自行车骑手的努力。如果将赛车与自行车进行比较，重要的是交通工具之间的比较，而不是司机或骑手踩踏板的努力程度间的比较。对于用力不大的司机和踩踏板很努力的自行车骑手，我们不能误认为汽车的速度比较慢。

不过，一旦结束这种核心分析——即了解程序行为应该对应哪个"交通工具家族"——常数因子和固定开销就会回到我们的关注范围内。专门研究计算复杂性的理论家可能认为某种"只改变常数因子"的方法没有意义，但将速度提升一倍（甚至只提升几个百分点）会为现实世界的计算应用带来巨大差异。

例如，从理论家的角度看，在世界超级计算机的年度排名中，第一名和最后一名的差异是没有意义的。在理论家的讨论中，它们的差异只是某个常数因子，这在理论分析中是不重要的。不过，如果你想要解决一个具体问题，有两台计算机可以选择，那么你会更愿意在速度快上一千倍的高速计算机上解决问题……你完全不会理会理论家们关于这种差异"不重要"的评论。

复杂性类别

假设我们已经有了程序复杂性，无须通过某种方式将其计算出来。我们可以比较一些可信的复杂性函数的增长率，以便直观地了解它们的表现。表 6-1 显示了一个程序可能具有的一些复杂性函数的值。

标 n 的列代表输入的大小，比如有多少数字需要排序。其他列的值显示了程序复杂性落在这个类别时需要的步骤。（如果你不熟悉数学函数，只需要将其看作有些古怪的人名，我们将给它们一些有用的增长趋势。如果你愿意，也可以将它们改成"卡罗尔"或"特德"等名字。）在我们的探索中，重要的是看表里的一些数字有多大或多小，而不是花费大量时间研究内在的数学知识。特别是，我们注意到右栏的数字极大。

表 6-1 问题规模大小随 n 增长的一些例子

n	n^2	n^3	2^n	10^n	n!
1	1	1	2	10	1
2	4	8	4	100	2
3	9	27	8	1,000	6
...	...	...	...	...	...
10	100	1,000	1,024	10,000,000,000	3,628,800
11	121	1,331	2,048	100,000,000,000	39,916,800
12	144	1,728	4,096	1,000,000,000,000	479,001,600
...	...	...	...	...	...

　　如果你熟悉电子表格，那么你亲自制作这样的表格并不难。这意味着你可以自己探索这些数字和函数，或者试验其他一些函数，进行比较。

　　在不涉及真正数学知识的情况下，我们可以发现，表中哪一列和我们程序的行为最相似，这会产生很大的差异。其中一些趋势的增长速度比其他趋势快得多。

　　我们在第 2 章提到了摩尔定律以及计算性能随着时间的推移有着惊人的进步。尽管摩尔定律具有惊人的效果，但它并不能像我们刚刚看到的一些复杂性类别的增长速度那样快。你可能觉得我的口气像是被宠坏的孩子，抱怨摩尔定律"只能"保证不断倍增（即 2^n 列）。尽管这是一种显著的优势，但我们还想要更多：即使在摩尔定律的帮助下，我们也无法触及真正快速增长的问题。

我们没有太多地谈论如何在特定程序和最接近其计算复杂性的增长趋势之间建立联系——我们不会谈论这一点，因为这个困难的主题不会为普通人带来太多价值。我们可以总结三个重要思想：

1. 当问题规模变大时，问题通常会变得更严重。

2. 不是所有问题的难度都会以同样的方式或同样的速度增长。

3. 一些问题的增长速度超过了我们提供资源解决这些问题的能力。

不可计算性

业余哲学家喜爱的深奥思想之一就是"万能存在"具有局限性的概念。提出这个问题的一种途径是假设有一位万能之神，然后提出问题：万能之神能创造出大到连他也无法提起的物体吗？

问题在于，无论我们如何回答，似乎都为我们定义的万能存在施加了限制。如果我们说"能"，这意味着万能之神无法提起这个物体……因此他具有局限性，不是万能的。如果我们说"不能"，这意味着万能之神无法创造这个物体……因此他具有局限性，不是万能的。问题似乎在于，我们轻易地认为"万能"是一个合乎逻辑的概念。相反，指定万能之神是"万能的"是问题的开始。我们将会看到，在考虑计算能力时，存在一些类似的逻辑问题。

总结一下，到目前为止，我们考虑了程序的各种局限，并且想象了我们避开每个局限的方法。所以，我们现在考虑的是一个具有完美规格、得到完美实现、拥有不变环境的程序，该程序也经过了检查，以确保它有足够的资源。最后一个局限性与无法用计算表述的事物有关，即不可计算性。乍一看，这个局限性似乎深奥而古怪。实际上，不可计算性拥有一些重要的现实意义。

对于不可计算性的概念，常见的第一反应是抗拒。怎么会有无法计算的程序？捕捉需求可能很难，写出正确的程序可能很难，确保有足够的资源执行程序可能很难，这些我们可以很容易理解。但是，明确定义的程序却无法计算，这一思想似乎违背了我们之前暗示的内容。当我们首次考虑数字世界时（第 1 章），我们看到我们可以用比特表示模拟数据。不管波形多么复杂，只要我们使用足够的比特，就可以复制出我们想要的良好波形。类似地，当我们考虑程序和进程时（第 2 章），我们看到我们可以用许多小步骤建立非常复杂的进程。因此，在展现了所有这些对计算的积极态度之后，承认有些事情我们根本无法做到，似乎是一种真正的倒退——甚至是矛盾。

形式逻辑

实际上，如果我们宣称一切都可以计算，我们就会与一位尊贵人士为伍。著名数学家戴维·希尔伯特（David Hilbert）在

1928 年提出了一个类似的错误假设，当时他提出了"决策问题"（这个词语在德语原文中是"Entscheidungsproblem"，听上去更令人印象深刻）。

当时的知识发酵是试图将所有数学建立在逻辑的基础上。逻辑是研究有效推理的学问，与之相关的思想是形式逻辑。形式逻辑是从区分观点的形式和具体内容开始的。形式是观点的结构或骨架，内容则是观点所谈论的事情。

例如，我们可以对大象等主题做出各种陈述，其中一些是有效的，一些是无效的。同样，我们可以对草莓等主题做出各种陈述，其中一些是有效的，一些是无效的。形式逻辑的重要思想是，陈述的有效性可能取决于其形式而非内容。这是什么意思？在某些情况下，关于草莓的陈述与我们的草莓知识有关，比如"成熟的草莓是红色的"。这种具体知识只与草莓及其颜色有关，它无法让我们确定其他任何事情。

相比之下，考虑下面两个陈述"草莓不是大象"和"大象不是草莓"。根据这两个陈述和形式逻辑规则，我们可以得出结论："没有既是大象又是草莓的事物。"更妙的是，同样的结构也适用于大象和草莓以外的事物。例如，我们还可以对长颈鹿和葡萄的不相关性做出推理，甚至从动物和水果转到汽车和蔬菜。

从日常经验的角度看，在形式和内容之间做出这种区分似乎非常奇怪，过于哲学。不过，事后看来，我们认识到，正是这种对于抽象和规则看似奇怪的强调促成了今天的计算机时代。计算机正是形式逻辑的具体化，适用于许多不同种类的内容。

希尔伯特问题无解

回到希尔伯特的野心上：当时的基本思想是，一个数学系统可以从少数简单的假设（数学家所说的公理）和一些合并规则开始。根据规则，这些公理可以生成新的逻辑陈述，同时，这些陈述是成立的（得到证明的）。有了合适的公理和规则，所有数学将成为水到渠成的事情。

在这种背景下，希尔伯特提出了构建决策过程的设想。该过程可以用某种特定类型的逻辑给出一条陈述，并根据该陈述能否通过将规则应用于公理而得到"是"或"否"的回答。这个问题可以说是计算机科学的起源。计算机科学的两位奠基人——艾伦·图灵和阿隆佐·丘奇（Alonzo Church）——分别用自己的计算模型独立探索了这个问题。在我们第一次研究进程时（第2章），我们已经以图灵机的形式接触到了图灵的计算模型。接着，在我们研究名字时（第3章），我们以λ演算的形式接触到了丘奇的计算模型。我们当时看到，λ演算没有任何机器色彩。相反，它用值代替名字"运行"。

值得注意的是，虽然图灵和丘奇的方法表面上存在差异，但他们得出了相同的结论：希尔伯特问题无解。图灵和丘奇依据的是另一位逻辑学家（库尔特·哥德尔［Kurt Gödel］）几年前做出的关于数学和逻辑的内在局限性的惊人发现。

在所有这些例子中，局限性来自将系统应用于自身——也就是说，整个系统的局限性来自系统进行自我映像的能力。下面几节提出了在宇宙中证明这种局限性所需要的稍微复杂一些的思想。如果你喜欢逻辑谜题，这很好。如果你不太热衷于逻辑，你可以快进几节，跳到"终止问题"的部分。在那里，我们将讨论这对现实系统的意义。

罗素悖论

为了进一步研究这种自我映像及其产生的问题，让我们考虑一个更早的逻辑问题，叫作"罗素悖论"。罗素悖论是由伯特兰·罗素（Bertrand Russell）发现的，他是一位著名的逻辑学家和哲学家，与希尔伯特、哥德尔、丘奇和图灵生活在同一时代。

讨论罗素悖论的一种方法是想象只有一个刮脸理发师的小镇，理发师为镇上每个不为自己刮脸的人刮脸。

悖论来自按照上述规则对理发师的分类：

- 如果他为自己刮脸，他就不会被理发师刮脸，这意味着他不为自己刮脸。或者……
- 如果他被理发师刮脸，他就在为自己刮脸，这意味着他不会被理发师刮脸。

无论哪一种决策，我们都会产生矛盾。多么令人恼火！

我们可以承认这是悖论，但它似乎没有太大意义，而且显得很迂腐。我们可能会产生疑问：它对于我们想要解释的可计算性问题到底有什么意义？部分答案是，在这里发挥作用的元素对于可计算性也很重要。特别是，要使这个悖论成立，我们需要同时拥有三个元素：

1. 普遍性（适用于所有刮脸的人的规则）。
2. 否定（为自己刮脸的人不会被理发师刮脸）。
3. 自我引用（为自己刮脸的人）。

如果我们消除其中的任意一个元素，悖论就会消失：

- 如果消除普遍性，理发师就可以成为规则的例外。
- 如果消除否定，理发师就可以同时被自己和理发师刮脸。
- 最后，如果消除自我引用，我们就可以讨论被理发师刮脸的群体和不被理发师刮脸的群体，后者当然包括理发师。

终止与发散

罗素悖论是很好的逻辑谜题，但它与可计算性有什么关系？我们会将同样的普遍性、否定和自我引用的概念应用于计算问题的"可回答性"上。

我们的想法首先是每个进程要么给出答案、要么不给出答案。如果一个进程给出答案，我们就说它终止——它在得到答案后不会执行新的步骤。如果一个进程从不给出答案，我们就说它是发散的——也就是说，它只是在虚度时间，不断执行无意义的步骤。

然后我们构建一个关于进程的进程，它具有一种特殊的"透视"能力。这个透视进程可以将程序作为它的输入，并且（通过某种方式）确定程序对应的进程是终止还是发散。

让我们暂停一下，想想我们做了什么。到目前为止，我们似乎还没有做错什么事情。我们只是说要构建一个观察其他程序的程序。对于一个程序来说，检查另一个程序并判断它能否终止似乎是一件有用的事情，就像理发对一个人来说是有用的一样。实际上，在现实世界中，有一些程序被用于检查其他程序并判断被检查的程序是否含有错误。我们可以将这个透视程序看作检查其他程序的程序大类中的一个非常简单抽象的例子。

和理发相比，判断程序能否终止要陌生一些，但是除此以外，这里似乎没有什么异常。制作这个透视程序可能需要很高的水平，正如理好发可能需要长期培训。不过，根据数学家的优良传统，我们只是假设我们可以解决这个问题，无须担心如何解决。

建立悖论

探索悖论的下一步，我们要构建这个透视进程的否定版本。如果输入进程会发散，那么否定的透视进程会终止；如果输入进程会终止，那么否定的透视进程会发散。和构建透视进程的未知复杂性相比，这个否定步骤似乎很容易，显然可以实现。不管你想做什么，只要去做相反的事情就可以了。

建立悖论的最后一步是询问否定的透视进程将自身作为输入时会发生什么。毕竟，否定的透视进程也是进程，其对应的程序可以像其他任何程序那样被检查，以判断它会终止还是发散。

不过，当我们将否定的透视进程应用于其自身时，情况就很糟糕了。如果否定的透视进程在面对自身输入时终止，那么它就会发散。但如果它在面对自身输入时发散，它就会终止。呃！这是一个矛盾，我们可以将其归咎于我们能够构建透视进程这一假设。

我们再次用普遍性、否定和自我引用得到了矛盾的结果。

终止问题

这种矛盾意味着什么？现在看来，"我们可以判断一个程序的终止行为"这一看似无害的假设似乎是走向毁灭的第一步。我们已经领教了计算机科学家所说的终止问题。

它对现实世界的意义是，我们需要多留意我们的计算系统是否强大到可以进行这种操作。如果这种操作可行，那么一般来说，我们无法判断程序能否正确工作。我们可以肯定任何通用的计算模型都存在这个问题。毕竟，如果系统强大到可以编写任何程序，那么我们也可以编写在所谓的透视程序上进行这种操作所需要的程序。

如果我们真想确保程序正常工作，我们可以削弱计算模型，使其失去普遍性。这样一来，我们可能就无法建立一个相互矛盾的案例了。不过，尝试这种方法的人发现，以这种模式编写程序是令人沮丧的——赋予语言表达能力的元素也正是在预测执行方面存在问题的元素。

实际上，哥德尔在更宽泛的数学领域中证明的一部分内容是，完整性和一致性之间本质上是一种权衡。如果一个数学系统很大很强，足以证明所有关于算术的陈述，那么这个系统中的一些陈述就会相互矛盾。不过，如果一个数学系统足够谨慎，只证明了关于算术的一致陈述，那么它也会忽略一些真实陈述。

终止问题本身的范围比哥德尔对数学系统的论述要窄，但它听上去仍然极具哲学气息。在这一点上，它似乎不太可能具有实际用途。不过，我们将在第 21 章看到，当我们开始考虑防御攻击者时，它是相当重要的。

数字世界是如何运转的
Bits to Bitcoin

第二部分　相互作用的进程

第 7 章　协调

　　在前面描述的"阅读世界"(第 2 章)中,有一个读者与图书互动的阅读过程。有两种方法可以添加第二项活动:我们可以添加第二位读者,并且(或者)添加第二本书。我们可以将其制作成 2×2 的可能性表格(见表 7-1):

- 一位读者,一本书(我们在之前的章节中描述过)。
- 两位读者,一本书。
- 一位读者,两本书。
- 两位读者,两本书。

　　我们将填写这个表格来说明不同情况。最初,我们只是在每个新组合中填入一个问号。

　　在"一位读者,两本书"的情况中,读者试图同时在两本书上取得进展。这意味着读者会花费一些时间阅读一本书，然后转到另一本书，并且花费一些时间阅读这本书。接着，读者转而回来阅读第一本书，然后不断在两本书之间切换。计算机科学家称之为"分时"或"多任务"。这种交替的方法对计算机系统的运行非常重要。我们将在第9章看到，正确实现这种方法也是有挑战性的。

表 7-1　2×2 的可能性

	一本书	两本书
一位读者	没有多进程问题	?
两位读者	?	?

可以肯定的是，我们不希望读者每次切换图书时都从头读起。要想让读者在这种安排下取得进展，必须有某种标记或提醒，告诉他们从哪里开始：可能是书签或者某页纸上的铅笔记号，或者是保留在读者大脑中的记忆来识别起始点。没有这种标记，每次切换到另一本书时，读者都要从头开始阅读。在这种安排下，读者可能会非常忙碌，但是不会取得太大进展。

当我们关注多进程时，我们会面对另一些与被解决问题没有真正关系的数据——它们只与进程的协调工作有关。这种数据通常就是计算机科学家所说的上下文。一般来说，有了上下文，读者可以将进程束之高阁，并在随后某个时候从同一个位置开始继续阅读。

共享图书

下一个需要考虑的情况是"两位读者，一本书"。两位读者都希望在同一本书上取得进展。由于书是单一的共享事物，因此它必须拥有某种可控的访问机制，否则两位读者就会干扰彼此的阅读。例如，第一位读者（叫作爱丽丝）可能准备从第 5 页翻到第 6 页，但翻页会阻止第二位读者（叫作鲍勃）完成第 5 页的阅读。在令人恼火的可能场景中，一位读者短暂地抓起书，翻到自己想要阅读的那一页，阅读一些内容，然后放下书——另一位读者立即把书翻回原来的地方，如此往复循环。在这种情况下他们可以取得进展，但这很令人沮丧。

在更糟糕的场景中，两位读者可能同时抓住同一页纸，向相反的方向扯动，将其撕开。这种灾难就像计算机上的两个或多个进程拥有某种共享数据的不受控访问权时发生的损坏或畸变。幸运的是，我们可以使用一些工具避免这些问题。我们将在第 9 章了解更多关于这些工具的信息。

多本书和多位读者

我们已经讨论了"一位读者，两本书"和"两位读者，一本书"的场景。你可能认为，"两位读者，两本书"是最复杂的情况。从某种意义上说，的确如此。不过，这种情况只会为我们已经讨论过的问题增加一点新的困难。在某种安排下，两位读者各读一本不同的书，因此他们之间没有共享。这意味着我们实际上拥有两个同时发生的"一位读者，一本书"的安排。如果这两种设置之间没有相互作用，那它们是相邻还是发生在不同星球上并不重要——它们和其他任何一位读者一本书的安排一样具有相同的经历。

在另一种"两位读者，两本书"的情形中，两位读者都在同时阅读两本书。由于存在共享，因此这种情况和两位读者阅读一本书的情况一样，需要某种受控访问。有多少本共享图书或者多少位读者对于这个问题并不是特别重要。只要存在图书共享的可能性，就需要某种受控访问。表7-2总结了我们考虑过的所有情况。

表7-2　所有情况

	一本书	两本书
一位读者	没有多进程问题	分时
两位读者	受控访问	没有共享：没有多进程问题 共享：受控访问

死　锁

和我们之前看到的情况相比，两位读者两本书的情况还有一个新的问题。这个新问题是，如果两位读者都想同时获得两本书的独家访问权，就会出现一种简单的"卡壳"。

这里的"卡壳"是什么意思？为了理解问题是如何出现的，让我们回头来看被我们称为爱丽丝和鲍勃的两位读者。我们将两本书称为《狄更斯》和《莎士比亚》。让我们进一步假设，爱丽丝和鲍勃都想先把《狄更斯》和《莎士比亚》同时拿到手，然后再对书进行处理……也许是逐页对照，寻找差异。爱丽丝计划先拿到《狄更斯》，然后拿到《莎士比亚》。与此同时，鲍勃计划先拿到《莎士比亚》，然后拿到《狄更斯》。如果爱丽丝成功拿到了《狄更斯》，鲍勃成功拿到了《莎士比亚》，他们就会"卡壳"。

他们会礼貌地等待对方放下手中的书。如果他们愚蠢而固执，他们会坚持握住自己手中的书，等待对方让步——而对方永远不会让步。

这种"卡壳"叫作"死锁"。死锁在这类双进程情形中很容易出现，但它也会发生在更多的进程中。任何具有多个共享资源和多个进程的安排都会造成死锁的风险，除非我们找出方法避免它。如果一个进程占有了它所需要的一些共享资源，但它仍然需要目前被其他程序占有的其他资源，都会存在死锁的风险。

交通堵塞

读者共享图书时发生死锁的场景似乎难以置信，但现实生活中有一个例子也许不难想象……如果你在波士顿这样拥挤的城市开车，你甚至可能经历过这种情况。交通堵塞就是死锁的一种形式。每个十字路口由道路上的不同汽车共享。汽车类似于进程，它们的前进运动类似于步骤（当然，汽车的运动不是数字的!）。

在一个简单的情形中，在一个设计不佳的十字路口，如果两辆面对面开来的汽车都想向左转，它们可能会相互阻挡。每辆汽车都占据了十字路口的一部分，使另一辆汽车无法离开十字路口。

在这类简单的交通堵塞中，两位司机很容易看到确实存在"卡壳"的情况。只要一个或两个司机放弃左转的尝试，问题就很容易得到解决。大规模的交通堵塞要更加麻烦，因为司机和十字路口可能波及多个街区，人们无法清晰看到哪个十字路口的正常交通行为发生了瘫痪。

不良的驾驶习惯可能会加剧交通堵塞。在波士顿，司机在进入十字路口时常常没有离开十字路口的明确路径。这些顽劣的司机即使在十字路口等上一两轮红绿灯，通常也可以溜之大吉，因为交通最终会运转开，使他们获得离开十字路口的空间。在一些十字路口，这种丑陋的路口堵塞行为当然会影响相互交叉的两条道路。但如果道路远端发生其他事情，导致真正的堵塞，十字路口就不能像通常那样得到疏解了——它会维持堵塞状态。刚刚堵塞的十字路口又会堵塞各个方向的交通，这又会为通往这个十字路口的车流带来问题——尤其是当这些车辆正依次通过十字路口时，路口却被驾驶不当的司机堵塞了。

检测死锁

如果我们知道进程占有了什么，它们在等待什么，我们就可以画出一个等待进程的简图，弄清死锁发生的时间。每当进程 A 等待进程 B 占有的共享资源时，我们就会画出由进程 A 指向进程 B 的箭头。我们之前提到过爱丽丝在等待鲍勃，因为鲍勃占有了莎士比亚，而爱丽丝需要莎士比亚才能继续前进。图 7-1 捕捉到了 A 等待 B 的关系。

如果我们画出一个进程等待另一个进程的所有箭头，我们就可以观察简图上是否存在环路。在图 7-2 的简图中，爱丽丝拥有狄更斯，鲍勃拥有莎士比亚，但他们都在等待对方拥有的书。

如果有一圈进程在相互等待，箭头最终指回到初始进程，那么这个环路上的所有进程都会出现死锁。部分困难在于，环路上可能有许多进程。图 7-3 显示了 6 个处于死锁中的进程。观察任意一对进程并不能发现死锁——只有观察全部 6 个进程才会发现处于死锁中的环路。

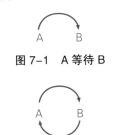

图 7-1　A 等待 B

图 7-2　等待环路，A 和 B 存在死锁

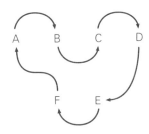

图 7-3　处于死锁中的 6 个进程

打破死锁

我们已经看到，我们可以在"谁等待谁"的简图中寻找环路，以检测死锁。这种简图也可以用于解决问题。任何注意到这种环路的进程都可以选择离开环路，从而打破死锁。离开的进程不再等待它目前需要的事物，并且（或者）释放它所拥有的、其他进程等待的事物。其他进程不再处于死锁状态，可以取得进展。

和这种"高尚志愿者"的方法相比，另一种方法是用监督进程跟踪另一组进程的行为。当监督者看到死锁时，它可以在死锁进程中选择至少一个"牺牲品"。牺牲品需要放弃它所占有的资源，使其他进程继续前进。在使用这种非自愿的、选择牺牲品的方法打破死锁时，被牺牲的进程可能不会甘心赴死。直接从进程中夺取资源不一定会得到好的结果：这个进程可能已经改变了它所占有的一些项目。如果我们直接摧毁一个正在活动的进程，然后将其资源交给其他进程，可能会制造混乱。毕竟，如果你让一些正在做饭的厨子停止工作，把他们赶回家，那么你还需要清理他们留在厨房里的东西，而不是仅仅空降一个新厨子，让他根据炉子上已有的食材继续烹饪更多的饭菜。

幸运的是，如果我们知道我们可能需要打破死锁，我们可以用一些简单的机制"撤销"被牺牲进程所做的行为。我们不会深入讨论这些细节。相反，我们只会挥挥手，宣布我们能够可靠地逆转某个陷入死锁情境的进程曾采取的所有步骤。

活　锁

一个微妙的陷阱是，取代死锁的可能是活锁——即进程没有"卡壳"但也没有任何进展的情况。例如，假设一组进程通过某种方式陷入了具有环形配置的死锁（见图 7-3）。

每个进程（标为 A 到 F）都在等待某件事情。虽然这些进程相互之间没有关系，而且没有意识到对方，但我们可以看到，他们通过这些共享项目形成了某种关系。如果每个进程以完全相同的方式处理"卡壳"的情况，那么这些进程可能会同时选择释放并重新占有项目。奇怪的是，这些进程会不断重复创造短暂的死锁，然后将其"解决"。虽然这种系统有在持续的活动，但是任何进程都没有进行真正的工作——每个进程只是在反复占有并释放资源。

在现实世界中，大学或州政府等大型机构可能会出现另一种类似的活锁。一个困难的问题可能陷入灰色地带，人们并不清楚应该由谁解决。因此，A 部门会让人去询问 B 部门，B 部门又会让去 C 部门。没有人提供真正的答案，只会说另一个人可能能够提供答案。如果这种重定向序列指回之前遇到的部门，我们就会进入重定向循环。不管重定向多少次，我们都无法得到答案。

现在，当一个人沿着这种重定向序列前进时，他通常会发现自己回到了之前去过的某个地方。但这只是意味着这种特定活锁容易检测。一般来说，活锁很难检测。虽然通过绘制"等待"图很容易检测死锁，但没有相对简单的方法检测活锁。在每个进程反复进入、脱离死锁的场景中，我们并不清楚某个进程如何区分活锁和坏运气之间的差异。在最坏的情况下，检测活锁需要预测程序的行为。这种预测相当于解决终止问题——正如我们在第 6 章了解到的，终止问题是无解的。

抖　动

抖动是指多个进程花费所有的时间协调开销而不是去做实际工作的情况。抖动在某些方面类似于活锁，但又和活锁不同。抖动的通常原因是过载——当执行步骤的系统在越来越多的进程之间划分资源时，每个进程分到的步骤会越来越少。最终，这个份额只能用于与每个进程相关的内务管理和记账步骤。

我们也可以在日常生活中看到类似的问题：当人们试图提升多任务强度时，他们最终会变得无效，因为他们花费太少的时间在"任务"上，同时花费太多的时间打断自己，或提醒自己接下来应该做什么。

活锁和抖动之间的差异似乎是学术性的——毕竟，两者的真正问题都是活动太多，而真正的进展太少。但区分它们并理解这些差异的含义是很有用的。活锁通常不是根据工作量而形成或消失的事物。相反，活锁通常反映了一些影响系统正确性的潜在设计错误。进程顺序或安排中的某些问题使它们无法取得进展，因为它们妨碍了彼此的前进道路。

与之相比，抖动会根据工作量的大小而出现和消失。抖动实际上与实现成本有关。在抖动中，没有阻止进程工作的结构或设计问题。相反，与进程相关的协调开销相对于实际工作来说变得很多，因此进程很少或者无法进行有用的工作。

第 8 章　状态、改变和相等

虽然我们已经考虑了数字数据的"分步"性质和执行进程所采取的步骤，但我们还没有仔细研究这些思想如何相互作用。我们已经看到，数据项的值可以改变：图灵机的"便笺本"或"带子"拥有可以读写的单元格（第 2 章）。当我们开始考虑多进程时，应该更加详细地了解这种可变性及其意义。

同我们在第 3 章和第 4 章中对名字的研究类似，一些对改变的研究似乎有过度之嫌。不过，同样地，我们将发现我们会在随后关于计算机系统和基础设施的讨论中受益。如果我们现在谨慎对待起初看似不重要的区别，这些区别随后就会派上用场。

让我们从日常生活中的例子入手，考虑一个普通的咖啡杯。咖啡杯之所以有用，部分原因在于它经历了变化，我们可以将其看作不同的状态。一个咖啡杯通常最初是空的，然后装满咖啡，然后被某人饮用变成半空或全空。它可能会得到清洗，也可能不会得到清洗，然后再次装满咖啡——或者，如果它是一次性的，它会被丢弃，而不是被清洗。我们通常可以将整个过程中的咖啡杯看作同一个咖啡杯：我们通常不会考虑它的身份变化，尽管在装满、饮用、清洗时它的作用可能会发生变化。实际上，在装满、饮用和清洗（或丢弃）阶段，它所涉及的甚至可能是完全不同的人。

我们有许多方法可以表示咖啡杯的状态。例如，我们可以区分几个等级，比如全满、半满或空。我们也可以把干净（准备冲泡）和脏（准备清洗）看作杯子的状态。我们还可以将描述咖啡容量和咖啡温度的数字看作杯子的状态。

在另一个家庭例子中，我们可以考虑餐具抽屉槽。当所有餐具都放在桌子上时，抽屉上的所有槽都是空的。当所有餐具被清洗和收起时，餐刀槽装满餐刀，餐叉槽装满餐叉，餐匙槽装满餐匙。实际上，我们甚至可以将餐具槽作为某种计算机制，以便知道还有多少餐具没有收拾。假设有 8 组餐具：8 把餐刀，8 柄餐叉，8 只餐匙。再假设我们要检查抽屉，看到槽里有 2 把餐刀，5 柄餐叉，8 只餐匙。我们很容易算出，桌子、洗碗机和水槽里一定还有 6 把餐刀和 3 柄餐叉。收起和取出餐具是一种模拟过程（手在空间里连续运动，没有可识别的离散"步骤"），但我们完全可以将餐具在槽中的状态看作数字的：餐匙要么在槽里，要么不在，餐匙被取出或收起时的中间时刻并没有那么重要。

无状态与有状态

状态使行为复杂化。这种说法可能令人吃惊，因为我们不难理解上述关于状态的家庭例子。所以，让我们研究一下状态是如何提高复杂性的。

一些电路或机器在输入和输出之间有一个非常简单的关系，同样的输入总是产生同样的输出。例如，考虑加法器这一设备，它可以输入两个数字，输出一个数字。输入 2 和 3 的加法器总是输出 5。它不需要任何状态或历史，添加状态也没有意义。工程师称之为组合系统或无状态系统。你只需要知道输入的组合就可以预测输出，因为没有隐性状态影响输出。

另一些电路或机器根据之前的一些历史元素决定输出。如果我们突然看到这样的机器，并且不知道它之前的历史记录，那么尝试预测输出不是明智之举。例如，考虑下面的设备：每次输入两个数字时，它都会将其添加到之前的总数上。这个设备不是加法器，而是计算机科学家所说的累加器。和之前描述的加法器类似，这个累加器也可以将 2 和 3 作为输入。不过，我们没有理由认为结果是 5，除非我们知道它之前的总数是 0。

加法器的简单规则适用于任何时候，而累加器的复杂规则取决于我们可能不知道的信息。工程师将累加器这样的系统称为时序系统或状态系统。要想预测输出，你需要知道时序、历史记录或状态，因为输入本身不足以决定输出。

赋 值

在做简单的数学计算时，我们假设各元素的行为具有组合或无状态性质，就像之前描述的加法器那样。如果我们需要解决一个简单的代数问题，我们可以在某个步骤确定 $x=3$。例如，我们可能有这样一对方程：

$$2x=6$$
$$y=3x$$

当我们根据第一个方程得知 x 的值为 3 时，就不需要担心 x 的值在随后某个时候变成 42 了。我们可以直接用 $x=3$ 的知识和第二个方程确定 $y=9$。

实际上，如果我们在证明过程中发现某个变量的值存在冲突（比如，我们通过一种途径发现 $x=3$，通过另一种途径发现 $x=42$），我们就会宣布存在矛盾——并且根据这种矛盾推翻我们之前在证明中做出的假设。例如，如果我们面对下面两个方程：

$$2x=6$$
$$x=42$$

那么它就没有可能的解。我们要么说这个问题无解，要么回到之前解决问题的某个步骤，检查是不是之前的错误导致了矛盾。

与之相比，对于 x 的值一会儿是 3、一会儿是 42 的进程，程序员完全不会感到吃惊，也不会看到矛盾或失败。程序员只会说，变量 x 是可变的。我们通常不会用这个词语表述咖啡杯或餐具抽屉的可变性，但它描述了同样的特性。相应地，数学视角下的变量是不可变的。在数学中，我们可能还不知道变量 x 的值，但 x 只能有一个值，否则就是有问题。在编程时，我们可以看到同一个变量 x 在不同时刻拥有不同的值，这没有问题。

这种差异是状态使进程及其行为变得如此复杂的根源：在进程执行时，同样的名字在不同时候可以拥有不同的值。状态意味着名字与值的特定组合随着时间的变化不一定会保持稳定。当状态被描述为命名或值的不稳定性时，我们可以更好地认识到为什么状态并不总是一件好事情。

引用透明性

当我们引入可变性时，相等的概念本身就隐藏着一些棘手的问题。我们说过，可变性意味着一个名字在不同时刻可能意味着不同事物。这种可变性破坏了用名字代替值或用值代替名字的基本技巧，意味着关于进程的所有简单陈述都需要加上限制条件，因此变得失去实际意义。我们不能说"x 的值为 3"，只能说"x 的值为 3，除非其他事物改变了它，此时它可以具有任意值"——这种巧妙的说法似乎仅仅意味着"我们几乎无法确定 x

的值"。

就像在简单的数学中那样，如果一个名字总是具有同样的值是很方便的。这种具有吸引力的性质有一个专业术语，叫作引用透明性——也就是说，名字的内容总是清晰（透明）的。所以，对于这种担忧的另一种表述是，状态毁掉了引用透明性。我们也可以说，在数学或代数例子中使替换成立的正是引用透明性。一般来说，如果存在引用透明性，我们就可以对名字和值的关系做出简单清晰的陈述。如果没有引用透明性，那么关于名字和值的推理往往会变得复杂而不稳定。

状态有必要吗？

当我们开始看到状态的缺陷以及它对引用透明性的影响时，我们可能会提出这样一个问题：为什么要拥有状态呢？我们不应该摆脱它吗？

至少某些时候，有两个拥有状态的充分理由：表达性和物理必要性。

首先考虑表达性。世界上有许多类型的活动最容易用某种可变状态理解或模拟。本章开头提到的咖啡杯就是一个例子。我们可以将"空杯子"和"满杯子"看作完全不同的实体，并从一种实体切换到另一种——但是这种对于日常经验的表示方法不是很自然。如果我们拍一部关于咖啡杯的电影，那么每一帧都有一张单独的杯子照片。类似地，我们可以将"有状态"的变化经历分解成"无状态"形式，用多个实例取代状态。不过，正如观看一部电影比研究电影每一帧更自然一样，直接处理状态往往比试图用无状态词汇表述有状态行为更自然。

在各种情况下，你可以想办法在不使用可变状态的情况下描述这种活动，但这些描述往往显得不自然，无法帮助用户做出判断。总的来说，我们目前还不清楚引用透明性的优点是否足以抵销它所带来的缺点。人们似乎普遍认为，尽可能避免可变状态是个好主意，但完全排除状态是不明智的。允许无状态风格的编程语言很不错，但必须采用无状态风格的编程语言就不太好了。

现在，让我们考虑物理必要性，首先回到我们第一次研究进程时提到的简单程序上（第2章）。这个程序输出"Hi"，然后停止一秒，然后再将同样的行为不断重复下去。当我们第一次提到这个程序时，我们的目标是指出一个与无限进程相对应的有限程序的简单例子。这个程序的不断执行不需要任何可变状态。毕竟，程序唯一的活动就是每次输出完全相同的文本，因此它并不需要改变任何事情。

现在，让我们稍微修改一下程序，使它不是仅仅反复输出"Hi"，而是输出"Hi1"，然后是"Hi2"，然后是"Hi3"，依次类推。这种简单的改变不需要我们在程序中使用可变存储器。在编写程序时，我们当然可以在打印每段文本之后创建一段新的文本，尽管这看上去很笨拙。我们甚至可以直接用无穷数组1，2，3，…的下一项作为递增计数器的内容。在表述这个程序所做的工作时，我们在逻辑上并不需要可变状态。

不过，如果我们运行这个完全没有使用可变状态的程序，它最终会耗尽空间。为什么说它一定会耗尽空间？因为它在每次迭代时会创建全新的输出文本——原则上说，是无限数量的文本！——而任何执行步骤的真实机器都只有有限的存储空间。而且，这个程序耗尽存储空间的方式特别愚蠢：存储空间中充满了旧的数字和旧的（已经输出的）文本。所有这些遗留数据对于程序接下来需要做的事情没有任何价值。

当然，还有一种更加明智的替代实施方案。我们可以保留可变计数器，它通过值1、2、3等重复递增，然后将这个值临时转换成输出文本，然后在下一次迭代中将这个空间重用于下一段文本。我们不难想象一个可重复使用的存储器，前面是"Hi"，后面是1、2、437,892或者其他任何数字的各种文本形式。不过，这种节省空间的方法只适用于计数器和文本空间可变的情形，即它们可以在不同时间点拥有不同的值时才有效。

如果我们特别精明，我们就会注意到，如果可以回收之前使用的旧的和不相关的值，我们可以支持存储器表面上的无限供应。我们可以更改底层机器，使之看上去具有无限存储空间，而不是在程序中改用可变存储器。从程序的视角看，这不是可变性——它从未改变任何值。但肯定有一些事情发生了改变，因为当我们观察机器时，我们可以看到特定存储位置在不同时刻拥有不同的值。

这个问题只出现在无限程序中吗？不，无限程序只是最容易看清问题的例子而已。每当程序使用的存储空间超过了可用的存储空间时，都会出现类似的问题。空间的重复使用使更多的计算成为可能。

两种相等

每当出现可变状态时，我们都需要区分（至少）两种"相等"。一种相等是不变关系：两个相等的实体总是相等。另一种相等是可变关系：两个现在相等的实体以后可能不相等。我们将第一种关系称为"永远相等"，将第二种关系称为"现在相等但可能变化"。

如果我们确定两个实体"永远相等"，那么我们就有了引用透明性，可以随意进行替换游戏。如果我们只能确定两个实体"现在相等但可能变化"，那么我们就没有引用透明性。需要注意的是，我们不清楚两个实体拥有相同值的时间有多长，除非我们知道其他进程如何改变它们。

如果我们非常谨慎，我们就会说，只有永恒不变的实体才有可能彼此"相同"——其他一切事物都会随时间变化。毕竟，在细胞层面上，今天的你和昨天的你不是同一个人。从相互作用且不断运动的原子和电子角度看，你现在的笔记本电脑和 1 纳秒前的笔记本电脑也是不同的。

如果我们采用这种严格而无用的视角，会有永远相等的事物吗？答案是肯定的，数值是不变的。例如，3 的值永远等于 3(我们当然不会认为数字 3 的值会突然变成 17)。类似地，文本"你好"和其他每个文本"你好"的实例都是相同的。它没有突然变成字符串"再见"的风险。

相同对象与不同对象

像 3 或"你好"这样的值的不变性质与程序中某个名字（比如 x）是否具有不变的值的问题完全不同。如果我们知道某个名字总是具有同样的值，我们会称之为常量。如果我们知道一个名字可能还没有值，但只能表示一个值，我们可以称之为单一赋值变量。和常量相比，单一赋值变量在某个时刻可能没有值。不过，一旦它有了值，它的值就永远不会改变了，就像它是拥有这个值的常量一样。当我们研究简单的代数问题时，我们看到的数学符号就像单一赋值变量一样。在编程表示法中，如果名字只能是常量或单一赋值变量，那么我们就总是具有引用透明性。这种表示法可以叫作单一赋值语言或函数式语言。

但是，如果我们没有这些限制，那么一个名字在不同时刻可能具有不同的值。在这种情况下，比较两个事物是否永远相等就没有太大意义了——因为任何可变事物都不可能与其他事物永远相等，甚至不可能与它自己永远相等！对于可变事物，最强的相等形式是"现在相等但可能变化"。

不过，用"现在相等但可能变化"比较可变状态并不是故事

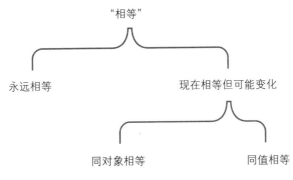

图 8-1　相等的不同种类

的全部。除此以外，我们还可以（而且应该！）区分"同对象相等"和"同值相等"（见图 8-1）。

为理解这种差异，让我们考虑两个名字 x 和 y。假设 x 和 y 现在的值都是 3。这意味着它们是"同值相等"（目前如此！）。当我们只知道它们的值都是 3 时，并不知道它们是不是"同对象相等"。

例如，x 和 y 的值可能永远等于 3（见图 8-2）。

这意味着 x 和 y 永远相等，并且永远等于 3。实际上，x 和 y 只是 3 的同义词而已。

图 8-2　x 和 y 永远相等，值为 3

另一个看上去类似但具有不同意义的情况是，x 和 y 是同一可变单元格的两个不同名字（这个单元格目前的值刚好是 3），见图 8-3。

图 8-3　x 和 y 是同一可变单元格的名字，其值为 3

值 3 周围的方框表示这是一个可变单元格。我们可以看到同一系统稍后的某个状态，此时单元格的值发生了改变，变成 17（见图 8-4）。

图 8-4　x 和 y 是同一可变单元格的名字，其值目前为 17

另一种看似相同的配置是，x 和 y 是两个完全不同的事物，它们刚好具有完全相同的值，即 3（见图 8-5）。

在这张简图中，我们拥有有利视角，可以判断 x 和 y 这两个名字指的是否是同一对象。我们有一种方法区分"同对象相等"（两个名字指的是同一对象）和"同值相等"（两个名字刚好具有相同的值）。共享相同对象与拥有相同值的另一个副本是完全不同的，这是一个重要的一般原则，我们将在下一章继续探讨这一问题。

图 8-5　x 和 y 是不同可变单元格的名字，它们的值都是 3

如果我们无法直接确定两个名字是否指的是同一对象，我们有办法进行区分吗？有。我们可以做一项实验，比如为 x 赋值 17，然后检查 y 的值。如果 y 的值仍然是 3（见图 8-6），我们可能会得出结论：它们不是"同对象相等"。

图 8-6　x 和 y 是不同可变单元格的名字，它们具有不同的值

如果 y 目前的值也是 17 呢？一个可能的结论是，x 和 y 是"同对象相等"。不过，这两个可能的结论并不像你想象得那样可靠或简单。它们在一定程度上取决于改变一个名字的值和检查另一个名字的值之间可能发生的其他事情。在第 10 章中，我们将更加详细地研究这两个步骤之间发生其他活动的可能性。

虽然在某种程度上，状态是一个熟悉的日常概念，但当我们仔细研究它时，就会看到很多微妙之处。一方面，我们似乎生活在有状态的宇宙中。我们很容易找到内容发生变化而容器身份保持不变的例子——比如本章开头的咖啡杯。另一方面，当身份和内容可以区分时，我们需要非常谨慎地对待两个事物"相同"或"相等"的含义。简单的推理似乎依赖于回避状态，而现实的实现似乎依赖于使用状态。我们可以套用伊拉斯谟（Erasmus）的名言：状态，无法忍受你，又不能没有你。

第 9 章　受控访问

　　我们已经进一步了解了与状态相关的一般性的困难，现在，我们准备研究共享状态的受控访问问题。我们在第 7 章提到，不受控制地访问共享资源会存在风险。一种风险是，我们可能损坏数据。另一种风险是，我们可能陷入某种死锁或活锁。如果我们想要正常地访问共享资源，应该怎么做呢？在探索这一主题时，我们不想从人类读者和图书入手，因为人类非常复杂。相反，我们需要考虑非常简单的机制。机制越简单，就越方便我们使用。

　　所以，我们不再考虑共享图书，而是更加详细地研究共享单元格。我们首先在图灵机的无限带子中接触了单元格（第 2 章）。后来，我们又将其看作可以拥有多个名字、具有可变状态的小单元（第 8 章）。单元格指的是可以放入小型单一信息项的槽——比如放入"w"这样的单一字符，或者 1,257 这样的单一数字。

　　我们将单元格的大小说得有些模糊，因为它部分取决于我们实施时的创造性。不过，从日常生活中重要事物的规模来看，单元格的内容总是很小：它不会是很大的数字，不会超过一个文本字符。

丢失更新

我们考虑两个非常简单的进程，它们共享某个单元格。我们用这个单元格保存一个数字，每个进程都会将单元格中的数字更新为比之前加 1 的值。也就是说，每个进程依次执行下列步骤：

1. 读取单元格中的值。
2. 用现有值加 1，算出新值。
3. 将新值写入单元格中。

所以，如果我们从单元格中的值 0 开始，并且拥有两个进程，每个进程将这个值增加 1，那么我们认为单元格中的值最终将是 0+1+1=2。当人们构建和运行这类小系统时，单元格最终的值很容易变成 1，仿佛其中某个进程完全没有履行自己的职责。这就是丢失更新问题。我们应该稍加详细地考虑这种情况，以理解它是如何发生的。

首先，让我们考虑一下为什么解决这个问题很重要。如果我们只是在谈论没有任何特定意义的数字，我们可能不太关心答案是 1 还是 2。不过，假设这个单元格代表的是银行存款余额，这种差异对应于我们丢失的一美元。现在，事情看上去好像有点问题了。或者，假设这个数字代表为我们指引驾驶方向的全球定位系统上的地理坐标，或者代表某个石油钻探队的钻探目标，那么一个数位的误差也会很重要，会导致很严重的问题——走上错误的道路，开采错误的位置，或者代表了各种我们希望避免的讨厌局面。在所有这些情形中，即使有人保证这些问题不常发生，我们也不会得到太多安慰——实际上，如果这些更新的丢失是难以预测的，那么问题将会更加严重。

毕竟，如果一种失效总是发生，我们就可以适应它。如果我们总是得到 1 而不是 2，我们只需要每次将结果加 1 就行了。或者，如果我们总是在星期二或满月时得到 1，我们只需要在这些时刻将结果加 1。不过，如果失效只是偶尔发生，缺乏一致性，难以预测，那么我们就没有办法修复了。所以，我们需要阻止它。为此，我们需要理解它是如何产生的。

两个具体进程

假设由爱丽丝和鲍勃执行两个进程的步骤，共享一个单元格。虽然两个进程拥有完全相同的步骤，但我们应该分别为每个进程的每个步骤命名。所以，我们用 A1 表示"爱丽丝进程的第 1 步"，用"A1 → A2"（读作"A1 至 A2"）表示步骤 A1 总是发生在 A2 之前。

爱丽丝的进程可以总结成：

$$A1 \rightarrow A2 \rightarrow A3$$

它表示 A1 永远发生在 A2 之前，A2 永远发生在 A3 之前……
这是我们之前使用的步骤序列所暗示的事情。如果我们想要更
加清晰地确定到底发生了什么，我们可以用实际发生的行为代替
A1 等名字：

读取单元格，得到 x →计算 $x+1$ →将 $x+1$ 写入单元格

或者，我们可以将其总结成：

读取→计算→写入

这都是对爱丽丝执行的单一进程的总结。

下面是对鲍勃的进程的总结：

$$B1 \rightarrow B2 \rightarrow B3$$

现在，我们有了爱丽丝的进程和鲍勃的进程，每个进程分三
步。我们可以将其并排写下来：

$$A1 \rightarrow A2 \rightarrow A3$$

$$B1 \rightarrow B2 \rightarrow B3$$

现在，所有准备已经就绪，我们需要解决丢失更新的问题了。

交　织

为了理解发生更新丢失的原因，我们需要了解两个进程的步骤交织，即步骤的可能顺序。如果你制作 6 张索引卡片，每张卡片对应两个进程中各自的三个步骤，会更方便理解关于交织的讨论。然后，你可以更好地安排和重新排列它们，看看什么是可能的，什么是不可能的。

在继续前进之前，让我们问一个关于这些名字的问题：A1 和 B2 之间这种"谁总是发生在谁之前"的关系是什么？

我们似乎很容易认定，B2 → A1 这一关系不成立。也就是说，我们不难看出，A1 可以发生在 B2 之前。毕竟，爱丽丝的进程被列在页面上的第一行，步骤 A1 又在左边。步骤 A1 是爱丽丝进程的第一步，而 B2 位于鲍勃进程的第一步之后。所以，在这个简单的例子中，种种线索表明 A1 可以发生在 B2 之前，这必然意味着 B2 总是发生在 A1 之前的说法是不正确的。

比较棘手的是思考 A1 → B2 是否成立。（剧透警告！不成立。）在这里，文中所有同样的线索暗示了 A1 当然发生在 B2 之前。但我们需要谨慎地理解在这种进程中"执行步骤"意味着什么。

步骤到底是怎么执行的？如果我们将爱丽丝和鲍勃看作独立的步骤执行者，那么他们每个人只是在以自己的速度执行步骤。他们不需要做到"公平""一致""明智"之类的事情。所以，我们必须保持谨慎，不要假设他们拥有这些限制条件。爱丽丝执行步骤可能很快，而鲍勃可能很慢，反之亦然。或者，他们可能以大致相同的速度前进。当我们考虑到每个人可能拥有的速度范围时——而不是假设他们的速度大致相同——我们显然无法保证 A1 在 B2 之前发生。

多重处理和多重程序

当爱丽丝和鲍勃有能力完全独立执行步骤时，计算机科学家称之为多重处理。另一个同样重要的情况是爱丽丝和鲍勃实际上共享同一个执行步骤的底层机器。某个步骤可能是爱丽丝的，也可能是鲍勃的，但每个步骤只能使其中一个人前进一步。如果爱丽丝在执行步骤，鲍勃就不在执行步骤（反之亦然）。我们之前在第 7 章接触过这种方法，当时我们称之为分时或多任务。有时，计算机科学家会使用多重程序一词，以便与多重处理进行对比。

在多重程序的例子中，真正的"步骤执行者"是第三个人，叫作查克。我们稍微修改一下爱丽丝和鲍勃的例子，以明确他们是如何共享一台执行步骤的机器的。查克本人的工作比较无聊，他只是对执行下一步的人进行选择。当爱丽丝或鲍勃准备执行步骤时，他们会举手。查克会从已经举手的人之中选择一位执行下一步。当被选择的人完成一个步骤时，查克会再次选择，但他选择谁是无法预测的。还是那句话，他不需要做到"公平""一致"或"明智"。他不会选择没有做好准备的进程，但在其他方面他可以按照自己的意愿做到公平或不公平。

由于我们通常无法预测查克的行为，因此我们需要考虑到他在选择爱丽丝之前两次选择鲍勃的可能性。在这种情况下，B2 就发生在 A1 之前，而这意味着 A1 → B2 不成立。

一些交织案例

总结一下，我们可以说，一些"进程内部"的组合具有"谁总是发生在谁之前"的关系，但我们目前还没有在不同进程之间发现这种关系。一般来说，在保持进程内部顺序的情况下，两个进程的步骤可以以任意方式交织。这有点像为两副有顺序的牌洗牌。"良好"的洗牌是公平的，两边的纸牌会交替插入。不过，即使洗牌洗得很糟糕，交织不是很均匀，这仍然是洗牌，我们仍然会使用其结果。重新组合后的牌中，左手牌和右手牌的顺序是无法预测的——但是这种洗牌既不会改变左手牌中任意纸牌的顺序，也不会改变右手牌中任意纸牌的顺序。

回到我们简单的例子上。有一些具有同等可能性的顺序，比如"爱丽丝总是优先""鲍勃总是优先"或"交替步骤"（以及其他一些步骤）。下面是其中一些顺序：

- 爱丽丝总是优先：A1，A2，A3，B1，B2，B3

- 鲍勃总是优先：B1，B2，B3，A1，A2，A3

- 交替：A1，B1，A2，B2，A3，B3

　　现在回想一下，我们之所以开始研究交织问题，是为了理解丢失更新问题。为此，让我们重点对比其中两种交织，即"爱丽丝总是优先"和"交替"。

　　为了进行比较，我们要改变进程步骤的写法。进程仍然是相同的，但不同的表示法有助于明确不同的方面——正如 0.25 和 1/4 是同一值的不同写法，我们可以使用其中任意一个，以便问题更容易解决。在之前"A1，B2"的表示法中，我们虽强调了两个进程 A 和 B，但对于每个不同步骤中发生的事情则有点含糊不清。为弄清丢失写入的原因，我们必须有效地转换我们的表示法。现在，我们不再强调进程和忽略每个步骤的细节，而是强调每个步骤的含义，同时只提供足够让我们可以区分每个进程的信息。所以，我们现在不要将某个步骤称为 A1，而是称为"读取 $_A$"。

　　这种表示法是怎么来的？我们之前将这些进程总结为读取、计算和写入三个步骤。回忆一下，读取是读取单元格 x 的值，计算是计算 $x+1$ 的值，写入是将这个值写入单元格 x 中。进程 A 和 B 具有相同的步骤，因此我们用下标来表示执行每个步骤的进程："读取 $_A$"是爱丽丝进程的读取，"读取 $_B$"则是同样的读取步骤……但它属于鲍勃的进程。

图 9-1 使用了这种新的表示法，显示了两种不同交织中发生的情况。

爱丽丝总是优先：

读取$_A$	计算$_A$	写入$_A$	读取$_B$	计算$_B$	写入$_B$

交替：

读取$_A$	读取$_B$	计算$_A$	计算$_B$	写入$_A$	写入$_B$

图 9-1　相同步骤的两种不同交织

让我们关注两个读取步骤，即读取$_A$和读取$_B$。在第一种交织中（爱丽丝总是优先），读取$_A$和读取$_B$读取的是不同的 x 值。读取$_B$读取的 x 是爱丽丝进程计算出的新值（加 1）。这种安排带来了正确的最终结果，x 的值增加了 2。

但在第二种交织中（交替），读取$_A$和读取$_B$读取的是完全相同的 x 值。在读取$_A$读取 x 之后的下一步，读取$_B$读取了 x——因此爱丽丝的进程还没有机会更新 x。这种安排会导致丢失更新，x 只会增加 1。

每个进程都执行了所有正确的步骤，每个进程都会将值增加 1。但由于这些步骤的交织方式，我们遗憾地丢失了其中某个进程的效果。

这是真正的问题吗？

如果我们将爱丽丝和鲍勃看作用纸和笔执行任务的人，那么这种丢失更新的问题似乎不太可能发生。爱丽丝和鲍勃会意识到对方的存在，而纸本身就可以充当某种协调机制。他们不会盲目地计算同样的值，然后用第二个人的结果覆盖第一个人的结果。所以，整个问题看上去可能有点做作。

我们可以考虑一种"白痴"版本，即两个人都没有任何常识，只会遵循一系列指令，对于需要完成的事情没有任何高级思维。你很容易认为这是很容易避免的问题，它怎么值得人们担忧呢？不过，我们的计算机的确只是盲目的步骤执行者，只会执行给定的指令，没有任何常识和高级推理能力。所以，我们需要关心如何为它们提供恰当的指令，以避免这种错误。

丢失更新问题能否避免？根据我们目前描述的安排，任何交织都有可能发生。与之相比，我们希望对系统进行安排，使得只有某些交织可能发生——具体来说，是只有得到正确答案的交织可能发生。

在我们的小例子中，我们知道，我们可以一次只运行一个进程，以得到正确答案——实际上，我们总是可以使用这种应对最坏情形的解决方案。原则上，我们总是可以避免多进程共享数据导致的问题。一种可能是，我们每次只执行一个进程，直到进程结束。另一种可能是，我们为每个进程提供所有数据的单独副本，以消除共享。但这些解决方案似乎有点激进，可能不适用于一般情况。例如，如果谷歌的搜索服务一次只能为一个用户执行一次搜索，那它很难成为数亿用户宝贵的网络资源。消除多进程行为或消除共享只是在逃避丢失更新问题，并没有解决问题。

互　斥

这里的问题是并发访问——即多个执行进程的访问。我们需要建立一些事物，暂时限制单元格 x 的并发访问，以获得足够长的时间避免麻烦。更广泛地说，我们不仅需要为单元格 x 提供这种机制，还需要为一般的共享状态提供这种机制。这个特定的问题就是计算机科学家所说的互相排斥："排斥"意味着一个进程可以通过某种方式使其他进程远离共享数据，"互相"意味着任意一个进程都可以用同样的机制排除其他进程。

让我们想象一个消除丢失更新问题的简单互斥机制。我们将这种机制称为锁。这种机制通过某种方式——我们不需要担心细节——确保一次只有一个进程占有锁。进程可以对锁做两件事："获取"和"释放"。在成功的获取操作后，执行进程将占有锁。在成功的释放操作后，执行进程将不再占有锁。

这种锁虽然叫锁，但它与房屋门锁或体育馆更衣室里的锁不太相同。它不是想要挡住盗贼和小偷，也没有专用钥匙或密码组合只让特定的人打开它。我们稍后将在书中看到，一些计算机制的确拥有密钥，而且与加强各种安全性有关，但那不是这些锁的功能。这些锁只是为了限制并发进程对于状态的共享。

间谍故事爱好者可能更喜欢"死信箱"的类比。这是间谍向上线（或者上线向间谍）传递信息的一种方式，双方永远不会同一时间出现在同一地点。发送方将信息放在指定地点，接收方在指定地点接收信息，他们通过某种信号或时间限制确保两人不会同时出现在那里。信息有时为间谍所有，有时为上线所有，但间谍永远不会将信息直接交给上线，反之亦然。凭借"死信箱"，间谍和上线实际上实现了一种共享数据互斥。

使用锁

我们可以通过调整爱丽丝和鲍勃的进程来使用获取和释放功能。我们做出的唯一改变是引入上面描述的锁，用这些锁避免丢失更新。我们的目标是确保每一种可能的步骤交织以 x 增加 2 为结果（正确结果）。和之前不受控进程的版本类似，爱丽丝和鲍勃的进程包含相同的步骤——但是这些相同的步骤现在包含了一对关于锁的操作。

1. 获取锁 $_x$
2. 读取 x
3. 计算 $x+1$
4. 写入 x
5. 释放锁 $_x$

进程的核心仍然是和之前完全相同的"读取—计算—写入"步骤。不过，我们实际上将这些步骤包裹到了"获取—释放"之中。获取和释放有点像左右括号：它们需要匹配，否则就会出问题。

我们到底取得了什么进展？在这里，我们获得了一项关键的新能力：当我们允许两个进程并发运行时，我们可以对结果保持信心。在重要位置，锁使并发受到了动态限制。我们既不需要提前确定进程 A 或 B 是否会独立运行，也不需要提前判断哪一个进程会在另一个之前运行。如果这些进程没有任何共享资源，它们可以平行运行，直到结束，两者之间没有任何顺序。锁是一种动态控制并发访问的简单机制。当我们解决了这个简单的互斥问题时，我们就可以构建出涉及并发和共享状态的更大、更复杂的系统。

第 10 章　中断

　　根据我们的讨论，执行步骤的机械似乎可以简单、平滑、持续地前进。大多数程序都是这样运行的，但是如果我们考察底层机械的活动，我们就会看到一些不同之处。物理机器执行的不是简单持续的步骤流，而是平滑向前运动与难以预测的突然转变的结合，这些转变叫作中断。

　　图 10-1 显示了 4 个标有字母的抽象步骤。这个简图反映了正常程序的编写方式以及程序员对程序执行的普遍认识。

图 10-1　程序员眼中的 4 个步骤

　　图 10-2 使用了具有相同标签的 4 个相同步骤，显示了机器实际执行的步骤的一种可能情况。和原始程序中从一个步骤直接

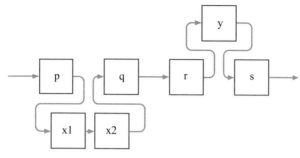

图 10-2　同样的 4 个步骤，一种可能的执行情况

向下一个步骤前进相比，简单的流程出现了两处偏移：一处是两个步骤 x1 和 x2，另一处是步骤 y。在本章中，我们的任务是理解这种更复杂的行为有什么用处。

　　被打断是我们熟悉的日常经历。我们可以区分我们在被打断之前在做的事情——我们希望继续进行的活动——以及促使我们将注意力和行为从之前的活动上移开的事件。实际上，我们可以说，上一个句子中的破折号有效打断了句子流程，插入了修饰从句，然后又使读者返回了之前的句子。同样，在计算领域，中断（interrupt）可以在短时间内改变原始流程。（更加符合语法的名词应该写作"interruption"，但"interrupt"已经成了固定的专业术语——因此我们使用后者。）

无法预测的环境

　　为什么需要中断？它们可以使执行步骤的机械实现两个难以调和的目标。有了中断，机械既可以处理难以预测的外部事件，又可以支持大多数进程相对简单的编程方式。让我们首先看看为什么要处理难以预测的外部事件，然后看一看如果不引入中断，这个问题会带来怎样的尴尬。

难以预测的事件的一个来源是与计算机外部世界的任何相互作用。特别是，执行步骤的机械可以通过输入 / 输出系统在机器本身以外的某个地方读取或写入数据。关于步骤的执行速度或每一步的内容，执行步骤的机械可以设置和遵循自己的规则。但外部世界不会尊重这些规则。程序步骤的时间和输入 / 输出相关事件的时间没有必然的关系。例如：

- 用户按下按键。
- 来自网络的消息。
- 旋转磁盘到达写入信息的正确位置。
- 显示器做好更新项目的准备。
- 或者，网络做好接收待发新消息的准备。

其中，任何一个变化都可以在任何时间发生。

在图 10-3 中，我们采用了之前考虑的 4 步骤程序，并用竖箭头指示了一些可能发生外部事件的位置。外部事件可能发生在：

- 步骤中间（左边的竖箭头）。

- 当机械从一个步骤移向另一个步骤时（中间的竖箭头）。

- 或者，步骤最开始（右边的竖箭头）。

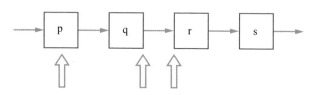

图 10-3　同样的 4 个步骤和一些可能的中断

虽然机械拥有非常有规律的、一致的重复行为，但外部世界没有义务将事件与机械的节奏相匹配。

检查，检查，检查……

让我们考虑一下在键盘上输入字符的简单情况。对用户来说，键盘是一组不同的按键，可以一次按下一个按键或一些按键的组合。但对计算机来说，键盘只是我们之前考虑的那种可变单元格而已（第 8 章）。键盘的物理按键仅仅是用户控制单元格数值的方式。除此以外，它们的其他特点对计算机来说并不重要。

有时，单元格里包含一个字符，表示正在被按下的按键。每个字符的值由一小段比特表示，但我们在此忽略这种细节。有时，单元格包含特殊的"空"值，对应于"没有按键被按下"。让我们暂时假设我们可以观察单元格，并且有能力"看到"那里的比特模式。它看上去有点像图 10-4（遗憾的是，单元格显示

键盘

计算机视角

图 10-4　键盘及其相关单元格

的字符并不是我们能用肉眼看到的那种字母）。

如果有人输入一段文本，比如莎士比亚的一段话，我们可以看到，随着不同的字符被按下，单元格的值会不断发生改变。所以，在输入"To be or not to be"时，首先出现的是字符"T"（见图 10-5）。

键盘

T

计算机视角

图 10-5　输入字母"T"

同样，我们也可以看到类似的"o"" "（即一个空格）、"b""e"等。

根据用户的输入速度，特殊的"无按键"值可能会出现在一些或所有的字母和标点符号之间。如果我们只想让一个程序观察键盘，这个程序是很好写的。它只需要不断观察单元格中出现的值，就像我们之前在图 2-5 中看到的不断输出"Hi"的程序一样。

从计算机的角度看，键盘只是单元格获得一系列值的途径而已。但作为计算机用户，我们的视角有所不同。当我们用键盘输入莎士比亚的句子时，我们希望整个字符序列得到记录。怎么做到这一点？让我们首先看一看更简单的事情如何在没有中断时实现。

首先我们假设一台执行步骤的机器正在运行某个程序。这个程序的工作内容并不重要，但我们大概知道任何程序的工作原理：机器会反复抓取指令和数据，并对数据执行指令。程序最初并没有与键盘进行交互。

现在，假设我们需要一个改进版本的程序来读取输入——也许它正在屏幕上绘制图案，按下不同的按键会改变当前图案的颜色。我们需要修改程序，使之定期检查一个按键是否被按下（计算机科学家将这种事件称为击键）。如果程序需要反复检查键盘的单元格，以收集每次击键，时间限制可能会比较紧：为了正确发现击键，程序需要以很高的频率"观察"键盘，以便在键盘被按下时捕捉到这一事件，并且提供信号。所以，不管这个程序之前的工作内容是什么，它现在都需要反复检查键盘。之前，这个程序看上去是这样的：

做微步骤 1

做微步骤 2

做微步骤 3

现在，这个程序看上去应该是这样的：

做微步骤 1

检查键盘

做微步骤 2

检查键盘

做微步骤 3

检查键盘

所以，即使是一个简单的小程序也会变成之前长度的两倍，并且变得重复而令人恼火。如果程序较长，或者更加复杂，这些改变实际上会更糟。为什么必须要做这种反复检查呢？

假设我们降低检查的频率。如果程序不经常检查键盘，它可能会错过一些击键，向计算机输入文字的体验会变得令人沮丧——如果我们打字速度很快，一些击键会被漏掉，这可能会提示我们放慢速度，花更长的时间按下按键。或者，我们可能会感到沮丧，只好寻找一些其他途径输入信息。

随着设备数量和复杂性的增加，通过频繁"观察"捕捉击键等瞬态事件的问题会变得更加困难。即使我们忽略了错过字符的风险，也要考虑那些希望用键盘与程序交互的程序员所面临的任务。他们并不想让键盘问题占据程序的大部分篇幅。

如果每个程序都需要检查各种设备可能发生的变化，那么我们很难判断程序真正的工作是什么。不管我们真正希望程序完成的工作是什么，与这些设备交互的问题都会占主导地位。这是一种本末倒置，就连最简单的程序也会受到检查输入的影响。此外，计算机各项设备的每一次改变可能都需要每个程序做出调整。这种策略看上去没有吸引力，而且不切实际。

中断和处理程序

中断是处理这个问题的另一种方法。有了中断，"正常"程序——即工作任务与设备和机械无关的程序——不再需要逐一检查各种设备本身。相反，任何一个设备的状态变化都会导致中断。实际上，对于执行步骤的机器来说，每一步的检查成了其工作的一部分。当中断发生时，正常程序的执行会暂时停止——也就是说，机器不再分配执行该程序的步骤，因此它会停止。此时，机器会将步骤分配给另一个专门为这一目的而设计的程序：

中断处理程序。在中断处理程序完成所需要的工作后，控制权会返回被打断的程序，它会恢复执行，就像什么也没有发生一样。

中断处理程序通常会接收新的输入（比如被按下的按键），将其存放在安全位置，以供后续处理。这个中间存储位置——即安全位置——通常叫作缓冲区。

击键中断的中断处理程序可以非常简单：它知道用于存储键盘字符的缓冲位置，并将当前的键盘字符存入缓冲区的下一个可用单元格中。随后，当程序准备查看来自键盘的一个或多个字符时，它通常会读取缓冲区。例如，我们绘制图案的程序可能正在与屏幕交互（因此无法改变刚刚采用的颜色），或者正在进行与颜色无关的计算（因此目前还不需要处理颜色）。那么，我们什么时候希望检查输入呢？我们希望在程序下一次开始与屏幕交互时检查可能影响显示颜色的键盘输入。

共享服务

如果没有中断，我们需要在响应性和简单编程之间做出艰难的权衡。如果我们想让程序对瞬态条件做出响应，我们需要让程序进行频繁检查。或者，如果我们想让程序变得简单，我们需要接受它对一些瞬态事件的忽略。中断机制使我们既能拥有对瞬态条件的及时响应，又能在大多数时候拥有更简单的编程模式。

不过，如果我们只关注编程的简单性，那么中断并不是合适的解决方案。必须承认，处理中断和缓冲的机制比直接将键盘暴露在程序中要复杂得多。和这种转向不同程序、将字符存放起来并继续原始程序的复杂操作相比，为了可能的输入字符而反复检查键盘的行为有点愚蠢。当我们想要平衡响应性和简单编程时，中断是很有吸引力的。

这里的好消息是，中断所增加的复杂性在实践中并不是问题。一旦我们构建了这些中断处理程序和缓冲管理器，就可以在许多与键盘交互的不同程序中重复使用它们。更重要的是，我们不再需要根据某种键盘配置编写所有这些不同的程序。相反，我们实现了关注点的分离：程序可以处理主要目标，而中断处理程序和缓冲管理器可以处理硬件细节。程序并不需要详细了解键盘的工作原理。同样，中断处理程序和缓冲管理器也不需要详细了解其他程序的工作原理。

中断处理程序和缓冲管理器是普通程序共享服务的例子，它们使执行步骤的机械更容易使用。这些共享服务集合的另一个名字叫作操作系统。我们之前提到了一些流行的操作系统，但这是我们第一次考虑该词语可能的定义。另一个思考操作系统的有用方法是将其看作运行其他程序的程序。这两个定义之间没有矛盾——它们只是强调了操作系统功能的不同方面。

普通的（不是操作系统的）程序通常叫作应用程序或应用。应用通常运行在某个操作系统之上。该操作系统用缓冲将平稳运行的进程与外部世界不可预测的特殊事件相隔离，使每个程序可以合理地处理键盘输入和其他难以预测的事件。在操作系统的支持下，应用无须为了避免错过击键而过多地检查键盘。

另外，我们可以在计算机科学术语中看到一个有趣的观点。我们可以注意到，输入和输出设备被统称为外部设备。和更加核心的计算任务相比，它们似乎处于不重要的位置。

在现实中，没有输入/输出的计算设备是完全无用的。实际上，有一个古老的计算机科学笑话，说的是普通的石头内部拥有速度极快的计算机——但是它们的输入/输出系统很糟糕。

频繁的检查，罕见的问题

这种使用中断和中断处理程序的安排还可以处理那些可能频繁发生但是实际上很罕见的问题。

例如，有一个数字溢出的潜在问题。许多执行步骤的物理机器拥有对整数执行算术的指令，其中每个机器对于它所使用的数字大小都有一定的限制。一种可能的（相对容易理解的）限制与32比特有关，它要么比40亿大一点（能用32比特表示的数），要么比20亿大一点（能用31比特表示的数）。至少在理论上，这台机器上的每个加法操作都可能得到超出最大值的结果——溢出。不过，在大多数程序中，绝大多数加法都不会导致溢出。即使我们写一个从0开始反复加1的程序，故意引发溢出，它在溢出之前也需要执行几十亿次加法运算。

在每个"实际"操作之间编写程序步骤检查键盘是愚蠢的。同样，将每个加法操作包裹在检查溢出的微程序中也是愚蠢的。

更合理的做法是将所有这些检查溢出的步骤排除在程序文本之外，专门编写一个只在溢出发生时才调用的溢出处理程序。在这里，我们开始看到某种共同模式。对于一些在逻辑上检查非常频繁的事物来说，当与检查的预期结果存在强烈反差时，我们可以将其分离出来——我们认为常见的情况是没有任何问题，不需要做任何事情，但我们偶尔也需要进行某种修复。我们还注意到，由于这种检查非常频繁，因此应该将其植入执行步骤的机械中，而不是让程序员反复进行检查。

实际上，有一种思考方式是将输入 / 输出看作频繁检查但很少触发的条件来源。由于计算机速度很快，即使是人类认为速度很快的输入 / 输出，对计算机来说也是很慢的——任意两个输入 / 输出活动之间通常会有许多步骤被执行。回到键盘的例子上。如果你每分钟能输入至少 180 个单词，你就是速度很快的打字员了——世界上最快的打字员每分钟大约可以输入 212 个单词。每分钟 180 个单词相当于每秒 15 次击键，这对人类来说是惊人的速度。不过，即使是手机和平板电脑等相对普通的设备也拥有 1GHz 或者更快的处理器，这意味着它们每秒执行至少 10 亿个步骤。所以，速度惊人的打字员只会在大约 0.0000015% 的时间影响到计算机执行的下一步，这几乎可以忽略不计。输入 / 输出事件可能发生在任意一步，但它几乎永远不会发生。从平稳运行的应用视角来看，输入 / 输出事件就像误差一样。

输入 / 输出和随时可能但很少发生的错误具有一个共同特

点：它们都可以由程序明确处理——但是采用这样的方法会将程序的真正意义淹没在大量冗余细节中。在所有这些"经常检查，很少失败"的情形中，我们有理由将检查工作植入执行步骤的机械中，并在异常事件发生时使用中断调用处理程序。

保护内存

我们注意到，每次添加一个整数都可能导致溢出。类似地，程序每次读取或写入某个内存位置时，这种访问都可能导致另一种错误，即计算机存储器内部的非法入侵。

我们知道，操作系统是一个程序。和其他程序类似，它会使用机器中的一些可用空间存放指令和数据。这些指令和数据应该仅由操作系统使用。任何应用程序都不应该查看或改变其中的任意位置。使用错误的内存区域的应用程序可能会违反用于保护操作系统而设置的限制。

保护操作系统不受应用程序影响是一种和溢出类似的情况：频繁检查某种条件是有道理的，但我们认为这种检查只会偶尔发现异常。我们预计，在绝大多数情况下，应用程序的每次访问都不会危及操作系统。在应用程序可能正在做不该做的事情这一罕见情形中，我们应该做什么？在这种情况下，我们应该尽快阻止入侵行为。

为了保护操作系统不受应用程序影响，我们需要指定一些只能由操作系统使用的位置。操作系统可以不受限制地读取和写入这些位置。不过，当普通程序试图读取或写入其中的任意位置时，就会发生中断。就像在每次算术操作时硬件中发生溢出检查一样，在每次读取或写入内存时硬件中也会发生这种边界检查。如果存在内存的非法使用，就会发生中断，控制权会转移到中断处理程序，它会终止入侵程序或对其进行重定向。

和之前的例子（击键，算术溢出）相比，我们不能在没有某种中断的情况下解决这个问题。即使在思想实验中，我们也不能通过合理的方式用程序的明确检查处理这个问题。为什么？因为我们需要解决的问题正是程序的错误或失效。无论不适当的访问是偶然还是有意的，我们都需要确保应用程序不会干扰操作系统——否则操作系统就无法为用户提供可靠的服务。如果没有保护机制，我们只是相信所有的应用程序能够"和谐共处"，我们就是在开展某种比赛，看看哪个应用程序可以最快地控制操作系统，进而控制整个机器。

系统调用

我们已经看到，现实世界中的操作系统需要拥有中断，并且操作系统需要参与处理这些中断。我们可以将这个观察结果倒过来，称中断处理系统必须能够处理将控制权从应用进程转移到操作系统并转回应用进程过程中的所有细节。

我们考虑到应用程序有时需要请求操作系统做一些有用的事情，这是一种有用的见解。这些请求被统称为系统调用。系统调用仅仅是一种请求，它在逻辑上不需要中断——它没有任何"意外"或"异常"之处。不过，在大多数情况下，系统调用是通过重复使用中断机制实现的。这导致了一种稍微奇怪的局面，即程序通过中断自己来请求操作系统的活动。

这种基于中断的传输是一个程序访问另一个程序的唯一途径吗？不是。更常见的是一个程序调用另一个程序，第二个（被调用的）程序执行一些活动，然后返回原始程序。这也是一种离开（前往被调用的程序）和返回（回到调用程序），但它没有中断——只有一个接一个的正常步骤。

那么，为什么普通程序不能直接调用操作系统呢？原则上，这是可以的。在一些系统中，这种机制是存在的。不过，每当普通程序转换到操作系统或者操作系统转换到普通程序时，都需要进行一系列的内务管理。特别是在系统调用开始时，需要微调机器，以便操作系统能够使用其（原本位于禁区的）资源。在系统调用结束时，需要微调回机器，以便使操作系统的资源再次被设置为禁区。

应用程序和操作系统之间的双向转换对于正确、高效地处理每次中断而言非常重要。因此，通常为中断处理提供了专门的硬件支持。设计者常常发现，和开发单独的系统调用机制相比，让系统调用套用中断机制速度更快、更可靠，尽管这种方法有时看上去有点复杂。

第 11 章　虚拟化

在上一章中，我们认识到有时需要中断计算来执行一些紧迫的小任务。这种方法在其他背景下同样有用，这些背景与中断的联系可能不是很明显。中断对于维持某些有用的幻觉来说非常重要。

在这里，我们可以引用历史上的"波将金村庄"。这个词语和相关故事被许多人熟知，尽管历史学家对于它的真实性存在争议。18 世纪末，叶卡捷琳娜大帝（Catherine the Great）是俄罗斯的统治者。在故事中，她带着王室人员和外国大使在刚刚征服的乌克兰和克里米亚旅行。格里戈里·波将金（Grigory Potemkin）不久前被任命为这些地区的地方长官，但是这里已被战争摧毁。女皇一行人乘坐游艇沿着第聂伯河而下。为了给俄罗斯君主和大使们留下更好的印象，波将金在河岸边上安排了少数可以移动的假村庄，由波将金的手下假装农民。在王室一行人经过以后，村庄会被拆除，搬到下游，充当另一个村庄。这是为了创造出当地不缺乏人口和财富的假象。

类似地，当可用的计算机具有小且共享的特点时，一些专门的软件可以创造出巨大的非共享计算机的假象。每当有威胁到这种假象的事件发生时，就会出现中断，这类软件利用了这种现象。通过恰当地处理每个中断，软件可以迅速修复每个威胁。

我们之前观察到，执行步骤的机械通常强调简单高速的步骤，而不是更加复杂缓慢的步骤。我们没有制造越来越精密的硬件机械，而是用软件扩展底层机械的能力。宽泛地说，虚拟化是指增加一层或多层软件，以构建执行步骤的机械的更好版本。一般的模式是从底层某个"真实"事物入手，然后制作一个新的、更加灵活的"虚拟"版本。

因此，我们既可以有一个由硬件制作的"真实机器"，也可以有一个由围绕真实机器构建的软件所构建的"虚拟机器"。同样，我们既可以有一个由硬件制作的"真实内存"，也可以有一个围绕真实内存构建的软件所构建的"虚拟内存"。我们可以拥有用硬件制作的"真实网络"，也可以拥有围绕真实网络构建的软件所构建的"虚拟网络"。在上述每一种情形中，虚拟版本通常比真实版本更灵活，但也更缓慢。不过，由于计算机系统通常拥有足够多的"备用步骤"或"未使用速度"，因此制作速度较慢但更灵活的东西通常是一种很好的选择。

真实的执行步骤的物理机械仍然专注于提供高速简单的步

骤。所以，这些功能仍然可用于那些主要需要大量原始速度的程序。虚拟化是在底层机械很简单的情况下拥有复杂机制的一种途径——一种鱼和熊掌兼得的途径。

管理存储空间

我们已经从整体上描述了虚拟化。接下来，我们将具体考虑虚拟化。当我们拥有需要解决的计算问题时，在不用过度担心空间限制的情况下进行处理是很方便的。这就是虚拟内存所解决的问题。

首先，假设你的问题是处理家庭聚会时的行李。许多人带着许多行李从世界各地赶来，你需要找到存放位置。因为他们是你的家人，你可能了解他们的性格（比如在什么时候谁会需要他们的行李）。如果你熟悉地点，那么你会了解可用的空间以及如何最佳使用它们。不过，即使具备了所有这些条件，工作量仍然很大，你仍然会犯错误——你没法提前预测家人的所有行为。更糟糕的是，即使你成功应付了一次家庭聚会，在下一次家庭聚会时你也不一定会有任何优势，因为它将在不同的地点举行，拥有不同的存储空间，出席的家庭成员也是不同的。

在图 11-1 中，左边的一些盒子需要放进右边的空间。

图 11-2 显示了将盒子放入空间的一种解决方案。当然，如果我们面对一组不同的盒子和（或）一组不同的空间，那么这种解决方案对我们不一定有太大帮助。

处理有限的编程空间，也是一种类似的经历。适用于某种

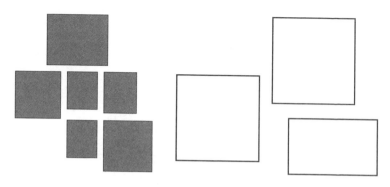

图 11-1　盒子需要存放在可用空间里

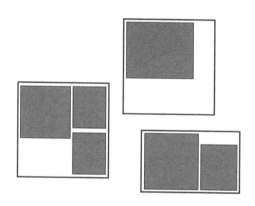

图 11-2　存放盒子问题的一种解决方案

背景的空间安排可能不适用于另一种背景。如果我们清楚如何将数据结构存放在（比如）16 兆字节的空间里，那么当我们试图在只有一半空间的计算机上处理完全相同的问题时，这种安排不一定能派上用场。我们需要重新研究如何将数据存放在可用空间中。我们还可能拥有相反的问题。当我们使用的计算机拥有两倍空间时，如果坚持 16 兆字节的具体布局，我们就无法使用额外空间了。所以，在这种情况下，我们也不得不重新研究如何最好地利用可用空间。

在研究每一种内存大小的数据布局时，另一种方案是将更多精力投入到适应性计划中，通过扩大和缩小我们对空间的使用，以匹配物理上的可用空间。在存放行李的例子中，这种策略对应更好地了解存放空间在哪里以及如何使用它们。

不过，当我们制订这种适应性方案时，我们可能会意识到许多不同程序都具有适应可用空间的目标。我们并不想亲自管理数据布局。我们希望有一种服务可以代替我们考虑这件事。

在存放行李的例子中，我们只是在努力支持家庭聚会。我们并不想花费时间和精力去精通存放行李的技巧。相反，我们更愿意让侍者或类似的服务人员代替我们处理这些细节。如果我们愿意努力钻研，并且用上我们对亲戚的具体偏好的了解，那么我们的效率可能会超过这种服务的效率。但总的来说，我们更愿意将这项工作交给专业人员处理，将我们的精力用在其他事情上。

虚拟内存

为了至少能避免一些空间问题，操作系统常常会实施与上述行李空间管理服务类似的服务。操作系统版本的这种服务叫作虚拟内存。有了虚拟内存，每个执行程序将拥有可用空间的简单视图：每个程序拥有的可用空间似乎与机器的容量相同。所以，每个程序似乎独占了计算机的全部内存。而真正的物理现实是，计算机的内存可能远远小于最大内存。此外，并不是所有物理内存都一定可用，操作系统和（或）其他程序可能占用了相当一部分内存。

那么，如何创造出这种完整且完全可用的内存幻觉呢？幸运的是，在这个时代，执行步骤的机械通常拥有未被占用的速度。我们的机器大部分时间处于空闲状态。这种可用速度是虚拟内存得以实现的部分原因。

目前为止，我们仅以计算机一次只需要处理少数位置为例，但这有些误导的嫌疑。实际上，现代计算机拥有许多内存位置，每个位置具有独特的数字地址。我们可以将这种数字地址的整个范围称为地址空间，并且原则上计算机可以在任意时刻检查地址空间的任意元素。不过，常规计算机无法在一步之内调查所有可能的内存位置。虽然它可以在任意时刻访问任意地址，但程序在任意一步只能检查一两个地址。地址空间不是展现在明媚阳光下的巨大田野，程序无法通过一次扫视将其尽收眼底。

相反，地址空间就像充满小槽的巨大而黑暗的橱柜。执行程序有一两个手电筒，每个手电筒的光束宽度只能一次照亮一个小槽。当程序的手电筒扫过小槽时，每个小槽中包含了程序放入并且期待看到的任何内容。

那又如何？你可能会问。我们可以将可用存储空间分给多个进程。这里的技巧是为每个进程使用少量物理内存，并且根据需要重新安排这些物理内存，以支持程序在更大的虚拟内存空间中的行为。我们允许每个进程"假装"拥有整个地址空间，并在需要时填入少量物理内存，以维持这个幻觉。我们利用计算机极快的速度，通过足够快的来回切换的方法，用部分系统创造出了整个系统的幻觉。

虚拟地址和真实地址

为构建虚拟内存，我们将进程的内存空间分为现有的部分和缺失的部分。

在图 11-3 中，进程 P1 和 P2 拥有巨大的虚拟地址空间——它们拥有可以使用上述所有地址空间的幻觉。不过，每个虚拟地

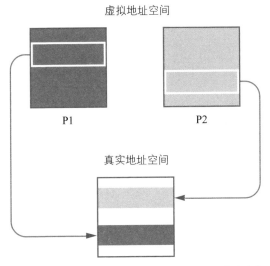

图 11-3　两个虚拟地址空间共享一个真实地址空间

址空间只有一部分存在于物理机器的真实地址空间中。注意，真实地址空间中的虚拟地址空间区块的位置与这个区块在虚拟地址空间中的位置可能没有任何关系。为了有效地共享真实机器，大多数应用程序可重定位地址——通过这种地址转换步骤，它们能够以几乎相同的方式运行，无论它们使用的真实地址在哪里。与此同时，获得正确的地址所需的簿记工作非常重要、非常复杂、非常烦冗。所以，我们跳过这部分内容，只是提一句：这是使操作系统程序员真正获得报酬的领域。

对于普通应用程序，执行步骤的机械检查内存的每次读写，以确定它是否涉及缺失地址。如果相关的内存区域缺失，就会发生中断。中断处理程序进行必要的修复，以引入相关内存，并使内存存在。由于空间有限，机器可能没有引入内存所需的足够空间。为了寻找足够的空间，它可能需要收回其他程序的空间，并将其标记为缺失。

不可思议的是，这种对缺失内存的检测可以使用与前面讲述的保护机制完全相同的安排。在第 10 章我们知道了如何让一个正在执行的应用远离操作系统的内存：机器会检查每次内存访问，并在普通应用程序试图使用操作系统空间时引发中断。为了解决这个新的虚拟内存问题，我们可以将所有缺失的内存位置视为操作系统的内存。当中断的发生源于进程对操作系统内存的明显入侵时，中断处理程序可以区分对缺失内存的引用和对操作系统空间的真正引用。如果中断是由于对缺失空间的引用导致的，中断处理程序可以进行必要的修复，使内存存在。然后进程就可以继续。如果触发中断的访问真的是对操作系统内存的引用，中断处理程序不会试图进行"修复"。相反，由于进程出了问题，中断处理程序会采取一切必要措施阻止它。

虚拟机器

另一种虚拟化提供了一种更大的幻觉。虚拟内存支持专供单一进程使用整个内存的幻觉，虚拟机器则支持整个物理机器的幻觉。这听上去可能不太令人震撼。毕竟，我们已经知道，操作系统可以向多个应用程序提供共享机器，每个进程都有自己拥有专属控制权的幻觉。所以，我们需要稍微解释一下虚拟机器的独特之处。

首先，让我们更详细地考虑一个操作系统。在图 11-4 中，两个进程（进程 1 和进程 2）在使用一个操作系统的服务，这个

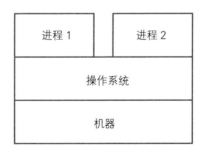

图 11-4 两个进程通过一个操作系统共享一台机器

操作系统运行在一台机器上。

该操作系统向两个进程提供了专属访问权的幻象，同时协调它们对同一台底层机器的共享使用。它还提供了各种共享服务，为每个进程带来更大的便利。

例如，一个操作系统常常拥有文件系统，使永久存储变得更加方便。磁盘是一种有用的永久存储设备，但它们使用起来很不方便。许多磁盘大小不同，每个磁盘一次只允许读写固定大小的存储区块。更糟糕的是，每个区块只能用数字磁盘地址命名。文件系统隐藏了所有这些恼人的细节，使人们可以考虑使用用户友好型命名长度可变的文件。

现在考虑一下，提供机器专属访问权的幻觉需要些什么——这种幻觉是提供给操作系统而不是普通应用程序的。实现这种幻觉的程序叫作虚拟机监视器。一种思考方式是将虚拟机监视器看作"操作系统的操作系统"。我们稍后将看到，这是一种误导性总结。

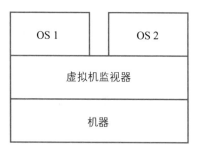

图 11-5　两个操作系统通过虚拟机监视器共享一台机器

在图 11-5 中，两个不同的操作系统 OS1 和 OS2 正在一台机器上与一个虚拟机监视器交互。为了保持完整性，我们应该在这些操作系统中显示一些进程，以区分虚拟机监视器与操作系统工作原理的相同点和不同点。

在图 11-6 中，进程 P1 和 P2 拥有由操作系统 OS1 提供的专属访问权的幻觉。同时，该操作系统还为它们提供了其他各种便利功能。类似地，进程 P8 和 P9 拥有由操作系统 OS2 提供的专属访问权的幻觉以及一些功能。在设计上，OS1 和 OS2 拥有对物理机器的全部控制权。但在这种配置中，它们被虚拟机监视器愚弄了。

虽然操作系统和虚拟机监视器都是向用户提供有用幻觉的软件基础设施层，但是它们的目标是完全相反的：

图 11-6　一台机器上不同操作系统中的不同进程

- 操作系统提供硬件以外的服务，使硬件更方便、更容易使用。它通常为程序提供扩展或增强的环境。操作系统不仅提供硬件缺失的功能，还隐藏或缓和了硬件不方便的现实。

- 与之相比，对于希望对机器拥有完全控制权的程序，虚拟机监视器可以为其呈现精确的完整机器的幻觉。

这里似乎存在悖论：在制造虚拟机监视器时，我们制造了一种复杂昂贵的软件，以生成我们已经拥有的事物（物理机器）的幻觉。这有什么意义？有什么可取之处？

共享服务器

一旦我们有了运转中的虚拟机监视器，我们就有了虚拟机。一旦我们有了虚拟机，我们就有了各种有趣的可能性。一个重要的动机纯粹是经济上的。首先，假设我们拥有一组计算机科学家所说的服务器。服务器可以包括任意一组功能，这组功能非常宝贵，处理难度很大，足以占据一台完整的机器。对于大多数人来说，最常见的服务器是网络服务器——我们将在第 14 章和第 19 章研究网络服务器的机制。不过，还有许多其他类型的服务器，比如邮件服务器、文件服务器以及一些没有专门的名字、只是某个复杂应用一部分的服务器。"服务器"一词也可以用来表示服务器使用的机器类型——例如，人们会说"购买一个新的服务器"。

在最常见的情形中，软件服务器运行在一台硬件服务器上。不过，有了虚拟机，我们可以让两个或多个完整的（软件）服务器同时运行在一台共享机器上。即使每个服务器包含不同的操作系统和多个应用程序，这种安排也是可能的。对于许多不需要占用很大一部分硬件可用资源的服务器来说，虚拟机提供了一种很好的方案。

虽然我们在第 6 章关注了在无限制的情况下可能出现的一些问题，但不是所有问题都会这样增长。许多重要问题的计算需求在不同时间基本维持稳定。同时，摩尔定律也在不断提高硬件性能。因此，过去要求很高的应用将不可避免地变成要求相对不高的应用。

抽象地说，我们可能认为摩尔定律意味着能力基本固定的机器随着时间的推移变得越来越便宜——在某种程度上，这的确是事实。不过，更明显、更完善的模式恰恰相反：价格基本固定的机器随着时间的推移变得越来越好。这意味着我们买得起的最小机器会变得越来越好。所以，不管摩尔定律怎么说，你永远无法只用五美分购买一台完整的计算机。相反，你用几十美元或几百美元购买的计算机会变得越来越令人震撼。如果我们想到计算机的许多组成部分不服从摩尔定律，这种现象并不令人吃惊。即使执行步骤的组件大为改进，显示器、电源和类似的"无聊"组件可能也会维持基本相同的成本。

如果没有虚拟机，我们需要将每个相对简单的软件服务器部署在单独的机器上，每一台机器都无法得到充分利用。有了虚拟机，我们可以将服务器整合到较少的物理机器上，在不影响性能的同时节省资金。虚拟机还支持云计算，我们将在第 19 章讨论这一概念。

构建虚拟机监视器

虚拟机监视器的概念很简单，但你很难构建一个高效的虚拟机监视器。如果我们想要最快的虚拟机，那么真实机器的每个步骤也应该是虚拟机的每个步骤。不过，我们知道虚拟机不可能总是与底层物理机器具有完全相同的速度。至少在某些时刻，虚拟机监视器需要与硬件有不同行为。

例如，在虚拟机监视器上运行的操作系统并不能直接与键盘交互，尽管操作系统通常可以处理与键盘的交互（就像我们在第 10 章看到的那样）。相反，虚拟机监视器可以与键盘等共享资源交互，使多个不同的操作系统"客人"拥有各自的虚拟键盘。当操作系统客人试图直接使用键盘时，虚拟机监视器需要掌控局面，做出正确的反应，使操作系统看到正确的效果，尽管操作系统并没有键盘的控制权。

这种情况听起来与我们已经在虚拟内存中遇到的情况非常类似。我们在"大多数情况下"希望做正常的事情但"偶尔"需要采取不同的行为，这种情形与我们已经遇到的输入 / 输出和错误条件非常类似。

实际上，现代高效的虚拟机监视器依赖于我们已经看到的一些中断技巧。同样的"中断—修复—返回"模式不仅支持与外部世界没有固定时间的交互，而且支持各种有用的幻觉，比如虚拟内存和虚拟机。

第 12 章　分隔

在考虑计算的一些挑战时，我们一直假设所有相关事物都在附近。我们还没有考虑距离，因为我们默认距离不重要。不过，随着系统规模变大和计算速度加快，我们越来越需要关注距离问题。

在人类历史的大部分时间里，远距离通信速度和人们在这些距离上的旅行速度一直是相同的。一个远程组织（政府、贸易公司、金融合作伙伴等）的本地代表在大多数时候不得不以半独立的方式工作。例如，在殖民时期，马萨诸塞州有一个皇家总督受命管理殖民地。伦敦的某个部门名义上可能"负责"马萨诸塞州的事务，但伦敦位于好几个星期的航海距离之外。因此，总督不可能每一个需要解决的问题都咨询相关部门官员的意见。相反，总督需要在当地根据一组相对宽泛的政策指导标准自行做出判断。

相比之下，对于这个不能每个问题都向伦敦咨询的殖民总督来说，他完全有可能就每个需要解决的问题咨询他所信任的某个当地幕僚。如果当总督的人主要是象征性的，或者只是个"傀儡"，那么他很可能会求助当地的专家。如果这种人独立工作，那么他可能既不熟悉当地情况，也无法做出合理的决策。

计算机科学家将总督与远程政府部门的关系称为松散耦合的关系。同样，我们可以将总督与当地顾问的关系称为紧密耦合的关系。虽然总督可以选择与当地顾问保持松散耦合的关系——很少咨询或者根本不咨询这个人——但他不可能选择与伦敦政府部门保持紧密耦合的关系。距离排除了这种可能性。

分布式系统

在现代电信时代，我们很容易认为这种关于距离的问题只是具有历史意义。有时，通过拨打电话，似乎每个人都可以成为我们的本地联系人。但在计算机和数据通信领域，这些问题仍然非常重要。

首先考虑分布式系统和并发系统之间的差异。在第 9 章考虑协调多进程的挑战时，我们已经对并发进行了一些思考。那么，这里有什么新内容呢？总督正在与当地人或远程的人交流。所以，在这两种情形中，需要解决的都是"与人相关的"通信问题。不过，远程通信拥有更多局限。一般来说，分布式系统是并发的（涉及多个进程），但并发系统不一定是分布式的。差别在哪里？自主和距离。

自　主

自主意味着分布式系统由独立运行的元素组成，这些元素可能单独失效，因此系统需要做好准备处理一些元素失效的情况。

将互联网看作一个整体，它由几十亿个不同元素组成，包括人们用于获取信息的手机、平板电脑和笔记本电脑等设备。这些设备统称为客户端。还有一些存储并提供信息的计算机，我们之前说过，这些计算机统称为服务器。最后，还有许多专用设备，它们构成了连接客户端与服务器的连接"管道"和通道。

面对这么多不同的组成部分，所有这些元素永远也不会出现同时运转的时刻。总会有某个地方的某个事物出现故障。但每个元素的运转（或失效）是独立的。神奇的是，作为一个整体的互联网仍然可以运转。总体而言，虽然总会有某个地方的某个事物出现故障，但这并不重要。

从某种意义上说，这并不新鲜。例如，我们可以在不同的交通方式组成的交通运输网络中看到类似的情况。全球交通运输网络总会在某个地方出现故障，但是一般来说，人们仍然可以从 A 点抵达 B 点。

自主还意味着不同元素由不同的人拥有和管理。如果你拥有一台设备，你可以自行决定它在什么时候工作，什么时候休息。你（通常）不会因为将这台设备连接到互联网而放弃这种控制权。即使设备与互联网相连，你仍然可以选择关机或者改变它们提供的服务。

距　离

距离意味着分布式系统的元素相距足够远，无法同时获得信息。我们已经说过，当距离足够远时，我们无法运行一个紧密耦合的系统。相比之下，在本地（非分布式）系统中，我们也可以在进程之间拥有各种通信机制，但我们不需要关注它们的延迟或失效。相反，进程间的通信就像另一种计算步骤一样。

和皇家总督的情况类似，距离意味着自主，但自主不一定意味着距离。非常遥远的系统需要相互独立运行。正如我们看到的，总督没有机会每个问题都向伦敦咨询。但另一个在伦敦工作的官员同样可以采用殖民总督这种自主的工作方式。地域相近并不意味着一定要牺牲自主性。

标　准

自主并不意味着无政府主义。要想让两台计算机通信，双方对信息的表示方式必须具有一定的一致性：

- 比特是用电线上的电脉冲、无线电波的变化、玻璃纤维中的闪光还是用其他某种方式表示？
- 1 和 0 有什么区别？

- 一方向另一方提供比特的速度如何？

- 双方是同时"说话"，还是必须遵循某种顺序？

我们知道，只会说英语的人不能在电话上与只会说汉语的人进行语言交流。类似地，我们不能指望计算机在没有共同通信标准的情况下进行通信。

因此，连接互联网需要遵守一些技术标准。此外，为了与其他人相连接，我们（通常）还应该遵守法律和行为标准。但这些标准相对宽泛，为我们提供了很大的自由度。在我们的语言隐喻中，虽然我们可能不得不说英语，但我们可以自由讨论我们喜欢的话题。

再谈距离

现在，让我们更加详细地考虑距离的问题。火星探测器勇气号和好奇号为分布式系统的距离挑战提供了一个非常生动的例子。乍一看，地球上的人通过远程控制驱动探测器在火星表面移动似乎很有趣，就像某种视频游戏一样。遗憾的是，这在物理上是不可能的，除非采用超慢动作。地球和火星的距离存在变化，但是根据某种说法，无线电信号抵达好奇号并返回地球的时间是13 分 48 秒。

图 12-1 描绘了一个星际版本的"马可波罗"游戏。在这种游戏中，一个戴眼罩的玩家喊出"马可"，其他玩家则立即喊出

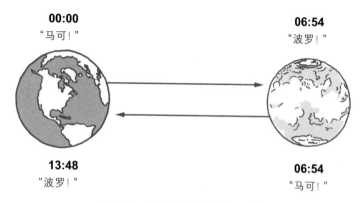

图 12-1　"马可波罗"的星际游戏

"波罗"。火星上的玩家速度很快，可以立即做出回答——不过，直到地球上戴眼罩的玩家喊出"马可"将近 7 分钟以后，火星玩家才有机会做出回应。这对驾驶探测器意味着什么？地球上"现在"可见的任何画面都是火星上将近 7 分钟以前的画面，而地球上"现在"做出的控制运动直到从"现在"起的将近 7 分钟以后才会影响到火星上的探测车。

　　当然，我们大多数人不需要处理火星探测器的远程控制问题。距离对于更加接地气的相关领域有什么意义？有两个问题。首先，光的传播需要时间，因此普通的同时性概念将不再成立。其次，在没有通信时，我们没有关于远程方的可用信息。我们将依次讨论这两个问题。

光速很慢

你能从通信的"另一方"得到的最快响应受到光速的约束。当距离很远时，这可能会带来问题。作为人类，我们常常认为光速很快，几乎是瞬时的。我们根本无法感知光线在人类观念的距离上传播所需要的时间。不过，我们成功打造出了越来越快的计算速度，这带来了一个有趣的结果：我们的机器速度极快，可以真正地"注意到"与光速有关的问题。

1纳秒是十亿分之一秒。根据人类的标准，这是极短的时间跨度。一种方便的经验法则是，在1纳秒的时间内，光只能传播大约0.3米。现在考虑一下在各种笔记本电脑的规格中，速度的单位都是GHz，而1GHz（10亿周期/秒）是每纳秒发生一次的频率。现代计算机的速度通常远高于1GHz，因此它们每纳秒会发生许多事情——突然之间，光速看起来一点也不快了。你的笔记本电脑每次在某个进程中执行一个步骤的速度都很快。在这段时间里，光甚至无法从键盘一端传播到另一端。

当然，当涉及的距离超过笔记本电脑的宽度时，这种"光速变慢"的问题就更严重了。如果通信涉及通信方之间的大量来回"闲聊"，这些问题就会变得更加严重（尽管这听上去令人吃惊，但计算机科学家的确将这种往复交流称为"闲聊"）。特别是当通信距离很短时，你很容易做出糟糕的选择，因为即使是许多次往复交换的积累也仍然只花费很短的时间，也许无法被人类觉察。例如，在50次交换中每次只需要0.001秒（1毫秒或者

1ms），共计 50ms。这只是 1 秒的 1/20，这种延迟大多数时候不会被人类注意到。电影各帧差不多就是以这个速度显示的，因为这个速度很快，人们不会将其看作单独的帧。不过，如果同样的通信模式发生在更长的距离上，它所积累的时间很容易被用户注意到。

例如，假设通信发生在波士顿和纽约之间。一次交换的合理的网络往返时间可能不是 1ms，而是 20ms。在这种速度下，同样的 50 次交换现在需要整整 1 秒。和之前看似瞬间发生的时间（大声说出来"二十分之一"）相比，这个时间可能长得令人不安。

现在，假设通信发生在波士顿和旧金山之间。一次交换的合理的网络往返时间完全可能是 200ms。此时，同样的 50 次交换将需要 10 秒，这个时间会使人们考虑喝口咖啡，而不是凝神屏息地等待回复。

随着距离增加而性能恶化的问题不是一个人为导致的例子。实际上，我曾花费 10 年时间在帮助人们解决这种低效问题的产品领域工作。各组织每年需要花费数亿美元，以减少所需的信息交换数量。距离导致的减速问题往往既重要又难以解决。

有人在那里吗？

我们刚刚考虑了"光速太慢"的问题，这是距离导致的问题之一。距离导致的第二个问题是，我们无法判断通信方迟缓和失效的差异。我们发出消息，等待回复。但当我们没有收到回复时，这意味着什么呢？我们可以选择任意一个截止时间，宣称对方已经失效，至少从我们的角度看是这样。但我们无法保证这个结论是正确的。我们等待的回复完全有可能在我们认定对方已经失效的一瞬间之后到来。那么，我们应该怎么做呢？

第二个问题和光速问题一样难以理解，原因很相似。在我们的日常经历中通常不会遇到同时性问题。在大多数情况下，我们很容易建立一个实时的双向通信——比如面对面交谈或打电话。为了更好地理解网络传输的困难，我们可以想象一个唯一的通信机制是电子邮件（没有确认）的世界。在发送电子邮件时，如果收到回复，你就会知道，对方收到了你之前的消息。但在你收到回复之前，你并不知道情况如何。你的消息是到了对方那里，还是正在传输中？你的消息是否已经丢失了，对方甚至不知道你向他们发送了消息？如果他们收到了你的消息，他们是否正在处理？即使他们收到了你的消息，并且愿意处理，也可能出了某种差错。（他们是否已经死去？他们是否病得很重，无法回复？他们是否过于繁忙，无法回复？）即使他们确实回复了，回复通道可能也会出问题。虽然回复可能已经成功发送，但它也许需要很长时间才能送达，或者已经丢失，或者你的接收设备在你发送消息后已被关闭，或者不在服务区，或者由于其他原因无法接收消息。

我们将在第 17 章对可靠通信进一步讨论。现在，我们只需要知道下面三点：

1. 一般情况下，远距离通信是不可靠的：消息可能丢失，或者顺序错乱。

2. 如果至少有一些消息被成功接收，就有一些巧妙的技术可以隐藏部分送达或乱序送达的混乱。

3. 这些技术无法隐藏和修复完全无法与对方通信的问题。我们将会看到，其中一些问题会导致无法预测的不确定性。

事件顺序

邮件或电子邮件式的通信叫作异步。当活动同步（synchronized）时，它们发生在同一时间——实际上，synchron 来自希腊语，意为"同时"。所以，当某件事情异步时，这意味着通信没有同时发生。更通俗地说，是发生在不同时间。数据联网的本质是一个奇怪的异步通信世界。就像殖民时代的通信一样，我们根本无法准确得知一个遥远地区发生了什么。

实际上，事情的后果比简单地用电子邮件类比更奇怪。如果我们在任何地点都没有任何类型的同步（同时性），我们就无法确定两个不同地点的事件是不是同时的。相反，每个不同地点拥有不同的时钟，这使我们进入了爱因斯坦狭义相对论的奇怪世界。如果没有同时性，我们甚至无法用一条一致的共同时间线捕捉不同地点的所有相关事件。虽然每个地点都可以跟踪当地发送或接收消息的顺序，但是一组相隔很远的地点无法仅仅根据当地信息确定一种一致的事件顺序。一个简单的例子可以更加清晰地说明这个问题。

图 12-2 显示了 4 个相距遥远的人之间的通信模式。我们看到，爱丽丝（A）向鲍勃（B）发送了消息，查尔斯（C）向黛安（D）发送了消息，黛安向鲍勃发送了消息。根据一般经验，我们可能认为所有这些人可以构建相同的事件顺序。不过，在没有同步时钟的分布式系统中，每个人的信息要少得多。

例如，假设每个人位于不同的大洲，使用当地的普通时钟。他们没有使用全球定位系统同步。我们稍后会讨论全球定位系统这一解决方案。每个人可以知道他们所在地点发生的所有事件的顺序（我们称之为本地排序）。我们还知道，消息的发送具有因果关系：只要有一个消息 M 被发送和接收，接收消息的事件就

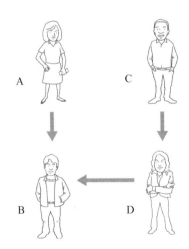

图 12-2　4 个相距遥远的人的消息排序

会发生在发送消息的事件之后。（如果消息在发送之前就被接收，这意味着存在某种奇怪的预见力或时间旅行，它超出了我们目前的知识范围。）根据本地排序和因果关系，我们可以将一些事件排出先后顺序，但它并不总是能够告诉我们直观上可以预料的顺序。

在这个例子中，我们可以考虑每个人知道和不知道的事情。首先让我们考虑一下爱丽丝。爱丽丝知道：

- 鲍勃在爱丽丝发送消息后收到消息。
- ……这几乎就是爱丽丝知道的全部。

现在，让我们考虑查尔斯，他的情况和爱丽丝非常类似。查尔斯知道：

- 黛安在查尔斯发送消息后收到消息。
- ……这几乎就是查尔斯知道的全部。

如果我们现在观察鲍勃和黛安，我们可以看到，他们对于排序拥有更多信息，但这仍然远远少于类似情况下我们在日常生活中的预期。具体来说，鲍勃知道：

- 他先收到爱丽丝的消息，然后收到黛安的消息，或者反过来。

- 这两个发送者在鲍勃接收之前发送了相应的消息，鲍勃才能收到它。

不过，虽然鲍勃知道他接收这两个消息的顺序，但他不知道它们的发送顺序。鲍勃无法判断是爱丽丝先发送了消息，还是黛安先发送了消息，还是二人同时发送了消息。鲍勃也不知道黛安是在向鲍勃发送消息之前还是之后接收到了查尔斯的消息。

在某种情况下，鲍勃可以增加一些信息：发给鲍勃的消息中可能包含了查尔斯的消息中的一些信息。此时，鲍勃知道黛安在向鲍勃发送消息之前一定收到了查尔斯的消息，否则她就无法加入查尔斯的消息中的信息。但在其他所有情形中，鲍勃并不知道黛安的行为顺序。

最后，让我们考虑黛安。和鲍勃的情况类似，黛安知道：

- 她收到查尔斯的消息和向鲍勃发送消息这两件事情的本地先后顺序。
- 查尔斯需要在黛安接收消息之前发送相应的消息。

但黛安既不知道鲍勃接收消息的顺序，也不知道爱丽丝和查尔斯发送消息的顺序。

根据日常经验，我们往往把世界看作一个线性的事件序列，每件事情都发生在其他相关事情"之前""之后"或"同时"的明确时间点上。但从本质上说，并发进程和分布式系统的世界不是这样的。

达成一致

当我们考虑对方（对话或消息交换的另一方——你可以称之为我们的对应人）的行为时，会看到异步通信的复杂现实产生的一些有趣后果。一个后果是，我们无法确切判断对方是缓慢、失效还是完全正常但由于某种通信故障而与我们隔离。从我们在对话中的角度看，它们看上去是相同的。我们期待一些回复，但是回复还没有到来。

我们将在第 15 章更加详细地考虑失效。在这里，核心问题不是失效的发生，而是我们无法确切判断给定的情况是不是某种失效。

另一个后果是，在没有某种定时器的分布式系统中，我们无法可靠地达成一致。暂且假设我们可以通过某种方法让一组分布式进程达成一致。计算机科学家将这种方法称为一致性协议。在没有定时器时，一个错误或恶意的进程就可以破坏协议，使其他进程无法达成一致。这种局限也许有点令人吃惊，因此让我们考虑一下它的成因。

假设参与者只想对一个比特的值达成一致——计算机科学家会说是 0 或 1，但我们也可以将其看作一种"是 / 否"决策。如果我们有一个只适用于一个比特的有效一致性协议，我们就可以建立非常复杂的决策系统。我们的方法类似于在第 1 章看到的用许多比特表示任意模拟值的方法。不过，如果我们无法建立对于一个比特有效的一致性协议，那么我们可能根本无法做出任何决策。

在没有定时器的系统中，任何一致性协议只能依赖于每个玩家采取的步骤和发送的消息，因为没有别的信息！对于任何一致性协议来说，必须有一些用于制订决策的步骤或消息。也就是说，在重要的步骤或消息之前，群体可以决定"是"或"否"，但在这个步骤或消息之后，可能只有一种结果。一旦我们知道决策点是什么，就可以直接在那里制造失效。如果这个步骤或消息由于失效而没有发生，那么协议就会卡壳。

注意，这种说法具有数学性质，而不是计算性质。我们其实是在说（而且其他人已经证明），对于任何一致性协议，都存在某一个失效会导致它卡壳……除非我们拥有某种超时机制。

这种说法并没有告诉我们如何具体破坏任何特定的一致性协议。它没有告诉我们在哪里寻找重要的步骤或消息。但它使我们知道，我们有三个选项：

1. 完美的进程和通信——完全没有失效！
2. 定时器。
3. 不可靠的决策过程。

如果我们从这种理论讨论转向在失效的网络中通信的具体实现，我们会发现这些实现通常包含了定时器。如果没有意识到这些理论问题，你很容易认为这些定时器只是在一些消息丢失的情形中帮助提速的快捷方式。实际上，理论表明时间和定时器对于分布式系统的有效运转是必不可少的。

心 跳

一种极为常见的反应是忽略前面的理论论述，寻找问题的某种实际解决方案。不过，即使是看似简单的解决方案也会遇到棘手的问题。例如，让我们考虑在通信方之间建立周期性"心跳"的思想。这种心跳仅仅是向对方传达"我在这里"的简单消息。当心跳不复存在时，我们就认为发生了失效，并且转向新的方案。计算机科学家将这种改变称为失效转移，将事件本身称为失效转移模式。图 12-3 描绘了失效转移之前和之后的系统。

图 12-3 中的上图显示了双盒系统的正常状态，即承认左边的盒子是领导者。下图显示了左边的盒子失效、右边的盒子接管局面的情形。

如果我们拥有一个心跳系统，它有帮助吗？不一定。我们应该如何解读心跳的缺失？一种可能是，对方完全失效，完全无法继续运行。另一种可能是，对方大大减速，目前的心跳速度非常缓慢。最后一种可能是，对方表现正常，但部分通道坏掉了，比如电话线被挖土机意外切断了，或者电力故障使通道上的重要设

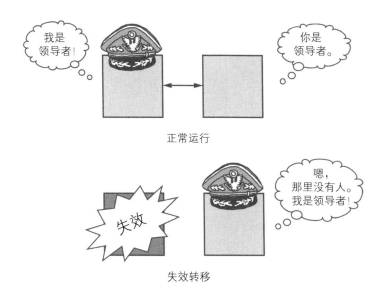

图 12-3　正常状态与失效转移

备瘫痪了，或者通道上某个位置的容量不足，心跳消息被丢弃了。我们只知道某件事情出了故障，因此我们没有收到任何消息。遗憾的是，我们无法准确区分这些可能性。

　　在最坏的情况下，由于通信失效，双方都认为对方已失效，尽管实际上双方都很正常。图 12-4 显示了通信失效导致的不良失效转移。

　　这种不良失效转移会导致出现两个平行领导者。当通信失效修复时，会出现特定问题。各方现在可以相互通信了，但它们会发现，两位领导者对于系统状态和历史分别做出了不兼容的改变。根据此时已发生的其他事情，可能无法将不同的版本重新合

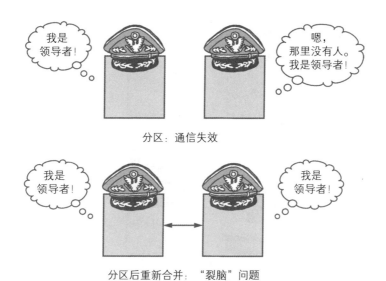

图 12-4 通信失效导致的不良失效转移

并回一致的状态。

如果双方都试图一致地维持一些数据，那么不良失效转移可能会成为特别严重的问题。双方都将认为自己是唯一的幸存者，并且将建立另一个对方（以便维持数据，即使它们已经失效）。双方不是通过合作维持一组数据，而是由四方（两组双方）维持应该是一组数据的两个不同版本（见图 12-5）。

这些问题是否意味着心跳系统总会以这些方式失效？不是。但它们可以帮助我们看到，在涉及分布式系统的失效和通信时，我们需要考虑一些微妙的问题。

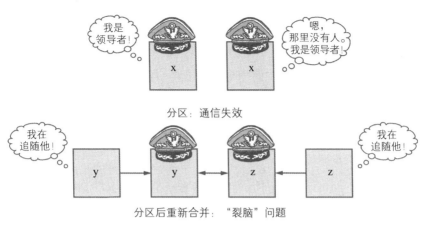

图 12-5　不良失效转移导致的多余双重副本

地球大小的距离很小吗？

我们花了一些时间研究了分布式系统违反直觉的怪异性。分布式系统这些怪异的性质来自距离。使用分布式系统的人的一个共识是，这些问题无法消除。对于一个足够大的分布式系统来说，这种分析几乎一定是正确的：如果真的无法在不同位置之间实现同步，那么多时钟的怪异性就是无法避免的。

不过，我们需要保持谨慎，不能过于相信物理学的类比以及将分布式系统与爱因斯坦狭义相对论相联系的学术乐趣。我们应该记住，几乎所有有趣的分布式系统都位于地球表面——而地球在宇宙中是一个很小的地方。所以，我们需要考虑到另一种替代同步时钟和同时性的方法可能"只"适用于行星尺度。虽然这种方法存在理论局限，但它意味着几乎所有实际系统都可以忽略分布式系统多时钟的怪异性。

谷歌已经建立了 Spanner 系统，通过全球定位系统和原子时钟解决分布式系统中的一些距离问题。虽然全球定位系统常常被用于确定接收者的地理位置，但它的内部包括非常准确和分布广泛的时钟信号。这种遍布全球的时钟信号使分布式系统中的元素可以同步运行。

在 Spanner 系统中，有一个具有一定不确定性的共同的同步时钟。实际上，我们之前提到的相对论问题从不同的本地时钟转移到了全球时钟时间的"模糊性"上。每个系统范围内的时钟时间都有很短的间隔，而不是拥有同一个精确时刻。

在 Spanner 中，时间的比较不再采用精确同时性的形式，而是采用重叠的形式。通过降低时间的精确性，我们可以在分布式系统中建立共同的时钟。当远程元素具有共同时钟，且当消息可以盖上这些共同时钟的时间戳时，构建具有共享状态和相同事件视图的一致分布式系统就变得更容易了。

现在判断 Spanner 方法对未来系统的影响还为时过早。一方面，获取服务器可用的全球定位系统信号并确保时钟信号的准确性是一项相对困难和昂贵的工作。另一方面，这项工作可以在大量的服务器之间共享，而不是必须由每个不同类型的应用程序分别完成。如果这项工作意味着系统设计者可以远离与时间相关的问题，那么它可能是值得的。也许，未来的分布式应用程序将会建立在受到 Spanner 启发的分布式系统上。

第 13 章 数据包

在互联网中，双方之间的通信是以数据"块"的形式进行的，每块数据由网络单独处理。计算机科学家将这种方法称为基于数据包的方法。虽然互联网设计的某些方面一定会发生改变，但是这个特点一定会被保留下来。我们应该花一点时间理解为什么这种安排很有效，并与我们之前关于数据模式的讨论（第1章）进行联系。

假设我们有一大堆比特，需要在相距很远的位置之间进行连续通信。我们需要做出设计选择：我们可以像电话连接那样操作，也可以像邮局信件那样操作。如果我们像电话连接那样操作，我们需要在两个通信方之间建立一个连接，让比特流在它们之间流过。相比之下，如果我们像邮局信件那样操作，我们需要将（逻辑上连续的）流分解成包，并对每个包分别进行处理。

根据这种描述，分解成包的方法似乎更加复杂。因此，当我宣布这种基于数据包的方法是现代世界占主导地位的数据传输途径时，你可能会非常吃惊。实际上，就连电话信号通常也是以声音包的形式处理的（电话系统的正常用户无法觉察到这种处理方式）。

我们应该暂停一下，指出我们无须担心采样和编码质量问题：我们总是可以准确地传输数据流中的比特。这种保证与我们在第 1 章对于模拟和数字表示形式的一些担忧形成了鲜明对比。这里的问题不是模拟与数字的区别。我们只是试图理解在网络上传输完全相同的（数字）比特时应该如何处理它们。

将数据流分解成数据包为什么会有优势？我们可以用道路类比。虽然为每家每户修建通往商场的专用公路可能很好，但我们知道这种安排是不切实际的。我们的房屋前面可能有一小段"私人道路"——通常叫作私人车道——但我们使用的其他所有道路都是共享的。从许多方面来看，非共享策略都非常昂贵。

同样，基于数据包的方法是高效共享网络资源的途径。数据包可以共享网络，正如汽车可以共享道路。实际上，计算机科学家将网络上的数据包集合称为"业务量"（traffic，有"交通"意）。

即使在可能涉及连续的新信息流的场合，大多数数字数据源也不会发送连续的数据流（我们将在下一节中看到）。如果需求是间歇性的，那么只为偶尔的传输而在通信方之间预留网络容量就是一种浪费。建立一个连接就像建立一个私人专用车道，属于过犹不及的行为，除非业务量和对特殊服务的需求能够证明它的合理性。

即使一部分可以识别的业务量比其他业务量更需要得到妥善的处理，我们通常也可以将这种需求容纳在基于数据包的方法中：解决方案有点像高速公路上的拼车车道，这种车道不是供单一用户使用的，而是仅限于某种特定的车流。

压　缩

我们在第 1 章中提到，音频和视频可以用数字形式表示。我们知道，电影的模拟表现形式是以恒定速度穿过投影仪的胶卷。类似地，一段音乐的模拟表现形式是以恒定速度穿过放音磁头的磁带，另一种模拟表现形式是以恒定速度经过留声机唱针的唱片。有了这些例子，你很容易认为数字编码的音频或视频是恒定速率的比特流，是有资格进行"专用公路"式通信的那种事物。

不过，大多数有效表示的音频和视频数据并不是稳定的比特流。在从模拟转变成数字的早期阶段，可能有恒定速率的"原始"比特。这些原始比特是连续模拟输入的样本——从声波或光波转化而成的电信号。采样率很可能是恒定的。我们在第 1 章中说过，如果采样频率至少是相关最高频率的两倍，我们就可以完美地重建原始波形。因此，我们也许有理由认为，我们可以获得这种"双重速度"甚至更高速度的稳定测量流。不过，大多数设计良好的系统都会发送相对"起伏"的数据：一段时间的比特很多，另一段时间的比特很少。这种"起伏性"之所以出现，是因为原始比特被现有的最佳技术压缩了。

为什么压缩会使稳定的数据流变成起伏的数据流？压缩是用较少的比特表示同样的信息。我们之前研究了"数字到模拟"和"模拟到数字"的转换。类似地，也可以有"原始到压缩"和"压缩到原始"的转换。模拟到数字的转换是将模拟表现形式转换成数字表示形式，原始到压缩的转换则是将"简单"的数字表示形式（可以简单映射回模拟信号）转换成"复杂"并且较小的数字表示形式。

例如，在视频业务量的许多场景中，屏幕上只有很小的一部分发生了移动（比如屋子里的演员），而其他部分没有变化（比如屋子本身）。各种复杂的方案可以将这种业务量压缩成重新创建运动所需的信息，同时重复使用不变的背景图像。虽然这种转换缩小了视频流的整体规模，但也使它的大小变得不稳定：不变的场景需要的比特相对较少，镜头切换到一个完全无关的场景时需要的比特则要多得多（实际上，数据流会暂时从几乎为零转变成视频技术的最大数据速率）。

有了压缩，音频和视频业务量对网络容量的需求变得起伏不定而无法预测。音频和视频的"原始"版本由稳定的流组成，可以使用某种数据管道传输。但当这些数据被压缩处理时，它们就有了间歇性。此时，用数据包传输就会更加有效。

无法压缩的数据

所有的数据流都会在压缩时变得起伏不定吗？不，有些业务量压缩效果不好，确实需要完整的数据流。业务量压缩效果不好的一个重要例子是一些已经被压缩的东西。如果我们有一个稳定的已压缩业务量，我们通常无法通过再次压缩使其大小出现明显变化。毕竟，如果我们总是可以对已经压缩的业务量进行压缩，我们就可以反复压缩，使业务量变得越来越小。最终，任何事物都会缩减到只有一两个比特的长度——我们知道这是不可能的。

如果我们知道无法继续压缩已压缩的数据的根本原因，就会更好地理解不可压缩的业务量的其他主要来源。压缩系统寻找和利用传输数据中的模式，并有效地挤出重复的模式。这意味着被压缩的数据已经没有任何可以被挤出的模式了。这种现象有点像烘干水果。在烘干某种水果（比如苹果圈）后，我们知道，再一次烘干不会像第一次烘干那样减少它的体积——大多数水分已经消失了。

我们还可以遇到另外两种没有任何重复模式的常见业务量，它们之间具有紧密的联系。一种是真正随机的业务量，比如表示抛硬币序列的业务量。另一种是被加密的业务量，此时底层模式被有意隐藏了。有效加密的业务量看上去具有随机性。随机数据或看似随机的数据没有任何可以识别的模式，这是它们的本质特征。所以，面对随机数据或具有随机性的数据，寻找模式的压缩系统自然不会有太大收获。在后面的章节中，当我们考虑安全性时，随机数据和加密数据将会非常重要。现在，我们只需要注意到它们属于那种通常无法被压缩的数据。

第 14 章　浏览

　　网络浏览是计算领域的常见体验。我们思考一下显示谷歌主页的浏览器机制。当你读到这里时，谷歌这项服务可能已经没有了，或者它的主页已经发生了根本变化。不过，谷歌主页的核心多年来一直保持稳定，因此我们有理由预测，它在未来仍然不会发生太大变化。我们将在描述中做出两项重要简化：

　　1. 我们只研究几乎所有浏览器的共同行为，所以我们不会试图讨论一些浏览器可能具有的特殊功能或异常行为。

　　2. 我们假设整个谷歌建立在一台计算机之上。在网络早期，这种描述是准确的，当时浏览器很简单，谷歌也很小。我们将在第 19 章回过头来，补充我们在这份初始草图中省略的一些内容。

浏览网页的简单用户视角是，你将浏览器指向谷歌，看到它的主页。下面是分步版本：

1. 浏览器向谷歌发送一个主页请求。
2. 谷歌向浏览器发送一个主页回复。
3. 浏览器用接收到的主页信息呈现出谷歌主页的视觉表示形式。

你可能会将网络看作应用程序或页面。实际上，它们是网络底层内容的高层组合体。如果我们对它的工作原理有所了解，就可以更好地理解任何可能发生的故障。我们也可以更好地理解如何修改现有的网络服务，以实现一些新的目标，以及哪些事情是无法做到的。

要想理解网络底层的真正组成部分，我们需要知道两个关键点：资源和服务器。

- 资源是一个非常灵活的概念。它可以是图片、电影、音乐、文本……几乎任何可以存储的事物。重要的是，资源还可以是某种执行程序，它的执行可以生成某种输出结果，比如图片、电影、音乐、文本等。
- 我们在之前考虑虚拟化时接触过服务器（第 11 章），但网络服务器有所不同。在网络上，服务器只是一些资源的集合——它是你寻找相关资源的地方。

所以，如果我们被问到"到底什么是网络"时，一个准确但没有用的回答是"服务器上的资源集合"。

资源不是像一堆砖块一样简单存储在服务器上。相反，每个资源本身表现得像机器一样，拥有一些功能或按钮，我们可以用这些按钮让它做一些事情。可以应用于资源的命令叫作方法。根据具体方法和具体资源，在资源上执行该方法可能会得到某种结果，这种结果叫作实体。

根据我们现在知道的幕后元素，之前看似简单的浏览谷歌主页的例子可以分成下面的步骤：

1. 寻找谷歌主页资源的服务器。
2. 发送一个"获取"方法到这个主页资源。
3. 在资源上执行方法，以生成一个实体。
4. 将实体作为请求结果返回。
5. 用实体中的信息呈现谷歌主页的视觉表示形式。

对于显示主页这一简单任务，这些步骤显然过多。相比之下，第一个更加简单的列表似乎是一个很好的解决方案。为什么会这么复杂呢？对于显示谷歌主页这样简单的例子，多余的步骤不会带来太大变化，但是这些选项是使网络如此灵活的部分原因。这种灵活性对于支持几十亿用户和几万亿相关项目非常重要。在浏览器和服务器交互过程的许多阶段中，这个简单的例子只是做了一些很简单的事情，你可以将其替换成复杂的选项或计算。

这个例子可以帮助我们以不同视角看待浏览器。浏览器实际上是由两种粘在一起的机械组成的。一种机械知道如何显示不同类型的实体，因而知道如何将"谷歌主页实体"解读和渲染成我们熟悉的徽标和搜索框。另一种机械知道如何与互联网上的联网计算机交互，以寻找资源，发送方法，接收结果实体。

因此，我们可以将浏览器中面向用户的"应用程序式"部分和浏览器中面向网络的"基础设施式"部分区分开来（见图 14-1）。

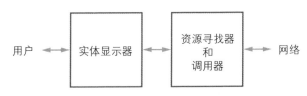

图 14-1　浏览器中面向用户的部分和面向网络的部分

浏览器中的程序

浏览器的"应用程序式"部分甚至包括运行程序的能力，这是许多网络可访问服务呈现自己的一个重要能力。令人困惑的是，在浏览器中运行的程序常常被称为"脚本"，这使人们觉得它们和真正的程序有所不同。实际上，浏览器运转起来就像另一种执行步骤的机械一样。因此，浏览器也是运行程序的程序，其中一些程序来自远程站点。你可能还记得，我们通常将运行程序的程序称为"操作系统"。尽管这听上去不太可能，但每一款现代浏览器都演变成了某种操作系统。更奇怪的是，浏览器实际上参与了定义较弱并且不断发展的分布式操作系统，它所面对的程序跨越了服务器和其他浏览器。这不是大多数人对网络的看法——但它正是网络的现状。

不过，我们选择在这里集中关注简单的浏览操作。因此，我们不会进一步考虑这些复杂的分布式编程。相反，我们随后的讨论主要关注浏览器与网络资源相互交流的机制。

资源命名

回到我们的简单例子上，让我们考虑资源命名。资源并不需要名字。没有名字的资源当然可以存在于网络中。不过，我们在前面关于名字的讨论中看到（第3章），要想表达某件事物的身份或者引用它，有一个名字可能会很方便。

引用资源最常见的方式是使用统一资源定位符，即 URL。当我们考虑浏览谷歌主页时，我们关心的完整的统一资源定位符可以写成：

http://www.google.com/

我们首先假设浏览器只是从服务器上获取各种事物的一种途径，谷歌主页就是其中的一种事物。（当然，只关注获取谷歌主页是一个非常有限的视角。在主页得到显示后，人们所做的第一件事通常是输入一个或多个搜索词。我们将在本章稍后讨论它是如何工作的。现在，更简单的做法是只考虑获取。）

要理解浏览器"引擎"如何将指定的统一资源定位符转变成相应的实体，我们应该知道统一资源定位符的各个部分有什么含义。统一资源定位符由模式和路径组成。模式是第一部分，这里是"http:"。路径是模式后面的所有内容。字母"http"指定了最常见的网络协议，即超文本传输协议（HTTP, Hypertext Transfer Protocol）。在网络中，协议由一组信息格式及其相关的含义组成。协议是浏览器和服务器相互交谈的共享词汇表。当我们在第 17 章和第 18 章对网络进行更多讨论时，我们会遇到更多的协议。

即使你一直在密切关注统一资源定位符，也很可能只见过以模式"http:"或"https:"开头的例子。你甚至可能没有注意到两者之间差了一个单字符。历史上，"https:"模式用于涉及保密信息的页面，比如密码或信用卡号，而"http:"模式用于其他不太担心隐藏信息的场合。但在斯诺登（Snowden）揭露美国国家安全局的活动后，许多网站开始为更多类型的信息使用更加安全的方式。除了协议，模式还可以确定统一资源定位符其余部分（路径）的解读方式，以识别服务器和服务器上的一些资源。

我们可以将路径的解读分成两个部分：如何将路径用作资源的名称，以及如何联系这个资源的服务器。碰巧，模式"http:"和"https:"拥有相同的路径解读规则，但浏览器联系服务器的方式有所不同。模式"https:"用了一种更安全（成本也更高）的机制在网络上发送信息。我们将在第 23 章讨论信息保护的问题。现在，我们只考虑"http:"这类普通的统一资源定位符。根据这种模式，我们知道，我们最终将与使用超文本传输协议的服务器联系。我们还没有考虑这个名词的含义。但在了解超文本传输协议的含义之前，我们必须弄清楚我们在与谁交谈，这需要理解路径。

回忆一下我们前文提到的统一资源定位符：

http://www.google.com/

现在，让我们更加仔细地观察这个路径（即模式"http:"后面的部分）：

//www.google.com/

开头的两个斜线表示服务器名称的开头。所以这个路径其实是在说："一个名为'www.google.com'的服务器，然后是一个名为'/'的资源。"我们稍后将会看到，服务器名称和资源名称拥有一些有趣的相同点和不同点。我们首先考虑资源名称（"/"），因为它比较短。我们将利用这种观察的结论来解释服务器的名称是怎么回事。

分层名称

首先我们可以观察到，"/"似乎是一个奇怪的资源名称。不过，当你理解了命名系统时，这个名称就有意义了。一些层次"比较高"或者"比较大"，一些层次"比较低"或者"比较小"，这些层次由斜线分隔。较大的事物在左边，较小的事物在右边：

/ 最大 / 大 / 中 / 小 / 微小

计算机科学家将这种命名称为分层命名。我们在日常生活中常常无意识地使用分层命名系统。例如，如果你要给美国总统写信，你需要在信封上写下这样的邮寄地址：

1600 宾夕法尼亚路 华盛顿 哥伦比亚特区 美国

我们可以将同样的邮寄地址表示成下面的"路径词汇"：

/ 美国 / 哥伦比亚特区 / 华盛顿 / 宾夕法尼亚路 /1600

在最初的邮寄地址中，不同词语之间存在空格。在统一资源定位符中，路径词汇的一个古怪之处是，它不允许出现空格，因此转化后的邮寄地址也没有空格。这种改变使我们熟悉的短语看上去有点笨拙，但你很快就会习惯阅读这种书写风格。

图 14-2 显示了这个地址，以及我们在这个微观世界的例子中可以讨论的其他一些事情。

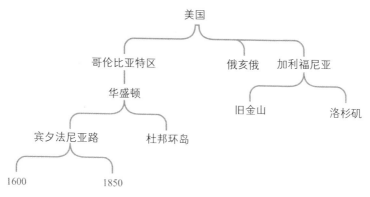

图 14-2　确定一些美国地点的分层结构

除了"哥伦比亚特区"，"美国"下面的元素还有"俄亥俄"和"加利福尼亚"。在加利福尼亚境内，我们有"旧金山"和"洛杉矶"两座城市。

虽然这个例子使用了街道地址，但是由斜线分隔的分层名称适用于许多不同的设置。原则上，这种名称可以要多长有多长。每当你想进行更加细微的区分时，你都可以添加另一层名称——

但在实践中，拥有许多不同层次的很长的名称会使人感到啰唆。

短名称

分层结构的一个优点是，我们不需要总是使用完整的名字。如果某种环境定义了名字中更具一般性的很大一部分内容，我们就可以在这种环境中只提供名字的其他部分（小的，更具体的），以识别该环境中的特定项目。

在这种环境的一个例子中，我们可以缩短之前使用的分层名称，去掉白宫的具体地址。这种形式指示了宾夕法尼亚路的所有地址：

/美国/哥伦比亚特区/华盛顿/宾夕法尼亚路

或者，我们可以使用更短的名称谈论哥伦比亚特区的所有地址：

/美国/哥伦比亚特区/

重要的是，我们可以改变我们理解名称的出发点。我们可以从导航图的角度思考。这种地址模式的开头也是分支图的最顶端，但我们可以从更靠下的位置开始——仿佛我们已经从顶部对于其中某个较短的名称进行了跟踪。例如，如果我们已经知道，我们只关心华盛顿哥伦比亚特区的实体名称，我们就可以忽略路径的第一部分（/ 美国 / 哥伦比亚特区 / 华盛顿）。我们可以考虑从之前分支图中的"华盛顿"一点开始，而不是从最顶端开始。如果我们知道我们是从华盛顿开始的，白宫的地址就会变成：

宾夕法尼亚路 /1600

同一条街道上的另一个地址是：

宾夕法尼亚路 /1850

注意，这两个地址不是从单斜线开始的。

单斜线"/"本身是顶部起始点的名称——计算机科学家称之为层次结构的根。在这个邮寄地址的具体例子中，"/"相当于"地球"。

编辑统一资源定位符

也许你在出版商的网站上找到了一本名为 *Widgets* 的书，发现它的统一资源定位符是这样的：

//example.com/books/Widgets

如果你对这个出版商的其他书籍感到好奇，你可以尝试更短的统一资源定位符：

//example.com/books

它可能是无效的，或者显示的内容与你的预期不符。但这种方法常常符合你的预期，因此是有用的。统一资源定位符的定义标准称，任何统一资源定位符都应该是不透明的，仅仅作为一堆没有内在结构或含义的字符来处理，你不应该看到或利用我们刚刚描述的层次结构。但我一直在使用这种缩短和编辑统一资源定位符的方法，这种行为很普遍。当你进入某个分层的统一资源定位符的对应页面时，如果你对其他某个项目感兴趣，你可以缩短统一资源定位符，试着在那里获取一些内容。这很方便。

当你试图寻找某件事物时，仅由无意义的长字符串组成的真正不透明的统一资源定位符不会为你提供那么多的帮助。从技术上说，如果统一资源定位符由希腊语、汉语、印地语等完全不同的字符系统混合而成，它仍然应该以完全相同的方式运行——但这对人类用户来说很不方便。

当网络最初被发明时，人们认为统一资源定位符应该是不透明的，因为他们想通过搜索寻找相关的统一资源定位符。经过多年实践，我们可以说这种理论是正确的，但不完整。我们的确通过搜索寻找相关的统一资源定位符，但我们有时也会构造或修改统一资源定位符。

服务器命名

现在，让我们回头来看双斜线"//"以及后面紧跟着的"www.google.com"。我们说过，这是服务器的名称。但服务器的名称意味着什么？这种命名是如何工作的？让我们首先考虑服务器名称的语法规则，然后研究这些名称是如何将我们导向服务器的。

前面说过，在这个上下文里，服务器是准备对资源请求做出回应的计算机。网络上有许多不同的服务器，因此我们需要指定一个我们所需要的服务器——通常是用名称指定。这个名称可能是模糊的。对人来说，可能有不止一个"约翰·史密斯"。同样，对服务器来说，也可能有不止一个"www.google.com"。尽管存在这些可能的歧义，一个相对较短且可读的文本名称仍然是指代某人或某事的最便捷且混淆机会相对较小的方式。

为什么服务器名称有小圆点？为什么有"www"和"com"的部分？从某种角度看，这些元素似乎没有必要。我们已经可以判断，这里的主要辨识部分是"google"。实际上，对于一家公司，许多人可以给出一个比较好的猜测：其网址的开头是"www."，结尾是".com"，中间是公司名称的某个版本。

服务器名称的结构来自另一种分层命名，有点像我们对路径中斜线分隔部分的描述。但是在服务器名称中，层次结构中的元素是用点而不是斜线分隔的。更有趣的是，层次结构的顺序是颠倒的。我们之前看到，资源名称从左到右逐渐变小，最右边的元素最小，最左边的元素最大。相比之下，服务器名称从右到左逐渐变小：最右边的元素（在这里是"com"）最大，最左边的元素（在这里是"www"）最小。

所以，我们完全弄清了这个有点愚蠢并且不合逻辑的情况。我们用统一资源定位符指示资源。每个统一资源定位符由三个主要部分组成（模式，服务器，资源），它们具有完全不同的命名系统。其中两个系统（服务器和资源）使用分层结构，另一个系统（模式）则不使用。这两个分层命名系统用不同的特殊符号分隔层次结构中的不同部分（服务器是"."，资源是"/"），两种层次结构的顺序是相反的。多么混乱！

寻找服务器

幸运的是，在实践中的命名并不像上述描述的那样听上去那么混乱。服务器名称的结构意味着一个巧妙的系统允许许多不同组织控制这些名称在当地的使用。这里的基本技巧是，层次结构的每一层在逻辑上确定了一个目录，这个目录包含了其左边名称的含义。在图 14-3 中，"com"是一个知道"google.com"身份的目录服务的名称——也就是说，在"com"目录中有一个名称为"google"的条目，这个条目可能表示另一个有待咨询的目录。

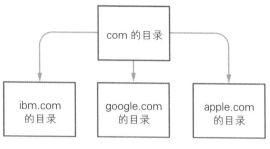

图14-3 com 的目录

类似地，由"google.com"确定的目录服务有一个名称为"www"的条目，这个服务器的全名是"www.google.com"（见图14-4）。

所以，原则上我们知道了如何寻找名为"www.google.com"的服务器：

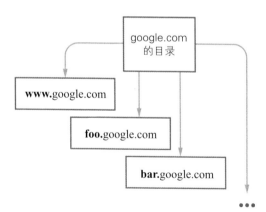

图14-4 google.com 的目录

1. 向"com"服务器询问在哪里可以找到"google.com"。

2. 向"google.com"服务器询问在哪里可以找到"www.google.com"。

机智的读者会发现，这是前面第4章描述的递归过程。这种递归的定义和查找方法使我们可以构造由任意层次组成的、由小圆点分隔的名称。

命名服务器的目录服务叫作域名系统（DNS，Domain Name System）。在长长的名称中，每个"层次"叫作域。由于每个域完全控制着自己名称的含义，因此域既是一种目录，也是一种王国。所以，"域"这个名字似乎很恰当。

域名系统允许将命名控制权委托给不同组织，这些组织又可以将部分命名权或全部命名权委托给其他组织。这种去中心化的命名方法是在20世纪80年代初被使用的，当时网络还没有发明。它虽经历了互联网的巨大发展，其基本模式也没有发生改变。域名系统也许没有得到普通用户的足够认识，这恰恰是因为它的普遍性和可靠性所致。

最后，当我们成功地通过目录层次结构找到特定的服务器时，我们会得到什么结果呢？我们会得到一个数字——有点像一台服务器的邮政编码。这个数字确定了唯一的相关服务器，使我们能够和它建立通信。即使域名系统出了故障，如果你知道谷歌某个服务器的正确数字，你仍然可以浏览谷歌主页——你可以在浏览器的地址框中输入其中一个数字，代替服务器名称"www.google.com"。例如，当我编写这一章时，我可以在浏览器框中用数字"74.125.226.16"代替"www.google.com"，得到相同的页面（你得到的结果可能不同，我们稍后将在本书中解释原因）。在第 19 章中，我们将更加仔细地研究如何通过这个数字与特定的服务器通信。现在，我们假设合适的数字拥有近乎神奇的力量，可以使我们与相应的服务器通信。

我们解释了递归查找过程：在父目录中查找子目录，然后根据需要重复这一步骤。不过，我们还没有解释一开始如何寻找"com"——这种递归查找过程需要有一个基本情况，它可以归结为一种"硬连接"系统。某些根服务器是特殊的。它们的地址被广泛公布，而且很少改变，甚至不会改变。此外，人们还做了专门的工作以保护它们所容纳的数据的完整性，因为这些信息充当了命名系统的基础。为了寻找"com""edu""org"等顶级域名的目录服务，你需要联系根服务器。在撰写本书时，全世界有 13 个不同的根服务器，每个服务器由不同的组织运行——一些是非营利组织，一些是政府机构，一些是营利组织。

不过，这种安排只是一种共同公约，不是自然法则。有一个有趣的网络管理问题是对根服务器的控制问题，根服务器具有确定所有命名的权力。创建新的顶级域名（最右边的名字，比如 com）提供了新的盈利机会，因为域中的新名称可以卖给需要这些名称的人和组织。将顶级域名置于国家级政府控制之下的做法提供了新的控制机会："com"（以及它所包含的"www.google.com"）在伊朗和中国的含义和它在美国的含义可能有所不同，如果这些国家拥有另一个版本的"com"的话。

缓　存

域名系统非常有效。它提供了人们需要的所有名字，根据人们的需要精细划分，独立控制这些名字的生成和含义。这些都非常优雅！不过，正如我们之前描述的那样，这种层次结构可能效率很低。我们并不想仅仅为了弄清一些特定名字的含义而在互联网上反复查询各种目录服务。仅仅寻找一个服务器应该不需要大量可能很昂贵的目录查找。

有没有办法避免反复查找目录？有。我们可以保存和重复使用之前的查找结果。

当我们在第 3 章考虑计算时，我们观察到，虽然将 237+384 的值称为 237+384 并没有错，但是大多数人认为，更有用的说法是 237+384 的值是 621。如果我们拥有一个更长的表达式，比如：

$$(26+89+9+20+49+38+83+22+10+3+77)$$

它的值是 426，那么和每次需要时重新计算相比，保留最终值要更有用。在这个具体例子中，记录结果的简单方法是将其写在纸上，因为我们可以随时翻看。不过，如果类似的情形不是发生在书本上，但我们仍然需要记住计算结果，我们应该将其写下来，或者通过某种方式将其保存下来。

我们可以将这些观察看作一个一般原则的简单例子。这个原则是，和重复计算相比，我们可以保存结果，省略重新计算的工作。当然，当计算变得更加复杂和昂贵，而不是这种非常简单的加法时，这个策略会变得更加强大。计算机科学家将这个策略称为缓存。相应地，他们用缓存表示可能存储一些之前的计算结果以供重新使用的地方。

当待查找问题的答案不会经常变化时，我们很容易判断答案是否错误，这是缓存之前的答案的一个很好的设置。例如，一旦对"www.google.com"进行完整查找并找到了服务器的数字地址，我们就可以在本地保存结果副本，也许是保存在我们自己的小目录里。图 14-5 显示了我们寻找"www.google.com"的完整查找过程：

第一步是向顶级目录询问"com"；

第二步是向中级目录询问"google.com"；

最后一步是联系名为 www.google.com 的服务器。

下次当我们需要知道这个名字的含义时，我们可以直接假设

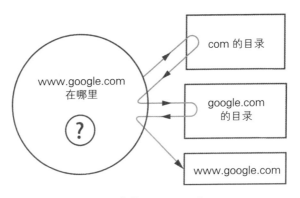

图 14-5　查找 www.google.com

它还是之前的服务器。图 14-6 包含了和之前相同的元素，以显示如何将缓存作为查找过程的捷径。

我们可以用之前的结果直接访问 www.google.com，而不是再次进行所有的查找。如果地址错误，我们可以发现错误，而

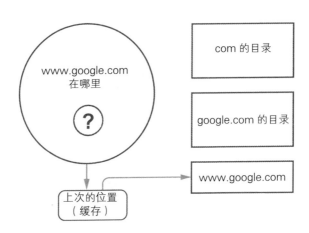

图 14-6　用缓存进行更快的查找

且不会有任何不利影响。错误不会经常出现，因为特定名字和特定服务器之间的联系是很稳定的。要想很好地使用缓存，我们需要这两个特性（错误没有影响，错误不常见）。如果其中任意一个特性不成立，那么缓存的效果可能不会很好，缓存的副本也不一定准确。因此如果偶尔的错误会导致严重的问题，我们就不能使用缓存。缓存只在没有错误的情况下才会实现提速，因此如果错误很常见，我们使用缓存就不会得到任何好处。

这种缓存技巧的一个优点是，它可以用于命名层次结构的每个层级。所以，浏览器除了可能缓存"www.google.com"的含义，还可以缓存"google.com"和"com"的含义。这有什么用？我们认为，即使某个服务器发生改变，命名层次结构的其他大部分内容很可能仍然是不变的，可以重复使用。

所以，在联系常用服务器时，我们通常不会从根服务器入手，全面查找整个目录序列。相反，我们会直接前往服务器的缓存位置（www.google.com）。如果这个"有根据的猜测"是错误的，我们会进行另一次类似的猜测，在上次已知的（缓存的）位置联系父目录 google.com。只有对于全新的服务器名字——与之前的服务器名字没有重叠元素——我们才需要从根服务器开始进行全面查找。

与服务器交谈

现在，我们知道如何理解统一资源定位符中的服务器部分。

这些知识可以让我们通过询问域名系统寻找 www.google.com。此外，我们大概了解了浏览器和服务器的对话是如何进行的。浏览器会向服务器请求特定资源。这种与服务器的对话究竟是如何进行的呢？

浏览器和服务器之间的对话被分解成数据包（第 13 章），每个包独立穿越网络。这些数据包不是任意一种旧的数据包——相反，浏览器和服务器都同意根据另一种协议规则进行通信。这种协议叫作 TCP（Transmission Control Protocol），意为传输控制协议，但是这个名字没有太大意义。就像没有人将 IBM 称为国际商业机器公司一样，没有人用其他名字称呼 TCP。TCP 就是 TCP。

TCP 隐藏了基于数据包的网络传输的大部分混乱细节，我们将在第 18 章更加详细地研究 TCP。所以，通过使用 TCP，而不是处理数据包，浏览器可以直接向网络另一端的服务器发送一些文本，服务器会原封不动地收到这些文本。同样，服务器可以向网络另一端的浏览器发送另一些文本，浏览器会原封不动地收到这些文本（在这里，TCP 的使用没有任何选择和协商余地——你无法通过其他途径浏览网页）。

统一资源定位符中的"http:"模式意味着浏览器将用特定数值指标（80）与服务器建立一个 TCP 对话。这个值告诉服务器，对话将使用超文本传输协议，它既是用于 TCP 之上的特定网络浏览术语，又是我们在本章提到的第一个协议。浏览器必须包含这个指标，因为服务器可能在处理许多不同类型的 TCP 对话——不是每一个 TCP 对话都是网页浏览！

TCP 涉及双方之间的一些设置工作——往复消息。当设置完成时，双方（浏览器和服务器）就可以向对方发送文本了。接着，浏览器从超文本传输协议定义的词汇表中"说出"某个特定的命令。具体来说，浏览器会发送"GET/"，意思是"向我发送名为'/'的资源"。服务器会回复一个相对较长的消息，其中包括关于谷歌主页布局的信息。

接着，浏览器提取服务器回复的所有内容，并将这些数据渲染成可视版本，即我们熟悉的谷歌主页。

结构与呈现

即使看似简单的网页也可能包括许多不同的部分。谷歌主页主要包括谷歌徽标、输入搜索词语的文本框以及选择搜索种类的两个按钮。（我们选择忽略谷歌有时会添加的一些额外功能——徽标的替代版本，比如动画，或者页面边缘的各种其他按钮和信息。）

来自服务器的信息指定了所有这些信息：徽标的外观、页面上元素的数量和位置。页面上的元素及其关系是以比较灵活的方式描述的——目标是确保在各种显示器尺寸上呈现的结果看起来良好，并且可以正确工作。这种灵活性很有挑战性：不同的人很可能用很小的手机屏幕或巨大的桌面显示器观看同一个网页，适用于一种设置的设计选项在另一种设置下看起来可能很可笑，或者完全无法使用。

原则上，网页在组织时会区分结构和呈现。结构包括所有页面呈现形式的共同元素——我们可以将结构看作页面的骨骼。呈现是页面的实际外观——你可以称之为骨骼上的血肉。页面是用一种叫作 HTML 的语言描述的，即超文本标记语言。这种语言很容易生成一个充分但缺乏震撼力的结果——你可以将其看作穿着普通服装的普通人。不过，实现广泛适用并且具有美学震撼力的事物需要完全不同的努力。这种高端的设计通常需要很高的水平、丰富的经验和大量测试。

表　单

在所有关于统一资源定位符和联系服务器的讨论中，我们只关注了将浏览器从服务器获取的信息显示出来。现在，我们要简单地考虑一下反向信息流的情况，即从用户到服务器的方向。例如，我们可以考虑当用户在谷歌搜索框中输入文本并点击"回车"时会发生什么。首先，我们以这种机制在网络早期的简单版本为例，因为这是许多网站仍然在采用的工作方式。接着，我们将简要描述谷歌目前的工作方式与之前相比有什么不同。

谷歌主页是更通用的网页结构的一个特殊例子，这种结构叫作表单。表单描述了需要显示的各种信息、由用户填写的空白字段以及用户可以按下的按钮。一张表单可能很大、很复杂，包括许多字段，而一个网页可能包含许多表单。不过，我们作为例子使用的"经典"谷歌主页只包含一个搜索框和两个按钮。搜索框用于接收文本——不管用户输入的是什么。一般来说，文本字段和按钮可能拥有与之相关的行为。在谷歌主页的例子中，所有这些元素——搜索框和两个按钮——的确拥有与之相关的行为。

浏览器如何知道要显示什么按钮以及执行什么行为？所有必要的信息包含在服务器的回复中。部分信息指定了页面外观，部分信息指定了行为，以及部分信息指定了页面部分和行为部分之间的联系。实际上，服务器向浏览器发送了某种程序，浏览器通过运行这个程序向用户提供相关页面，这个页面上还嵌入了一些额外的小程序。

无论搜索是由点击"回车"键还是由点击某个按钮触发的，浏览器都会构建一个对服务器的请求。在某种程度上，这和我们已经看到的获取谷歌主页的过程是一样的。主要区别在于，在之前的交流中，我们始于用户输入的相对简单的统一资源定位符。相比之下，这里的统一资源定位符是由浏览器构建的。浏览器如何构建统一资源定位符？它以服务器发送的构建谷歌主页表单的回复中指定的规则为标准进行构建。在这个具体例子中，这些规则包括提取搜索框中的文本，略微处理，并将处理过的文本嵌入构建出来的统一资源定位符的路径中。然后，这个统一资源定位符被用于进行另一次获取，就像得到谷歌主页信息的那次获取一样。

通过一组动态构建的小程序与网页交流，其中每个小程序都可以从远程服务器上下载——这听上去很奇异，很有未来气息！不过，这正是对于一个简单的表单页面工作原理的准确描述。

现在，回到搜索框构建的统一资源定位符上。你可以在路径中的特殊符号后面找到搜索词。根据你在浏览器中输入的搜索词，这个符号可能会显示为"#q="或"? q="。后面的搜索词得到了微调，以符合统一资源定位符的表示规则。例如，单词之间的空格变成了"+"，因为统一资源定位符不能包含空格。所以，如果你在搜索框中输入"Barack Obama"，它在统一资源定位符中会变成"Barack+Obama"。

我们已经了解了如何解读统一资源定位符和联系服务器。当服务器收到请求时，就会开始实际的搜索。对浏览器而言，服务器只是神奇地返回了一个或多个实体结果。我们不会试图解释搜索是如何进行的，或者数据库是如何建立的。

转　义

你可能会想，如果"+"表示空格，如何在这种统一资源定位符编码中表示"+"呢？出现在搜索框中的真正加号"+"会被转换成"%2B"——这可能看上去很武断，但它其实是表示"+"的特定比特序列的另一种书写形式。所以，如果你在搜索框中写下"3+4"，它在路径中会显示为"3%2B4"。

这种替换是计算机科学家所说的转义码或转义的一个例子。

"%"用于表示"后面的内容是特殊的"，各种难以表示的符号或字符由此被转变成另一种表示形式。在计算机系统的一些地方，数据需要类似的"转义"，使数据不受限制地通过某些为特定数据元素赋予某种意义的机制。

"巨蟒剧团"的经典短剧《电视谈话中用手势表示停顿》是这个问题的幽默版本。播音员试图区分演讲中的停顿和播音的结尾。为此，他引入了一个表示不应该结束短剧的正常停顿的手势，以及另一个用于表示短剧结束的手势。接着，他艰难地在每次停顿时使用"停顿"手势，并且避免使用"结束"手势，以免意外地过早结束短剧。不难发现，在谷歌的浏览器地址栏中，你很容易找到正确标记事物的实际案例。

搜索之搜索

实际上，谷歌的搜索页面比我们前面描述的要复杂一些。即使我们将注意力缩小到文本框，我们也还没有提及"提示"或"完成"功能。

除了我们已经描述的"搜索"行为，搜索框还附带了另一个行为，这个行为发生在用户输入每个字符之后。起初，这种行为是为了验证用户输入的内容。每次击键时，被触发的行为可以检查输入字符是否符合要求。如果不符合，它可以拒绝或纠正字符。

谷歌搜索页面巧妙修改了这种输入验证的目的，产生了完全不同的效果。每个字符触发的行为会提取部分搜索字符串（包括刚刚输入的字符），并将其提交给服务器进行搜索。不过，浏览器此时请求的搜索与我们之前描述的搜索是不同的。它不是搜索网页，以获得相应结果，而是搜索谷歌的流行搜索。这有什么用？很多人之前可能搜索过与你当前输入内容类似的事物。网络上的信息集合大得超乎想象，但与你当前输入内容相似的流行短语则要少得多。因此，浏览器可以对相关流行短语进行有用的搜索，这比搜索整个网络要快得多。

前几个搜索结果将作为可能选项显示在搜索框旁边。每个选项拥有执行相应搜索的相关行为。实际上，每个输入字符都会触发一个程序。这个程序会联系谷歌服务器，以运行另一个程序。服务器的程序会发回一些文本片段，每段文本与它自己的小程序相关联。在用户看来，所有这些是一种提供有用建议的服务。同时，对于每一次击键，底层机制都在进行大量极为复杂的工作。我们再一次看到，在人类看来很短的时间里现代计算机可以执行数量极多的步骤。

第三部分　不可阻挡的进程

第 15 章　失效

在第一部分和第二部分中，我们考虑了在执行步骤的完美机械上运行的计算。这并不意味着我们只考虑了完美的计算。我们一直在担心缺陷，尤其是错误的规格和错误的实现。我们还担心没有足够的资源进行计算。不过，到目前为止，我们还没有考虑到机械出现故障或者不再正常工作时应该怎么办。

通过思考系统是如何失效的，我们可以构建能够容忍或克服失效的系统。我们需要了解失效的可能性，以及失效的状态或形式，以构建面对失效时仍能继续运转的系统。我们可以让我们的系统朝着不可阻挡的方向前进。

可靠性与可用性

假设我们拥有某种有价值的服务，比如谷歌搜索服务，我们想让它拥有这种不可阻挡的特点。此时，有两个常常被混淆的问题，计算机科学家称之为可靠性和可用性。

可靠性是指服务的完整性——回复的正确性，维持任何状态的持续性——但它与系统是否提供服务无关。拥有只有可靠性的服务就像拥有一个非常值得信赖但日程安排难以预测的朋友一样——你不知道你能否找到他们，但你知道，如果你能找到他们，他们一定会向你提供正确答案。在图 15-1 中，一些方框里是值得信赖的朋友，另一些方框里没有人。

图 15-1　高可靠性，低可用性

在谷歌搜索服务的背景中，可靠性意味着搜索结果质量很高，不会每次在一些组件失效时失败或出现奇怪的变化。不过，这项服务也许完全无法给出答案，此时它的理论可靠性没有太大用处。

与之相比，可用性是指获得服务的可能性，它与服务质量无关——比如得到的答案是否正确。拥有只有可用性的服务就像拥有一个判断力不佳但日程安排可以预测的朋友一样。你总是知道何时在何处能够找到他们，但他们不一定能帮助你解决问题。

在图 15-2 中，每个方框里都有人，但他们大多数时候有点愚蠢，
用处不大。

图 15-2　高可用性，低可靠性

在谷歌搜索服务的背景中，可用性意味着服务总是愿意回应
搜索请求。不过，这些答案可能很可疑，或者根本就是错的，此
时服务明显具有的可用性用处不大。

表 15-1 以另一种方式总结了可靠性和可用性的差异。

表 15-1　可靠性与可用性

	得到某种答案的可能性	得到良好答案的可能性
可靠性	?	高
可用性	高	?

理想情况下，我们应该设计在所有情况下既可靠又可用的系
统——就像拥有稳定习惯、值得信赖的朋友一样。这就是我们
在图 15-3 中显示的每个方框中都有"良好"版本。

遗憾的是，面对失效时，我们常常需要在两种特性之间做出
权衡。

图 15-3　理想情况：高可靠性和高可用性

失效停止

在处理失效最常见的方法中，我们假设每个组件要么正确工作，要么完全失效（陷入沉默，死亡）——没有中间状态。计算机科学家将这种方法称为失效停止模式。

在这种模式中，机器无论多么简单或复杂，它要么工作，要么坏了。失效停止模式其实是我们在第 1 章中看到的数字模式的一种变体。数字模式将现实世界的所有波动和模糊分为两个值：0 和 1。相应地，失效停止模式将所有可能的运行状况分为两种不同的状态，通常叫作"好"和"坏"。"系统是好的"意味着系统在工作，"系统坏了"意味着系统失效了。失效停止模式不认为执行步骤的机械具有任何"基本正常"或"磕磕绊绊"的状况，正如数字模式不会识别计数手指半弯状态的有效性。有时，人们会说计算机、程序或磁盘崩溃了，比如"我的笔记本崩溃了"或者"邮件服务崩溃了"。这种说法通常意味着系统建立在失效停止模式之上。

失效停止模式承认宇宙是不完美的——事情的确会以难以

预测的方式失效。不过，失效停止模式意味着除了这些难以预测的失效，宇宙的表现很好。其他一些失效模式具有更加悲观的观点——认为宇宙非常不友好。我们将在第 16 章提到其中一种模式。

备　件

在一个失效停止的世界中，要想拥有不会停止的系统，我们需要有多个计算机和存储器的副本，因为任何一个副本都可能失效，这种失效可能是永久性的。例如，计算机完全可能停止工作——要么是因为没有电源，要么是因为其他东西出了问题，看上去就像没有电一样。类似地，存储设备也可能停止工作，这意味着我们失去了存储在那里的所有事物……除非我们在其他地方保存了这些数据的另一个副本。所以，在一个失效停止的世界里，我们需要以能够使系统容忍失效的方式组装多个计算机和（或）多个存储设备。

计算机系统并不是我们遇到多个冗余副本的唯一场合。在日常生活中，我们最熟悉的版本是拥有备件。例如，大多数汽车拥有存放在后备厢中的备用轮胎。如果汽车的某个轮胎受损，无法继续工作（比如被扎得漏气了），我们就会取下坏轮子，安上好轮子。同样，汽车租赁场所在任意时刻拥有的汽车数量通常多于被租户预约的汽车数量。如果你在挑选租赁车辆，对方提供的第一辆汽车由于某种原因无法令你满意，你通常不难将其替换成另一辆车。

备件和恢复的想法也适用于更加细微的粒度。特别是我们可以用"备用比特"恢复"失效比特"。在日常交谈中，语言会变得混乱不清，或者淹没在噪声中。纸张在存储时会丢失或腐烂。类似地，在某个比特不清晰的情形中，我们无法判断这个比特的值是 0 还是 1。

用备件解决这个问题似乎有点怪异——我们当然不能像提供备用轮胎一样提供"备用比特"。我们无法提前知道我们需要替换的比特值是什么。为了拥有两个可用值而保留两个备用比特是没有用的！如果我们拥有两个备用比特，一个 0 和一个 1，根据讨厌的数学家的方式我们知道，我们一定拥有可用的合适替代值，只是我们不知道它是哪一个。这是没有用的。所以，备用比特的使用和备用轮胎不太一样。

纠　错

相反，我们可以考虑提供足够的额外信息，以重建丢失的比特。这种情况有点像一个小型侦探故事，我们通过研究失效后遗留的线索弄清原始值是什么。和典型的侦探故事不同，我们不是想弄清犯罪者的身份。相反，我们是想弄清受害者即失踪比特的身份。

下面是一个非常简单但低效的版本：如果我们事先知道一次只会丢失一个比特，而且不太担心成本，我们就可以为每个原始比特使用两个比特。也就是说，我们会传输或存储"11"，而不是"1"。同样，我们将使用"00"代替"0"。表 15-2 总结了这种信息。

如果我们使用这种方案，那么当某个比特模糊或嘈杂得令我们无法理解时（写作"?"），我们会得到一个 2 位的比特序列，比如"1?"（1 后面是不确定）或"? 0"（不确定后面是 0）。在每种情形中，我们可以用没有被模糊的比特重建正确的值。表 15-3 总结了接收者对值的重建。

表 15-2　简单的比特倍增编码：发送者的行为

想要发送……	实际发送……
0	00
1	11

表 15-3　简单的比特倍增编码：接收者的行为

当我们收到……	它的真正含义是……
00	0
0?	0
? 0	0
11	1
1?	1
? 1	1

这种比特倍增是纠错码的一个非常简单的例子。在实践中，这种特殊的编码有两个问题。首先，它需要的比特是我们实际传

输信息的两倍，因此我们的所有存储和传输成本都会加倍。其次，即使使用了两倍比特，这种编码也只适用于一次只有一个比特发生变化的情形，而且这个比特只能处于"不确定"状态。如果有一个以上的比特发生变化，或者一个比特可以变成它的相反值，这种简单的编码就没有用了。根据这种编码，我们也许无法确定比特值（像"？？"这样的一对比特既可以是 0，也可以是 1）。更糟糕的是，它可能使比特发生无法检测的翻转（比如当原始值是"00"时，生成"11"这样一对比特）。

幸运的是，一些更复杂的编码执行得更好，只需要额外的少量比特的"赋税"就可以处理更多、更复杂的失效情形。

检 错

我们刚刚研究了纠错码的一个简单案例。我们也可能有一种更弱的"备用比特"方案，叫作检错码。检错码只能告诉我们是否出现了错误，但是无法提供正确答案。

例如，如果我们知道只有一个比特会出错，上述简单的比特倍增码就可以作为一种纠错码。但是，如果我们将完全相同的编码用在可能连续出现两个错误的环境中，它就不能校正所有错误了。特别是，当两个错误生成了编码"？？"时，我们可以看出这不是一个很好的答案——但我们不知道它应该是什么。

一般来说，我们更愿意得到正确答案，而不是仅仅知道存在错误。那么，为什么要有检错码呢？有两个基本原因。一种可能是校正没有用，另一种可能是不能校正。我们将进一步解释这两种情况。

我们可能认为校正总是有用的，但有时低层级失效需要高层级重置或重新启动。修复眼前的问题并不总是有用的。这类似于现实生活中的旅行预订。如果你想要的航班已经售罄，那么为你预订替代航班可能有用，也可能没有用。在一些情况下，另一趟航班可能是很好的替代。在另一些情况下，无法得到特定航班可能意味着整个行程需要重新设计，或者整个旅行需要取消。如果一家"纠错"旅行社不考虑日期、时间和航班，只是让我们从 A 点抵达 B 点，那么这家旅行社可能没有帮助作用，甚至会令人愤怒。

同样，在计算领域，如果之前的一些或所有步骤需要重新执行，它们处理的可能是完全不同的数据，恢复错乱的数据是没有意义的。在这种情况下，只要通过检错知道数据不正确可能就够了。不过，为了实现本地纠错而引入任何额外成本可能是不明智的。我们将在第 17 章遇到这种思路的一个更一般的版本，它是可靠通信的一个重要设计原则。

我们需要检错的另一个原因是，在无法进行纠错的场合，有检错总比没有好。任何纠错码可以校正的错误数量都存在一定限制。类似地，任何检错码可以检测的错误数量也都存在一定限制。不过，一般来说，检测错误比校正要容易。例如，我们在简单的比特倍增编码中可以看到，它仍然可以检测出来某种它无法校正的错误。

为了理解这些不同的难度等级，让我们再考虑一个具体的例子。假设错误永远不会将 0 直接翻转成 1，或者将 1 翻转成 0，而是只能首先使其变成"？"。在这种环境下，比特倍增方法如何进行纠错和检测？这种编码可以校正一个不良比特，检测两个不良比特，但是无法检测三个或更多的不良比特。任何一次错误都可能是下面 4 种变化之一，我们用右箭头→表示"变成"：

$$0 \to ?$$

$$? \to 0$$

$$1 \to ?$$

$$? \to 1$$

不过，一次错误不会是下面两种变化之一：

$$0 \to 1$$

$$1 \to 0$$

根据这些假设，我们简单的比特倍增编码提供了不同的能力"水平"，这些水平取决于错误数量。我们可以根据传输单一比特值"1"时的翻转序列区分下面 4 种水平：

0 次错误：正常操作，解码得到正确结果。

例子：我们发送"11"，它被接收为"11"，并被正确解码为"1"。

1 次错误：纠错操作，解码得到正确结果。

例子：我们发送"11"，它被损坏成"1？"，但是仍然被正确解码为"1"。

2 次错误：检错操作，结果可能不正确，但我们知道结果存在错误。

例子：我们发送"11"，它被损坏成"1？"，并被进一步损坏成"？？"，无法正确解码，但接收者知道发生了错误。

3 次或更多错误：错误操作，结果可能不正确，我们也可能不知道存在错误。

例子：我们发送"11"，它被损坏成"1？"，并被进一步损坏成"？？"，又被进一步损坏成"？0"，并被错误解码为"0"。

要知道，这种简单的比特倍增编码是为了便于理解，而不是为了高效运行。许多实际编码具有不同的工作方式。不过，这种整体模式具有典型性：错误数量的增加会使系统依次从正常操作转变成纠错操作（如果可能的话），然后转变成检错操作（如果可能的话），最后转变成错误操作。

存储和失效

关于纠错和检错的思想不仅适用于数据传输，也适用于数据存储。如果我们进行一些整体思考，那么这种相似性并不令人吃惊。毕竟，存储实际上只是对某个未来的接收者（可能是未来的自己）的传输，而对存储信息的检索只是接收来自过去的发送者（可能是过去的自己）的传输。

除了检错码和纠错码，我们还可以用其他种类的备件或冗余建立可靠的存储系统。在研究这些方法之前，我们有必要了解一下存储时发生了什么，以及什么是失效。

在撰写本书时，大规模、长期的存储通常以磁盘为媒介。磁盘上的材料薄层可以选择性磁化，从而在磁化模式中将信息编码。随后，磁化模式可以得到感应，以读取之前编码的信息。基础磁技术与我们在音频磁带和八轨道磁带上记录音乐时使用的技术类似——这些格式曾经很流行，但现在过时了。不过，这种相似之处只存在于磁技术的使用上。旧式音乐格式用磁存储器以模拟形式记录音乐。与之相比，我们希望记录的是数字数据（回想一下，我们在第 1 章中看到的模拟与数字模式）。

原则上，磁存储器与你用纸、铅笔和橡皮所做的事情没有太大区别，只会制作标记并在随后读取标记。不过，两者还是有一些重要区别。磁"标记"最好制作得很小很方便，这意味着小型设备可以存储大量标记。将"铅笔"和"橡皮"结合在一起也很方便。这种效果有点像那种按下不同位置就能出现不同颜色墨水的钢笔——这里不是拥有一个蓝点和一个红点，而是一个点用于标记，一个点用于擦除。最后，磁性书写和擦除导致的磨损比铅笔和橡皮的类似操作导致的磨损要小得多。因此，最好的纸张也无法抵挡一系列的重复书写和擦除，但磁存储器却可以长时间正常工作。

虽然磁盘优于铅笔和橡皮，但它通常是计算机中最不可靠的元素。这不是因为制造商无能，而是因为磁盘涉及一种机械边缘政策。人们既希望磁盘操作速度快，又希望磁盘拥有高密度（每个设备存储大量比特）。制造读写比特的磁机制非常昂贵，因此这种机制只是一个很小的读写磁头，不管在任何时候它只在整个存储器很小的一部分上操作。要想在远离读写磁头当前位置的磁盘区域进行读写，需要移动读写磁头和（或）磁盘，使读写磁头位于相关区域之上。

虽然我们目前关注的是磁盘，但是我们可以顺便注意到，留声机唱片、CD 和 DVD 也具有类似结构。在所有这些系统中，都有一个相对较大的旋转磁盘，其中包含了相关信息，但"行为"只发生在相对较小的区域。

实际上，我们应该进一步对比"近距离"研究唱片、CD/DVD 和磁盘上发生了什么。

在图 15-4 中，我们看到了黑胶唱片（乙烯基唱片）播放装置的横截面。唱针停在唱片上。虽然这会磨损黑胶唱片，但唱针很轻，唱片的转动也不是很快。

在图 15-5 中，我们可以看到类似的画面，但它是一个 CD 或 DVD，读写机制是基于激光的光学机制。它不再需要任何物理接触，而是强调光盘的快速转动。为实现快速操作，需要缩短发出请求和读写磁头位于磁盘正确区域的时间间隔。为了最大限度地缩短这种延迟时间，光盘需要快速旋转。快速旋转的光盘可以将相关区域迅速移至读写磁头下方，使"行为"发生。

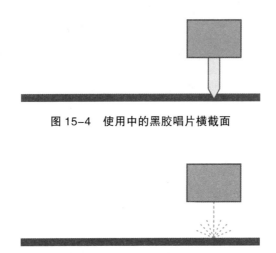

图 15-4 使用中的黑胶唱片横截面

图 15-5 使用中的光盘（CD/DVD）横截面

类似的推理也适用于磁盘，但有一个额外的限制。为了实现高存储密度，表示比特的磁化单元必须非常小。使用小单元意味着被感应的磁力很小，而这意味着读写磁头必须离磁材料很近（见图 15-6）。

图 15-6　使用中的磁盘横截面

快速操作和高密度意味着我们需要让磁盘尽可能快地旋转，让读写磁头尽量靠近磁盘。一个快速转动的磁盘和一个离磁盘很近的读写磁头意味着没有机械错误或磨损的空间。

闪　存

要想在几天、几周或几年后仍然能够读取大量比特，磁存储器不是唯一的存储方式。特别是在手机和其他移动设备中，没有机械移动部件的闪存或固态硬盘更加常见，正如大多数计算机系统的其他元素也没有机械移动部件。这些技术不是"标记"微小的磁区域，而是"标记"一组微小的晶体管。这些设备不是用磁化标记和擦除，而是使用电荷：每个晶体管被配置成容纳少量电荷的储存箱，并用电荷的存在和缺失为比特编码。

这种方法比磁盘的速度更快、更可靠，需要的能源更少。在撰写本书时，它暂时也更加昂贵，这也是磁盘仍然流行的部分原因。虽然固态存储器比磁存储器更加可靠，但它仍然不完美——它仍然容易出现使数据永远丢失的故障。实际上，和磁盘相比，它的问题更接近纸笔书写的问题：固态存储器会由于反复地标记 /

擦除循环而磨损。因此，即使有了这种较新的技术，我们仍然需要考虑如何提高存储的可靠性和可用性。

损伤和死亡

在思考如何减少存储器的失效时，有两个重要风险需要考虑。我们可以将这两个风险看作被存储数据的"损伤"和"死亡"。如果在永久性存储器的书写过程中出现某种故障，数据就会"损伤"。例如，在写入磁盘某一部分时可能会出现暂时的电源故障或物理问题。在这种故障发生后，设备可以再次恢复到基本正常的状态，但是设备上的一些数据可能会损坏，或者无法读取。

如果容纳数据的设备永久性失效，数据就会"死亡"。此时，检索或恢复这些数据是非常昂贵的。我们应该在此区分数据丢失的不同方式。错误删除文件后常见的"数据恢复"问题与从不工作的磁盘重建数据的问题是完全不同的。

通常，计算机上被删除的文件实际上并没有被销毁，它只是被移出了用于定位文件的目录而已。图书在图书馆目录上的消失可以叫作"丢失"，尽管它还在和之前一样的书架位置上。同样，被删除的文件看上去似乎消失了，但它的所有内容仍然原封不动地存放在磁盘上。文件恢复工具执行的操作有点像在图书馆书库中寻找"丢失"的图书——一旦找到相关的图书，就会建立一个新的目录条目，图书就会被重新"发现"，尽管它在整个过程中没有发生任何变化。

相比之下，磁盘的物理损伤或设备的机械故障更像是图书馆的火灾——有些书可能很容易挽救，有些书即使在最优秀的专家尽全力抢救下也只能部分恢复，另一些书可能彻底消失了。

有时，我们很容易认为所有数据都可以恢复。一些软件工具和服务可以帮助我们恢复被删除的文件。即使文件被故意删除，专家也可以读取遗留痕迹——根据一些说法，即使有人故意覆盖这些数据，中央情报局或其他情报机构也能够读取数据。但现实情况是，意外和故意破坏都会使数据彻底丢失。因此，即使我们看到许多丢失的文件很容易恢复，情报机构也擅长重建被故意删除的材料，但我们应该将这些现象归入"真实但无关"类别。有时，如果只有一份副本，数据可能会永远丢失。我们需要通过冗余避免这种情况。

日志和复制

到目前为止，我们在单元格中写入信息的方式是用新值替代旧值。当我们希望避免前面提到的风险时，这不是一个明智的方法。如果在写入新值时出了问题，我们不希望失去旧值。

图 15-7A 显示了使用常规写入规则的常规单元格如何用新值（y）代替旧值（x）。有两种方法可以避免唯一的项目副本被覆盖：日志和复制。

在日志方法中，副本仍然只有一份，但新信息不会覆盖旧信息——相反，任何新信息或更新信息总是写在日志末尾。

在图 15-7B 中，当 y 被写入日志时，y 直接被附在旧值 x 的后面，而不是覆盖它。

在复制方法中，覆盖仍然存在，但副本不是一份——相反，有多份副本。新信息或更新的信息会覆盖每个位置的旧值。

在图 15-7C，两个单元格被写入新值。和之前的单一单元格写入相比，这似乎没有任何进步——不过，我们可以安排多

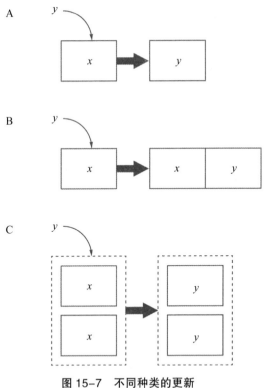

图 15-7　不同种类的更新

个单元格，这样它们就不太可能在相同时间或者以相同方式失效。让我们接下来考虑这一点。

稳定存储器

有一种简单的复制形式叫作稳定存储器。稳定存储器的工作原理就像普通磁盘一样，但它具有更好的失效特性：普通磁盘大多数时候正常工作，偶尔会崩溃；稳定存储器则可以持续工作，不会失效。不过，正如我们将看到的，稳定存储器也比正常存储器更加昂贵。

我们可以用两个独立的不可靠的存储设备建立稳定存储器，方法是严格遵循读写步骤顺序。例如，假设我们想要写入某值 x，并且希望确保它能得到安全存储。我们有两个磁盘，叫作磁盘 1 和磁盘 2，它们独立运行。然后，我们可以采取下列步骤（见图 15-8）：

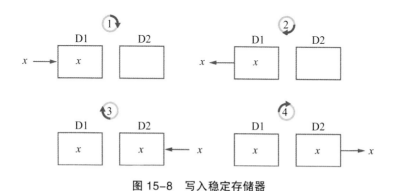

图 15-8　写入稳定存储器

1. 将 x 写入设备 1。

2. 从设备 1 读取 x。

3. 将 x 写入设备 2。

4. 从设备 2 读取 x。

这个序列结束时，我们确信我们在两个设备上存放了数据的良好副本。我们不仅写入了两个副本，而且读取了两个副本，以确保这两个值是我们所希望的值。

随后，要想读取同样的数据项，我们可以从设备 1 和设备 2 读取，然后比较它们的内容。磁盘或系统的其他部分的某些失效可能会损坏或丢失数据。但即使在这个非常简单的版本中，我们也可以看到，我们不太可能在读到不良值时不知道出了问题。在上图中，我们写入了值 x。我们知道，值 x 不太可能在两个独立磁盘上变成同一个不同的值（叫作 y）。所以，我们可能会：

- 读取到 x 的两个相同副本，知道读取没问题。

- 或者，读取到 x 和 y，不知道哪一个是正确值。

注意，这种谨慎的双磁盘方案比单一磁盘更可靠，尽管我们没有使用之前考虑的任何纠错码和检测码。如果我们同时使用这种编码，就可以设计出在失效时能够可靠地确定哪个副本是正确的方案。这种谨慎的双磁盘方案也没有假设磁盘如何失效，除了假设它们完全崩溃（失效停止模式）。如果我们假设磁盘具有稍好一些的行为，我们就可以完全忽略单独的读取，并且同时进行两次写入。

这种简单的稳定存储器的方案可以比单一磁盘更可靠地存储数据。和单一磁盘相比，稳定存储系统只有在两个磁盘同时失效时才会丢失数据。考虑到两个完全独立的设备在执行完全不同的行为，它们同时失效的可能性是很小的。如果不同磁盘真的出现了独立失效，我们可以将它们的失效概率相乘。所以，两个年度失效率为 1% 的磁盘，稳定存储器的年度失效率是 1%×1%=0.01%。如果我们需要更高的可靠性，我们可以用更多的磁盘重复这一技巧。

磁盘阵列

不过，这种稳定存储器为提高可靠性付出了很高的代价：稳定存储器的用户所认为的 x 的"简单单一写入"需要两次写入和两次读取，以及一些比较，以确保一切正常。同样，用户眼中的"简单单一读取"需要两次读取，以及一些比较。所以，与存储器相关的一切都会大大减速。根据需要存储和（或）读取的具体内容，这种稳定存储器对于相同数据的存储／读取时间是单一（不可靠）磁盘的两倍到 4 倍。由于磁盘通常是计算机系统中速度最慢的部分，因此这种减速是一个问题。

我们说过，许多纠错和检错码比我们之前描述的简单比特倍增方案更精密和有效。类似地，有许多方法可以安排多个磁盘，其性能比我们描述的简单磁盘倍增的稳定存储方案更好。广泛类别的多磁盘方案通常被称为独立磁盘冗余阵列，简称磁盘阵列。有许多不同的磁盘阵列编码，比如磁盘阵列 0、磁盘阵列 1 和磁盘阵列 5，其中不同的数字指的是不同的方案，用于整合磁盘和磁盘上的操作，以支持符合逻辑的读写操作。

我们应该熟悉"磁盘阵列编号"的说法，尽管其细节和差异对于非专业人士的意义不大。一个重要原因是，我们可以用许多不明显的方式为磁盘分组，以实现容错功能。不同的方案在性能和失效特性上有不同的权衡。我们的简单磁盘倍增稳定存储方案与所谓的磁盘阵列 0 差距不大。（主要区别是，在磁盘阵列 0 中，两个设备的读写是同时进行的，而且不需要在写入后重新读取。）

独立失效？

现在我们看到有一些方法可以克服各种失效。所以，我们可能会开始考虑这些方法的局限性。我们是否总是能够建立不可阻挡的系统？我们能克服所有失效吗？如果不能，为什么？

我们克服失效的策略依赖于冗余和备件。我们宣称冗余元素的失效是独立的。我们应该考虑这种说法在现实世界中是否正确。两个磁盘看上去当然是不同的物体——你可以有你的磁盘，我可以有我的磁盘，我们可以在上面执行不同的操作——所以，它们没有任何明显的联系会导致它们同时失效。

如果我们想象一下具有相同失效行为的光谱，它的一端是执行完全不同工作的完全不相关的设备（比如拖拉机和磁盘）。我们不会认为它们的失效具有任何相似之处。在光谱另一端，我们可以想象两个看似不同的设备，它们拥有某种隐性机制，一个设备的失效会导致另一个设备出现相同的失效。任意两个现实中的设备都位于光谱两个极端之间的某个地方。显然，第一个不相关的极端对于建立不可阻挡的系统是没有用的，因为即使拖拉机和磁盘的失效是独立的，我们也不能用拖拉机替代磁盘。同样，第二个设备完美匹配且同时失效的极端对于我们的目标也没有用，因为两个元素会同时失效，尽管一个元素可以替代另一个元素。让我们考虑可能有用的中间地带。

共模失效

　　即使我们使用两个类别完全相同的不同设备，从同一时间点开始，并在同一地点运行这两个设备，它们通常也不会同时失效。这两个在其他方面相同的设备仍然具有某种独立性，因为每个被制造出来的设备的物理特性略有差异。在多磁盘的许多应用中，设备之间的部分差异是，它们被用于略有不同的目的，即它们有不同的工作任务。不过，如果我们使用涉及相同读写的多磁盘方案，比如我们在稳定存储器和磁盘阵列中看到的方案，那么这种不同工作任务的假设可能并不成立。由于在这种方案中不同的磁盘可能要执行相同的工作，我们有理由认为，它们拥有非常相似的损耗模式。有趣的是，我们发现，随着我们的制造变得更加精密，相同的设备具有相同损耗的问题会变得更加严重。为了正确运行，更精密的设备可能需要更严格的容限（更精密的规格匹配），运行较好的制造过程可能会在可接受的范围内产生更小的波动。在这两个方面影响下，制造日益精密的一个意外后果可能是失效特性的日益相似性。

因此，相关失效的一个来源出现在相同的设备执行相同的任务时。当那些在其他方面具有独立性的组件以相同方式失效时，这种失效叫作共模失效。共模失效会降低冗余的效果——如果所有潜在的备用组件在几乎同一时间失效，系统就会失效，尽管它表面上具有冗余设计。

共模失效的另一个重要来源是设计失效，即每个磁盘以完全相同的方式失效。我们通常认为在失效的过程中存在某种随机性。不过，有时失效源于设备的设计错误——当"错误的事情发生时"，每个设备都会以完全相同的方式失效。

例如，如果家用电灯开关接线错误，那么每次按动电灯开关时都会将错误的电灯点亮——这不是电灯开关、电线或灯泡的损耗问题。如果不正确的接线存在于设计蓝图上，开发商用这份蓝图建造许多相同的房屋，那么每个房屋在按动电灯开关时都会出现完全相同的（错误）行为。

类似地，磁盘的设计错误可能会使同一型号的每个磁盘以相同方式失效。这种失效可能不像接线错误的电灯那样明显或迅速出现——但它具有同样的一致性。

失效率

组件失效的频率如何？从单一项目来看，即使是现代计算机中最不可靠的元素也是相当可靠的。计算机可靠性的常用指标是"平均失效间隔时间"（Mean Time Between Failures, MTBF）。这是一种类似于人群平均身高的统计测度，而不是类似于餐桌宽度的精确测度。因此，我们应该将其看作一种指导方针，而不是一种保证。平均失效间隔时间表示的是某件事物失效前的平均运行时间——但如果使用不当，它可能会导致严重误导。一个磁盘很容易拥有超过 100 万小时的平均失效间隔时间，这是一个令人震撼的时间长度。100 万小时意味着超过 100 年的连续运行。那么，如果磁盘规格中的平均失效间隔时间是 100 万小时，这是否意味着每个磁盘都会运行 100 年？不是。毕竟，我们知道，如果一群人的平均身高是 177.8 厘米，这并不排除这群人中有人的身高只有 142.24 厘米。

同样，在平均深度只有 15.24 厘米的地方过河时，你完全有可能溺水（见图 15-9）。宽阔的浅滩与相对狭窄的深水沟结合在一起，完全可能生成一个令人安心的较小平均值，这与水深没过头顶的潜在风险没有任何关系。

图 15-9　被平均深度误导

　　另一个不同的统计测度更有助于做出现实的估计。年度失效率指的是某个组件在一年中失效的可能性。一个磁盘的年度失效率通常是 1% 到 3%。如果年度失效率是 1%，那么每 100 个磁盘每年大约会出现一次失效。

　　无论我们如何衡量，绝大多数磁盘显然不会失效。我们在本章前面提到过，磁盘通常是最不可靠的硬件组件。所以，一个磁盘出现这种失效的可能性很小。这就是人们不愿意备份数据的原因之一。人们很少遇到现代计算机发生磁盘崩溃的情况。当然，对于体验过这种经历以及受所有相关的破坏影响的人来说，这种经历的罕见性并不能带来安慰（见图 15-10）。

图 15-10 "这几乎不会发生。"

虽然单个磁盘从这些测度来看非常可靠，但当它们被用于规模很大的计算系统时，它们基本都存在令人绝望的缺陷。例如，假设我们制造了一款磁盘，它在 100 年中（31 亿秒）只会有一次失效——这种水平的可靠性似乎足以使我们不再为这个问题而担心。不过，请考虑拥有 100 万个同类磁盘的设施。

这个设施大约每小时就会在某个地方出现一次失效。现在，这些系统的失效（以及处理后果）不是我们可以直接忽略的事情，它很可能已经成了某个人的全职工作。100 万个磁盘及其相关失效不是假设性的推断，而是当今的现实。谷歌和亚马逊等公司运行着多个数据中心，每个中心拥有海量的计算和存储设备阵列。在每个数据中心，都有一个全职工作人员负责更换和升级这些设备。当我们谈论云计算或云存储时，我们应该记住，需要有一些真实事物支撑这些"云"概念。这些真实的支撑事物不仅包括几千平方米的机器，还包括一个看护团队。

现在，假设我们让其中一个云提供商照顾所有硬件的可靠性和可用性问题。他们可能需要做许多工作来为我们提供不会停止的执行步骤的机械，但这已不再是我们的问题。我们只需要关心软件问题。我们将在下一章讨论这些问题。

第 16 章　软件失效

　　软件不会在物理层面上失效。它不会磨损。由于软件不会磨损，因此其行为是不变的（尽管我们在第 6 章中提到，环境变化常常会使软件产生"比特腐烂"的感觉）。遗憾的是，软件的错误行为也是一致而不变的。我们能用某种冗余减少软件失效的影响吗？

　　在之前每种对抗失效的方法中，我们都拥有某种"备件"。同样，一些研究人员试图使用软件的多种不同实现，以避免软件的共模失效。这不是同一程序的相同副本——相同副本会以相同方式成功或失效，因此不会带来任何优势。相反，不同的实现被有意设计成实现相同效果的不同方式。这种多版本是一种备用的计算方法，而不是备用比特或备用磁盘。每个实现各自计算某个答案的独立版本，然后比较这些答案，以确定一个正确答案。在某种程度上，这听上去像是纠错码、稳定存储器和磁盘阵列的直接概括——但它其实是更困难的问题，并且存在一些不太明显的困难。

再谈规格

前面说过，一个规格告诉我们软件应该做什么。与之相比，实现提供了关于软件工作方式的全部细节（我们在第 2 章中首次接触了这种区别）。从概念上说，我们希望拥有一份规格，它可以允许我们建立多个不同实现。由于多个版本具有相同的规格，因此它们会生成相同的结果。由于它们拥有不同的实现，因此它们的失效是独立的。

第一个困难是，即使不考虑我们之前看到的指定任何计算的问题（第 5 章），你也很难为这种多版本软件制订规格。除了规格的常见挑战，多版本软件的规格必须允许开发多个不同实现。多个不同实现对于避免共模失效至关重要。因此，该规格不能指示得太明确。如果过于详细，它也许只能允许一种实现，即使这些实现是独立编写的。

不过，仅仅为了确保多个不同实现而编写一份非常"松散"的规格是不够的。规格还必须确保所有的实现计算的是完全相同的结果。如果规格不够严格，不同的版本可能会计算出不同的结果。此时，对结果的比较会得到不正确的结论——这不是因为在单个实现中检测到了错误，而是因为规格存在歧义。

因此，总的来说，构建多版本软件需要"足够具体"但不能

"过分具体"的规格。一般来说，在规格中实现这种"刚刚好"或"金发姑娘"（美国传统的童话角色，通常用来形容适度的、刚刚好）式的平衡是很难的。实际上，在多版本规格中获得合适的灵活性可能比编写一份简单规格的正确实现更困难。所以，虽然备用软件版本具有理论上的吸引力，但是它在实践中的效果可能还不如仅仅提供一份良好版本。

一致比较

构建独立版本还有一个微妙的问题：一致比较问题。为了理解一致比较问题，我们需要了解计算机执行的一些算术问题。

计算机算术是数学家使用的模拟算术的数字版本。因此，正如我们之前比较数字和模拟时看到的那样（第 1 章），计算机算术具有"分步"性质，这是数学家熟悉的完全平滑、无限可分的数字所没有的。计算机算术这种分步性质或沙砾性质意味着计算同一逻辑值的两种不同方法得到的值可能存在微小差异，因为数字版本和平滑模拟版本之间的步骤尺度差异在两种计算中可能会以不同方式积累。

你可以在有限小数表示法中看到这种小问题的一个简单例子：考虑 1 除以 3，再将结果乘以 3 意味着什么。逻辑上，除法会得到 1/3，乘法会得到 1。不过，1/3 的小数表示是：

0.3333…

其中"…"捕捉到了序列无限重复的想法。我们说过，我们使用的是有限小数表示法，因此我们无法表示这种无限序列。相反，我们需要使用一个有限的近似值，比如：

$$0.33333$$

但这并不太对。当我们用它乘以 3 时，我们会得到0.99999，而不是 1。当然，这个结果和正确值很接近——但如果我们不知道如何管理这些小差异和误差，我们就会陷入麻烦。计算机在计算时通常不会使用小数表示法，因此导致问题的具体值和这个例子存在差异，但问题的性质是相同的。

假设一个程序在测试某个值是否大于零，其输出是简单的"是"或"否"。一个计算版本可能会得到一个非常小的正值，另一个计算版本可能会得到一个非常小的负值。不同的方法得到的结果非常接近，也许差异并不显著——但在和零相比时，这种相似性消失了。当然，当我们发现这种特定测试和这些特定计算会导致误导性的结果时，我们可以进行修复。不过，虽然我们可以修复这个可以识别的具体问题，但一般来说，我们无法避免或检测这种问题。

实际上，这里隐藏着一个矛盾，它可能会使我们的一切努力化为泡影。首先，我们发现，我们之所以进行这些比较，是因为我们想要构建多版本软件。然后我们发现，为了正确构建多版本软件，算法的具体实现细节不能是规格的一部分。

因此，我们就有了一个悖论。一方面，为了成功实现多版本软件，我们必须避免在不同版本中引入共模元素的行为，因为这些共模元素会以相同方式失效，降低了多版本实现的价值。另一方面，为了避免一致比较问题，我们必须理解和识别在不同的实现中，在相同逻辑的结果中产生无意义差异的位置。

比较结果

在前面对局限性的探索中（第5章和第6章），我们不断发现某个限制因素，然后将其放在一边，继续探寻其他限制因素。类似地，我们现在将选择忽略多版本软件规格的成本和难度，假设我们可以通过某种方式绕过这个问题。我们还假设，我们不会遇到与一致比较相关的问题。我们能构建具有理想可靠性的多版本软件吗？不能，因为在比较不同结果时，仍然存在一种潜在的共模失效。在多版本软件中，在某个时间点，各程序需要将不同结果结合成一个决策或行动路径（见图16-1）。

如果我们只是简单地编写一个结合不同值的单一程序，这个程序就会面临设计失效的关键风险。我们无法通过编写多个不同版本的组合机制缓解这种风险，因为这些不同版本仍然需要拥有自己的某种单一合并机械。解决这个问题最常见的方案是承认这个单一合并机制导致设计失效的风险很高，并且进行相应的设计。它必须尽可能简单，以降低错误的可能性。

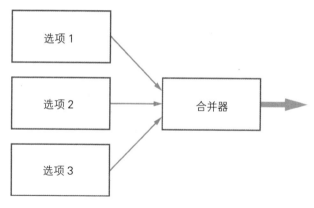

图 16-1 合并不同的计算，以生成单一的结果

我们还可以在不使用单一软件合并结果的情况下构建多版本系统。在载人航天领域，系统在组件失效的情况下仍然能够可靠运行是非常重要的。美国航天飞机的设计者为航天飞机导航设计了多个冗余计算机，他们必须找到一种可靠地合并多个计算机的输出的方法。他们甚至没有尝试合并软件的结果。相反，每个计算机在物理上与一个共享的控制杆相连（将其想象成一种操纵杆）。每个计算机都使用其可用的力量将操纵杆向"正确"的方向移动。导航计算机之间的任何异议都是通过"扳手腕"解决的：根据设计，多数计算机可以胜过少数计算机。

考虑一下，我们是否找到了使用冗余计算的成功途径。在图16-2中，底部的"？"表示"同时有多个实现是否是一种整体进步"的不确定性。

这里的基本问题是，我们需要复制好结果，而不是复制坏

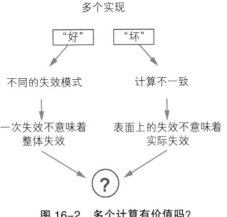

多个实现

"好"　　　"坏"

不同的失效模式　　　计算不一致

一次失效不意味着　　表面上的失效不意味着
整体失效　　　　　实际失效

?

图 16-2　多个计算有价值吗？

结果。但我们在之前的章节中已经知道，我们的局限之一是无法可靠地区分优秀的软件和糟糕的软件（第 6 章）。毕竟，如果我们能够可靠地区分优秀的软件和糟糕的软件，我们就会只构建或选择优秀的软件。这样一来，我们就不需要这种复杂的多版本软件了。

拜占庭失效

我们可以使用一个完全不同的失效模式，而不是提供"备用计算"。我们不是使用失效停止模式，而是围绕拜占庭失效模式设计系统。在拜占庭模式中，失效元素可能不会直接停止，而是导致更多的问题。特别是，拜占庭模式意味着失效元素可以以最具破坏性、最复杂的方式自由执行，不管这一系列行为看起来多么不可能。

拜占庭失效模式的名字来自 1982 年首次提出的"拜占庭将军"问题。这个问题与军事领导者的背叛有关。在这个问题中，面对一些具有破坏作用的叛将，一群忠诚的将军需要在进攻还是撤退一事上成功达成一致。

从直觉上看，拜占庭失效似乎无法解决——在一些成员故意选择以最糟糕的方式行动的情况下，一个群体怎么能继续运转呢？不过，一种相反的直觉表明，一大群人中的一个背叛者可能不足以破坏该群体达成一致的能力。这两种直觉都是正确的，但不完整。关键的问题是，有多少将军是忠诚的，有多少将军是背叛者。在系统上下文中，我们可以考虑有多少元素是好的，有多少元素失效了。有时，我们可以比较肯定地认为，系统可以容忍失效组件。有时，我们可以比较肯定地认为，系统无法忍受大部分组件的反抗。两者的分界线在哪里？

计算机科学家已经确定了这个问题的答案。虽然细节取决于各元素和待解决问题的具体配置，但一个合理的高层次总结是，如果只有大约 1/3 的元素行为不当，那么系统可以容忍这些恶意失效。此时，虽然一些元素存在错误行为，但尚有 2/3 的元素可以正常行动和合作。在考虑决策制订和管理的其他领域时，这是一个应当记住的有用结果。值得注意的是，这个阈值与常见的多数决定原则存在很大差异。后者认为，如果只有勉强过半的元素表现良好，我们就会遇到麻烦。

容忍拜占庭失效的系统还不太常见，但它很实用。我们将在

第 24 章和第 25 章研究比特币，而比特币其实就是围绕某种拜占庭协议建立的。这个系统考虑到了一些参与者行为不当并且试图欺骗其他人的可能性。不过，只要有足够多的诚实参与者，这个系统就可以很好地运转。

第 17 章　可靠的网络

在第 15 章中，我们看到了如何用纠错码保护数据的传输，使信息在偶尔出现噪声的情况下仍能被准确接收。这种编码是获得可靠通信的一个重要因素，但不是全部。虽然这种编码可以校正或检测少数丢失或模糊的比特，但是我们通常需要克服更大的失效。在典型的数据包网络中，整个包（包含许多比特）可以同时丢失。我们如何确保在这种丢失发生时仍然能够成功通信？

确保送达？

我们可以试着建立一个确保所有消息都能送达的网络。但是这种方法的效果不像我们希望的那样好。让我们考虑一下保证送达需要些什么。网络处理的是由不同的发送方在不可预测的时间发送的各种消息，这些消息通过网络抵达其他各个接收方。由于我们无法提前知道谁会发送消息或者他们会发送给谁，因此我们会遇到异常热门的目的地或路径将资源耗尽的情况——例如，它可能会耗尽容纳消息的空间。

如果我们建立的是一个确保送达的网络，就不能允许任何网络资源耗尽的情况。所以，要想确保送达，我们还需要确保传送路径上每个节点有足够的空间。为了确保每个节点的空间，我们既要确定路径，又要在从发送者一直到接收者的路径上预留资源。

这些需求的奇怪之处在于，当我们首次研究数据网络时，已经考虑并拒绝了这种路径预留方案（第 13 章）。那么，当我们支持数据包网络而不是端到端连接时，我们是否做出了错误的选择？并不是。数据包网络是一个更好的整体选择，尤其是当通信具有突发性而不是恒定性时——我们之前说过，突发通信是很常见的。端到端预留是很昂贵的。实际上，从发送者到接收者的每次传输可能需要两次网络穿越。第一次网络穿越用于寻找合适路径并预留所需空间，第二次网络穿越用于实际传输数据。

更糟糕的是，建立一个确保送达的网络不仅昂贵，而且最终是徒劳的。即使有了这些预留，我们仍然无法真正确保送达。毕竟，预留路径上的某个组件仍然有可能失效。在任何一种偶尔失效的情形中，所有精心安排的预留都不会带来任何改变。

冗余消息

除了确保服务，我们还能做些什么呢？我们能构建一个替代整个丢失消息的纠错码吗？是的，但这通常不是很有吸引力的方法。如果我们想要恢复数百或数千个丢失的比特，纠错码需要发送另外数百或数千个比特。为了极为谨慎地在一些消息丢失时进行恢复，这种纠错会占据很大一部分的可用通信能力。虽然一些系统采用了这种方法，但是它在大多数时间是一种浪费。数据包只是偶尔丢失，而额外比特的间接成本是持续存在的负担。

我们真正希望的是在需要时发送第二份或第三份消息副本。这仍然是一种冗余策略，但它不是持续发送冗余信息，而是仅仅保留一份额外副本，并在需要时重新发送。

端到端原则

我们假设网络至少会努力传送每个消息（这有时被称为"尽力而为服务"），但它并不能保证成功。我们如何考虑通过组织通信实现可靠性？计算机科学家对于这种方法有一个术语：端到端原则。我们可以将这个原则运用到日常生活中。如果有人问你是否接到了电话，他们是在问你——而不是在问电话公司。或者，如果有人问你是否收到了信，他们是在问你——而不是在问邮局。如果你没有接到电话，那么电话公司关于此次通话的说法并不重要。同样，如果你没有收到信，那么邮局关于将信送到你附近的说法也并不重要。

如果对你是否接到电话或收到信件一事存在异议，电话公司或邮局可能拥有相关信息，但他们的成功送达观点不能代替你作为电话或信件最终接收者的观点。

例如，在邮政服务中，可能会由接收者签署"回执"表单，而不是由邮局签署，并将其返回给原始发送者。这种表单说明被发送的东西得到了接收，而不是仅仅得到了送达。

从这些例子中得到的教训是适用于一般数据网络的原则：即使网络在其任务中完全可靠，它仍然不能确保可靠地送达给接收者。网络服务本身和网络使用者之间仍然可能出现失效。

如果我们要求用端到端机制实现真正的可靠性，确保送达是否还有意义？答案是肯定的，但它的价值和我们想象的可能有点不同。确保送达的网络可能——而不是一定能——提供更好的性能。发送者向接收者重新发送消息可能需要一段时间，避免这种成本可能是明智的。但这种可能的性能优势与可靠性保证是完全不同的。

确认和重传

到目前为止，我们的结论是，确保送达的网络与可靠的端到端通信是不同的。实际上，如果我们真正想要的是可靠的端到端通信，那么确保送达的网络可能是解决错误问题的昂贵途径。我们不是需要确保送达的网络，而是需要添加两个元素：

1. 已接收消息的确认。
2. 丢失消息的重传。

要想真正使用这两个元素，我们通常需要一些新的机制。特殊情况下，发送者需要通过某种方式弄清消息是否丢失。丢失的消息不会自己发声。相反，和邮政系统丢失信件类似，发送者需要判断消息是否丢失。

在邮政系统中，判断的关键是发送后经过的时间。发送者需要用一个定时器估计发送消息和接收相应确认的合理时间跨度。如果消息在预期的时间内得到确认，就表示（这个特定消息的）发送成功。但是，如果消息没有在预期的时间内得到确认，它就会被视为丢失。然后，消息会被重传。

设置合适的定时器是很难的。如果时间太长，发送者就会浪费时间等待已经丢失的消息。如果时间太短，发送者就会毫无必要地重新发送消息。每条不必要的重发消息不会给接收者造成混乱，他可以直接将其丢弃。但是，发送额外的消息会浪费时间和网络能力，而它们本可以用于发送有用的消息。

多次确认和负面确认

当我们看到单一消息系统的工作方式时，我们不难看出如何同时发送多个消息。不同消息和相应的确认需要拥有某种标签，以判断哪个确认对应哪个消息。允许同时传输三个消息的简单系统可能会将其称为"红""绿""蓝"。每次发送消息时，我们会说我们在使用哪个色槽，我们还会拥有不同颜色的定时器以及与颜色相匹配的确认。

我们也可以不使用颜色，而是使用 1，2，3 等数字。如果我们使用数字，这就更容易看出如何不断扩展使用中的槽的数量——要想使用新的槽，我们可以直接添加下一个数字。

在使用数字时，我们也更容易拥有表示多个消息已被接收的单一确认。通常，消息不会丢失（在可能丢失大量消息的环境中，我们完全可以回到我们之前认为过度浪费的纠错码方案上）。因此，我们不是先发送确认 1，然后发送确认 2，然后发送确认 3，而是发送确认 3，从而隐性确认 1 和 2 的接收。

在某个确认可以隐性确认之前所有数字的系统中，我们需要通过不同的方式处理我们收到了大多数消息但丢失了一些消息的情形。解决方案是使用负面确认。正常确认意味着接收者成功收到了相应的消息，负面确认则意味着接收者在接收到的消息序列中发现了一个"洞"，并且请求对方重新发送丢失的消息。

即使我们增加了确认的复杂性，基本的策略仍然是相同的：

1. 发送者保留每个消息的副本，直到得到确认。

2. 如果任何消息在合理时间内没有得到确认，发送者就会认为消息已丢失。

3. 如果消息似乎已经丢失，发送者就会重新传送消息。

在实践中，这种可靠的传输工作在互联网上几乎总是由 TCP

协议处理的。我们已经在第 14 章接触了 TCP。当你使用互联网时，TCP 不是你可能直接与之交流的事物，而是另一种无形的管道。不过，你应该知道，TCP 是网络业务量、电子邮件以及其他许多不太常见的互联网应用的底层机制。在绝大多数情况下，当你需要确保所有数据包都能得到传输时，就会使用 TCP。

拥塞崩溃

当我们研究可靠的存储时，我们通过使用组件群克服单个组件的失效。然后，当我们研究可靠的网络时，我们通过在需要时使用多个消息克服单个消息的丢失。这种模式可能使人觉得群体在可靠性方面总是更好，但这是一幅不完整的画面。为了更好地完善我们的理解，我们应该考虑一个仅由群体产生的问题。

我们已经看到了一种仅限于群体的问题。我们之前提到的交通堵塞是一种来自非计算机环境的失效（第 7 章）。当只有一个实体采取行动时，交通堵塞根本不可能发生——没有人会和他"堵塞"。

另一种需要多个玩家的失效叫作拥塞崩溃。为了理解它，让我们先来看一个简单的模型：一对发送者和接收者，以及一些不明确的外部干扰源。在没有干扰时发送者和接收者很容易通信，但是随着干扰程度的增加，他们通信的难度也在增加。随着干扰的增加，更多的消息会丢失，需要重新传输。随着丢失率的增加，发送者和接收者之间的传输效率会相应下降。通过重新传输丢失的消息，我们仍然可以获得可靠的通信。但是，这种通信不仅缓慢（由于重新传输导致的延迟），而且使用资源的效率较低（因为有些消息传输了不止一次）。丢失的可能性越大，成功传输任意一条消息所需的时间就越长。到目前为止，这只是对于一对通信方随着干扰增加而出现的问题的简单陈述。

在共享网络中，每个传输进程不仅在试图通信——从其他传输进程的视角看，它也是潜在的干扰源。当我们意识到这一点时，就会开始了解拥塞崩溃的问题。如果每对发送者和接收者相互之间完全隔离，他们就不会相互影响。但由于他们在共享网络中使用了一些相同的资源，因此他们存在竞争，并且有可能存在干扰。当我们增加通信密度时，不仅是在增加业务量的数量——本质上说，我们也在增加干扰源的数量。

拥塞崩溃是我们实现可靠传输的合理系统的一个意外后果。只要丢失相对罕见，这种"保留消息直至确认"的方法就会很有效。如果丢失不是很频繁，重传通常会成功。不过，当丢失越来越频繁时，我们可能会遇到麻烦。更多的丢失会导致更多的重传，这又会导致更多的丢失。在所有人都采用个体的明智策略时，情况就会变得疯狂。

在拥塞崩溃中，每个人可能都很"忙"，但他们没有取得任何成果。这是吵闹而无效的，就像每个人都在说话但没有人在倾听的鸡尾酒会一样。这是网络版本的抖动。我们之前讨论协调时曾短暂接触过抖动（第 7 章）。每个人传输的消息都会丢失，需要重新传输。但是，由于其他发送者的消息也会丢失并被重传，因此他们不会取得太大成果。拥塞崩溃不只是理论上的担忧——它是一个现实世界中的问题，曾在 1986 年 10 月影响到了互联网。此次事件后，人们紧急研究了这个问题，并且寻找了解决方案。

拥塞控制

我们如何才能避免拥塞崩溃？就像每个人都在同时说话的鸡尾酒会一样，我们需要减少干扰，以便为真正的对话创造一些空间。拥塞崩溃之所以发生，是因为每个人都急于说话，这使所有人都无法得到倾听。为了避免拥塞崩溃，需要每个人都做好停止说话的准备，使一些通信能够成功进行。为了避免拥塞崩溃，像 TCP 这样的可靠通信协议需要包含某种拥塞控制机制，它需要做三件事：

1. 最初以缓慢的速度发送。

2. 逐渐提高通信速度。

3. 在出现最初的拥塞迹象时迅速降低通信速度。

TCP 的大多数实现使用了隐性的拥塞控制。根据隐性拥塞控制，发送者认为消息的丢失意味着网络存在拥塞，于是降低发送速率。

但是，不是所有的消息失败或丢失都是拥塞导致的。根据使用的网络种类，可能存在其他原因会导致消息丢失。例如，移动电话可能处于没有信号服务的区域内。发送消息的尝试会失败，但是这种丢失的发生源于地理环境——它与网络中的任何拥塞完全无关。

在非拥塞丢失很频繁的环境中，使用隐性拥塞控制的 TCP 版本不会有很好的效果。将每次消息丢失解释为拥塞的 TCP 版本往往会在不需要减速的情况下减速。人们为这种环境设计了其他替代协议，一些是 TCP 的变种，另一些则与 TCP 完全无关。一个常见的功能是，它们不认为一次数据包丢失是网络拥塞的信号。一些协议依赖于来自网络的显性拥塞信号，而另一些协议对于丢失模式进行更加复杂的分析，以便更好地推断是否存在拥塞。

拥塞控制作弊

在理想的世界里，每个共享网络中的人都会一致地实施拥塞控制。一致地使用拥塞控制意味着每个人的结果都优于没有拥塞控制的情形。遗憾的是，网络通信通常发生在相隔很远的自主通信方之间。因此，拥塞控制需要这些独立实体之间的合作。得到正确的结果并不像是改变一个国家的法律，它更像是国际条约谈判。

如果只有两个发送者违反公约，不实施任何拥塞控制，会发生什么情况呢？这种偏离常规的做法足以导致拥塞崩溃，即使其他所有人都在实施拥塞控制。这两个作弊的发送者可能会攫取所有可用的资源，并且干扰对方以及其他所有发送者。

这可能是故事的结局，它说明每个人都需要实施拥塞控制。不过，事情比这要复杂一些。奇怪的是，一个作弊者不会导致拥塞崩溃，作弊者会因为占有超出其公平份额的资源而获得非常好的服务。毕竟，如果派对上只有一个大嘴巴，其他人都会清晰地听到他的话语。

因此，现实网络中长期存在的一个问题是说服发送者不要在拥塞控制上作弊。许多在日常生活中比较熟悉网络的人并不知道拥塞崩溃的风险。一个可能的类比是，操控渡轮的人不理解沉船的风险，他们可能很想丢弃一大堆"无用"的救生衣和救生筏。

有时，之所以出现放弃拥塞控制，是因为某个网络供应商"发明"了一种提高性能的新方法。有时，某个用户"发现"，他可以调整本地设置，以极大地提高性能。这个问题很难完全避免，因为每次最初的作弊尝试都会为第一个作弊者带来很好的结果。然而，如果其他人纷纷效尤，表面上的成功就会导致整体的失败。当这种最初看上去很有前途的商业模式或高明的洞察力被更广泛地应用时，它会带来一场灾难。

第18章 云的内部

在之前各章中，我们讨论了相隔很远的人之间发送消息的问题。但到目前为止，我们对于消息传输究竟是如何发生的还相当模糊。实际上，这种模糊的方法拥有一个名字。我们将这种非特定的网络称为云。

图 18-1 中的方框表示两个通信方。它们各自与云通信，而云通过某种方式将消息传送到另一方。可能有许多通信方"通过某种方式"相互连接。云提供了这种互连，而且没有具体指定连接方式。一方将消息发送到这个网络云中，消息通过某种方式从

图 18-1　两个通信端点和一个网络云

云中出来，传送给正确的接收者。这种网络云不同于云计算，尽管这两种思想存在联系——我们将在下一章接触云计算。

数据网络云与邮政系统和电话系统没有太大的区别。在后两种更加为人熟知的系统中，我们同样不需要知道信件从发送者抵达接收者的细节，或者建立通话的细节。虽然我们不需要知道这些细节，但是了解一些邮政系统的分类阶段和电话系统的交换阶段的知识对我们是有帮助的。有了这些知识，我们就可以更好地理解系统是如何崩溃的，或者系统为何达不到我们的预期。

云外部的通信实体通常是各种计算机，也可能包括手机和平板电脑。虽然我们非正式地将它们称为通信或对应方，但有一个更好的专业术语叫作端点。我们之前已经讨论过客户端和服务器——客户端和服务器都是端点。端点不同于运行在云内部、实施网络送达机制的各种合作设备。我们将云内部的这些设备称为网络设备。网络设备通常看起来与端点完全不同。它们具有不同的名字，来自不同的制造商。尽管存在这些表面差异，但是我们应该记住，归根结底，它们都是执行步骤的机器，用于运行各种程序。像其他执行步骤的机器一样，它们可能会以不同的方式失效。幸运的是，网络机制可以确保消息在这些失效发生时仍能送达。我们将在本章进一步研究这些机制。

图18-2描绘了和上一张图片相同的情况，但它用一系列网络设备替换了云。这个画面更接近于双方之间真正存在的通信机制。

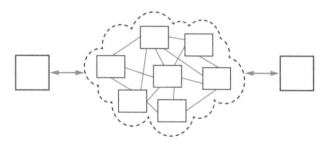

图 18-2　两个通信端点和各种网络设备

线和插口

我们可以将通信看作消息从一个端点传输到另一个端点的相对抽象的过程，但我们也可以从物理层面上看待网络。在这个物理层面上，我们可以认为网络向每个端点提供了一条线路。虽然在现代世界中，许多计算机使用无线连接或者各种共享网线。不过，我们要忽略这些复杂性。为了方便论述，我们将其看作不同种类的线路。不管这些细节如何，整个通信流程都会以几乎相同的方式运行。

所以，我们可以认为一个端点拥有一条线路，它可以在这条线路上发送和接收消息。然后，我们可以认为一个网络设备拥有许多条线路，可以在上面发送和接收消息。网络设备需要做好在不止一条线路上接收消息的准备，而端点只需要在一条线路上接收消息。网络设备可能也需要在发送消息时决定使用哪一条线路，而端点只需要在一条线路上发送消息。从端点 A 向端点 B 发送消息时，你需要通过某种方式使它从 A 的线路抵达 B 的线路。如果 A 和 B 不是直接相连，那么消息从 A 抵达 B 需要涉及一些中继设备来传递消息，并且在多条线路中做出正确的选择。

路由器

让我们考虑一个典型的简单路由器，这种可以用于家庭或小型办公室的设备。它很可能拥有一个互联网连接，一些有线连接，以及作为无线接入端的操作能力。有了正确的路由器信息配置和正确的连线安排，这种路由器可以允许端点与本地和远程端点（跨越互联网）交换消息。

为了简便起见，我们要忽略互联网连接和无线网络。相反，我们只关注有线连接，因为它们更容易理解（虽然这里做了简化，但我们将在本章结尾重新回到互联网）。

我们将路由器画成一个简单的盒子，底部边缘上有 4 个端口或插口（见图 18-3）。像这样一个路由器允许连接到插口的端点

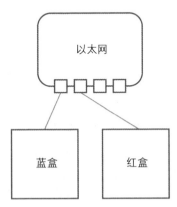

图 18-3　蓝盒和红盒与简单的路由器相连

相互通信。它就像面向这些互连端点的小云一样。（网络专业人士可能会大惊小怪，称这是交换机，不是路由器。在我们的论述中，这种区别并不重要，但我们应该知道，人们有时会对主要处理本地目的地和主要处理远程目的地的设备进行区分。他们往往将主要处理本地目的地的设备称为交换机，将主要处理远程目的地的设备称为路由器。）

看一下名为蓝盒和红盒的两个设备通过网线与路由器相连的情形。在图18-3中，网线显示为简单的连线。在物理上，我们在这里使用的网线看上去有点像电话线。我们可以将其看作电话线。就像电话线一样，这些网线也可以插入路由器上的插口中。不过，在连接这些设备时，你应该知道它们并不是电话线。相反，它们类似于超级电话线。它们的绝缘层内部多了两条线，因此插口和插头也要相应地宽一些。此外，它们的制作更加仔细，以免扭曲了互联网使用的高速数字信号。有了合适的适配器，你可以用网络电缆传输电话信号。但你通常不能用普通电话线连接数据网络。

在我们的路由器例子中，每个插口都有编号。我们可以称之为插口1、插口2等，以区分多个其他类似的插口。现在，假设我们将名为蓝盒的端点与路由器上的网络插口1相连。我们还将名为红盒的端点与路由器上的网络插口2相连。我们希望通过某种方式让蓝盒向红盒发送消息，并让红盒向蓝盒发送消息。

路由器本身可以接收插口1的消息，将其发送到插口2上，也可以接收插口 2 的消息，将其发送到插口 1 上。不过，即使红盒对蓝盒有所了解，它也不一定知道蓝盒在使用哪个插口。实际上，蓝盒可能从插口 1 中拔出，然后插入插口 4。所以，我们不想根据本地插口编号进行通信。

以太网

这个方框间的通信问题与我们熟悉的电话系统中的问题并没有太大区别。在我们的日常对话中，我们可能会认为电话号码与具体地址（座机）或具体设备（移动电话）绑定在一起。不过，我们也知道电话号码是可以转移的——在一些条件下，它们可以在电话公司或地理位置之间转移，或者从"旧"设备转移至"新"设备。

在某一天拨打一个电话号码可能会使一所房子里的电话发出响铃，在第二天拨打同一个电话号码可能会使另一所房子里的电话发出响铃。所以，我们知道电话号码不是永远与第一所房子的线路相连。相反，一定存在某种表格，里面记录了电话号码及其相应线路。当一个电话号码从一所房子移至另一所房子或者从一个移动设备移至另一个移动设备时，真正发生改变的是表格中的条目。

红盒和蓝盒之间的本地通信问题使用了类似的查表法。当你将蓝盒和红盒这样两个不同的端点与两个不同的插口相连接时，每个端点都向路由器提供了自己独特的识别号码——有点像电话号码。路由器会建立一个小型表格，将这些号码与插口相匹配。（在这里，网络专业人士可能会吹毛求疵，指出在其他一些路由方式中，路由器不需要建立表格——但这里的解释已经足以支持我们的论述了。）这些识别号码通常与某种本地网络技术有关，这种技术叫作以太网。

在以太网中，对应的电话号码叫作以太网地址。不过，以太网地址被"植入"使用它们的设备中，这与电话号码存在很大区别。每个使用以太网通信的设备都拥有自己唯一的以太网地址。每个使用以太网通信的设备制造商都会获得一批独特的号码，每个号码只能用一次。如果红盒和蓝盒知道对方的以太网地址，并用这些地址进行通信，那么每个人使用哪个插口并不重要。路由器可以解决所有问题。

互联网络

路由器在本地使用这种以太网寻址方案，我们说过，所有的以太网地址都是独特的——每个不同的以太网设备都有自己唯一的地址。在这里有一个显而易见的问题是，为什么我们不能直接用这些以太网地址在世界上任意两个设备之间传递消息？答案是，如果世界上的所有设备都在使用以太网，我们也许可以这样做，但还有许多其他途径执行本地寻址和通信。实际上，不管是短距离还是长距离，都有许多不同的通信技术可以选择。仅仅选择一种技术并坚持在所有地方使用它似乎更加简单，但这有点类似于认为世界上应该只有一种类型的机动车。我们知道，我们不是只有一种类型的机动车，而是有汽车、卡车和摩托车，每个类别还可以进一步区分。通过机动车，我们意识到，不同种类的车辆和每个类别内部的不同车型反映了能力和价值的真正差异。网络技术也是如此。

让我们考虑以太网以外的一些其他网络方案——我们称之为"其他网络"。和以太网不同，它拥有自己的线路、端口和地址。假设我们有另外两个端点，绿盒和黄盒，它们可以接入其他网络，但是无法接入以太网。与红盒和蓝盒连接至以太网路由器类似，绿盒和黄盒可以连接至某个类似的小路由器，通过其他网络相互通信。

现在，考虑一下红盒与绿盒通信或者蓝盒与黄盒通信意味着什么。红盒可以"讲述"以太网的语言，绿盒则不可以。同样，黄盒可以"讲述"其他网络的语言，蓝盒则不可以。我们可以在路由器之间移动端点，或者将它们同时连接至两台路由器，但这似乎复杂又昂贵。如果红盒、蓝盒及其路由器位于美国一边的马萨诸塞，绿盒、黄盒及其路由器位于美国另一边的加利福尼亚，那么这种手动交换或双重连接方法根本无法实施。

我们可以想象让两台路由器相互交谈，但它们用什么交谈呢？以太网路由器不理解其他网络，其他网络的路由器也不理解以太网。解决方案是让网络互联——即建立互联网（见图 18-4）。

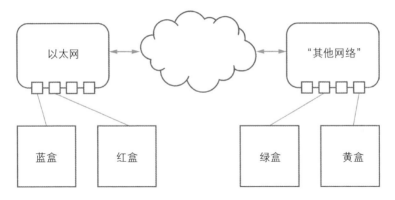

图18-4　连接路由器，形成一个简单的互联网

互联网协议（IP）

几乎所有人都听说过互联网，尽管他们可能不太清楚互联网到底是什么或者有什么意义。对许多人来说，它是计算机数据网络中最熟悉、最重要的例子。当我们考虑互联网路由器和其他网络路由器之间的通信时，我们可以看到"互联网"这个名字的由来。就像"国际"意味着跨越国界一样，"互联网"意味着跨越网络边界。互联网协议（IP）充当了在不同技术和不同地域之间联网的共同语言——你可以称之为通用语言。IP确保了端点可以通过相同的方式通信，不管它们是远是近，不管每个端点使用的本地网络技术是什么。

IP的一个重要特点是每个端点都有编号。端点编号用于区分和识别特定端点。这个编号叫作互联网地址，又叫IP地址。从某种程度上说，这种方案和上述以太网方案是相同的。以太网通信使用了以太网地址，同样，IP 通信使用了 IP 地址。不过，和上述以太网方案不同，IP 地址没有被永久性地植入设备中。实际上，你可以对完全不同的设备重复使用同样的 IP 编号。和以太网的工作方式相比，这听上去有点奇怪。但当我们意识到它就像电话号码的工作方式时，它就不那么奇怪了。有时，IP 地址的这种灵活性可以用于复杂的目的，即由一个设备故意扮演另一个设备的角色——我们将在本章后面对此稍加讨论。有时，IP 地址的可重复使用性意味着网络运行偶尔会发生小故障，即两个不同的设备同时试图使用相同的 IP 地址。

从某种程度上说，IP 地址仅仅是一个整数而已，我们现在就来考虑这一点。假设我们为蓝盒赋予数字 3782，为红盒赋予数字 2901。这是 IP 地址的特殊书写方式，我们很快就会了解到——在实践中，用这种方式将 IP 地址"仅仅"写成一个数字是很奇怪的。但就目前而言，我们只需要知道，蓝盒和红盒各自拥有自己独特的 IP 地址编号。

互联网路由

和之前的以太网例子一样，我们现在有两个通过识别编码通信的端点。不过，这些编码不是以太网地址，而是 IP 地址。根据相关的 IP 地址获得正确的线路通道的问题叫作互联网路由，又叫 IP 路由。在这个具体例子中，蓝盒和红盒之间的通信将非常容易。当我们比较蓝盒和红盒基于 IP 的通信和基于以太网的通信时，两者在细节上存在差异，但在整体上没有太大区别。当我们开始考虑与不同网络设备相连的设备之间的通信时——比如红盒与绿盒的通信——IP 的优点变得更加明显，路由也变得更加有趣。

首先，我们将回顾互联网最初的设计方式——每个端点拥有独特的 IP 地址（我们将在后面的章节中完善我们的理解，使其更加接近现代互联网）。

作为网络服务的路由

为了理解 IP 路由的工作方式和原因，我们应该思考一个网络发展的故事。这里的重点不是说任何具体的网络都是以这种方式发展起来的，而是思考这个虚构网络可以帮助我们理解问题。

在小规模范围内，IP 路由不是很复杂。首先，让我们假设几个不同的端点想要通信。接着，假设这些端点相距很近，并且通信端点群体不会经常发生变化。在这些情况下，我们只需要用某种本地表格跟踪哪个端点对应于每个地址，就可以实现路由——就像我们之前考虑电话公司跟踪电话号码或者路由器将互联网地址与插口相匹配时使用的表格一样。

计算机科学家将这种信息称为路由表。这种特定类型的路由表是根据 IP 地址组织的。对于每个 IP 地址，表格中存储的条目是一种选项。至少，这个选项指出了如何从当前位置向目的地前进一步。或者，这个条目可能是抵达目的地的整个步骤序列。无论哪种方式，路由表中的信息对于从当前位置抵达指定 IP 地址来说都是有用的。

在简单的情况下，我们不清楚为什么要使用麻烦的 IP 地址和 IP 路由——它们只是额外的工作量而已。我们似乎完全可以直接确定每个可能的目的地端点，比如列出抵达那里所需的线路序列。

但是，现在考虑一下不同端点的数量开始增长时会发生什么。每个端点将很难为自己维护其中一个路由表。每个表格都会变大，因而需要在每个端点处占用更多空间。

在图 18-5 的第一部分中，A 和 B 各有一个路由表，列出了网络中两个可能的目的地。我们没有显示路由表中每个目的地的具体信息，因为这对于这个讨论来说没有太大意义。

在图 18-5 的第二部分中，网络中有了更多的目的地，因此这些路由表变得很长。虽然我们在图片中没有显示，但 C、D 等每一个新的目的地一定也拥有类似大小的路由表。

最终，端点维护路由表变得非常困难。因此，端点将这种簿记和查找工作交给网络本身去做。在图 18-5 的最后一部分中，目的地不再试图维护自己的路由表副本。如果网络负责查找和路由工作，那么每个端点只需要知道自己的 IP 地址和它想要联系的任何其他端点的 IP 地址。现在，网络负责处理将 IP 地址转化为网络路径所需要的一切工作。

我们可以看到这种端点安排的吸引力。但网络为什么愿意承

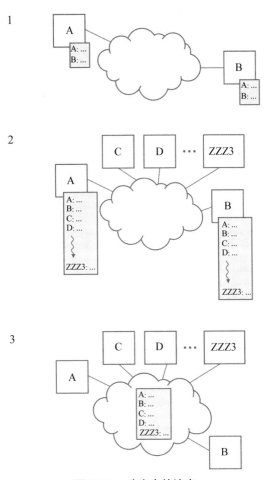

图 18-5　路由表的演变

担路由工作呢？网络可以利用端点无法使用的技巧。网络可以作为一个逻辑实体运行路由共享视图，同时只维护总体路由表在不同位置的相关部分。这种碎片化或联邦式的路由表维护方式比每个端点维护不同表格更加高效。实际上，随着网络规模、复杂性和波动性的增长，这种网络技巧的优势也会随之增长。

动态主机配置协议

在一个简单的路由视图中，每个设备都需要知道自己的 IP 地址并将其提供给网络。由于这些 IP 地址在制造时并没有植入每个设备，这意味着在某个时候，某人需要将 IP 地址一致地分配给网络上的所有设备。手工分配这些地址很麻烦，常常会导致错误，尤其是当两个不同的设备被意外赋予了相同的 IP 地址时。我们还有更好的方法吗？

是的，我们可以避免许多这类问题，至少是对于客户端端点而言。前面说过，客户端会开启对于服务器的连接。客户端端点通常是用户的移动设备或笔记本电脑，而服务器为这些客户端提供某种服务。客户端和服务器在 IP 地址的使用上有一个重要的区别。客户端需要通过某种方式知道服务器的 IP 地址，以便开启对话（进行网络版本的打招呼）。通常，客户端通过存储在域名系统中的名称寻找这些服务器，就像我们在介绍浏览机制时说过的那样（第 14 章）。

与之相比，服务器不需要寻找客户端。服务器只需要安静等待客户端的请求服务，每个来自客户端的请求已经包含了客户端的 IP 地址。所以，服务器的 IP 地址可能需要相对稳定和相对为人熟知（以便让客户端向服务器发送请求），但任何客户端的 IP 地址都可以临时分配，前提是它与其他客户端不发生冲突。

由谁分配 IP 地址？通常，分配由请求者最近的路由器进行。（在这里，网络专业人士可能会坚持认为，地址分配其实是一种专门服务，与传送网络消息无关——这是正确的。不过，在大多数情况下，这种服务看上去就像是路由器的一部分工作。）设备和路由器通过另一种协议进行对话，这种协议叫作动态主机配置协议（Dynamic Host Configuration Protocol，DHCP）。当成功的 DHCP 对话结束时，设备和路由器对于设备的新 IP 地址以及这种分配的生效时间段达成一致。在这段时间结束后，路由器会收回 IP 地址——路由器其实是在有限的时间内将 IP 地址"租"给设备，而不是让设备"拥有"地址。这种租赁协议就是为什么你有时可以通过重新启动或重置设备的网络服务修复网络问题：你的设备超出了本地地址分配的时间窗口，但获取一个"新"地址可以使你重新进入协议框架之中。

广　告

现在我们知道，每个路由器都知道与之相连的所有端点的 IP 地址。每个端点都可以提供其他端点的、由 IP 地址指定的路由消息。我们可以看到这种消息交换是如何在一台和端点直接相连的路由器上工作的，但我们还没有进行更多解释。所以，就目前来说，使用 IP 并没有改进我们已经拥有的方法。在以太网中，我们已经有能力让路由器在本地连接端点之间发送消息。但我们如何扩展或修改这种方法，使路由器在没有连接至同一路由器的端点之间发送消息呢？

一般的解决方案是，路由器彼此共享寻址信息。第一步是考虑路由器只共享它们的本地连接地址。我们之前看到，每个端点向其（单一）本地路由器宣布其（单一）IP 地址。我们可以让每个路由器进行多地址版本的地址宣传操作，我们称之为广告。就像端点与本地路由器存在某种物理连接一样，每个路由器与另一个路由器也存在某种连接，就像电话线一样。（在互联网早期，这些连接的确是一种电话线。现在，它们是数字数据线——但它们仍然常常是由电话公司提供。）

路由器不是只宣传一个 IP 地址，而是宣传其本地连接端点的所有 IP 地址。它会将这种广告发送至与之直接相邻的所有路由器——即与之只相隔一个连接的路由器。

让我们将蓝盒和红盒连接的路由器称为"吾之路由器"。这个名字只是为了便于解释，任何网络操作都不需要路由器拥有名字。当吾之路由器与另一台路由器通话时，它不需要麻烦地指出蓝盒和红盒与哪个插口相连——这对其他路由器来说不是有用的信息。它需要宣传的是，它知道如何将消息传送到 IP 地址 3782 和 2901。任何其他需要将消息传送到这两个地址的路由器都会知道，它需要将其发送给吾之路由器。

更长的路由

这种广告方案极大地提高了网络的灵活性，但它还没有为我们提供一个正确的解决方案。我们的第一个 IP 路由机制只能让我们与同一个路由器上的其他端点通信——我们可以称之为"相隔一个路由器"。根据这里的第二种机制，路由器会宣传与之直接相连的端点。这种安排意味着端点可以与连接至不同路由器的其他端点通信——前提是这个路由器与我们的路由器直接相连。所以，我们现在知道如何与"相隔两个路由器"的一方通信。不过，当两个端点之间存在三个或更多路由器时，我们的本地路由器就不知道如何连接这个端点了。

幸运的是，它不需要太多的时间就能得到正确的解决方案。对于发送者和接收者来说，被宣传的 IP 地址是否与宣传它的路由器直接相连并不那么重要。

在我们的例子中，我们知道吾之路由器与红盒和蓝盒直接相连。现在，假设我们将蓝盒（IP 地址为 3782）移至一个不同的路由器（我们称之为汝之路由器）。这并不意味着吾之路由器不再宣传它知道如何将消息传送至 IP 地址 3782。只要吾之路由器仍然知道如何处理这种消息，它仍然可以宣传它知道如何将消息传送至 3782。

当然，吾之路由器在收到通往 3782 的消息时需要改变行为。

当蓝盒与吾之路由器直接相连时，吾之路由器会将3782的消息发往插口1。当蓝盒移到汝之路由器时，吾之路由器会将3782的消息发送到汝之路由器。但吾之路由器的宣传不需要改变。

另外，蓝盒也可能移动到另一个路由器上。吾之路由器可能会发现这种改变，此时它会更新路由表，使3782的消息被发送到另一个路由器。或者，吾之路由器也可能只了解汝之路由器知道如何将消息传递到3782，此时它会继续将3782的消息传给汝之路由器，而汝之路由器又需要将其发送到另一个路由器。你可能已经从这个小例子中看出一些棘手的问题，比如如何避免环路。我们对此不作详述，你只需要知道，这是计算专业人士赚取酬劳的另一个领域。

扩 展

虽然这个简单的方案允许两个相隔任意数量路由器的端点相互连接，但是它在较大规模上工作的效果并不好。正如我们目前总结的那样，每个路由器需要向其他路由器提供它所知道的所有具体地址的列表，即使这个地址只是间接通道。这将导致两个问题。首先，地址的数量太多了。其次，大多数可用路径都不是很好。

需要考虑的地址有多少呢？为了回答这个问题，我们首先注意到有两种不同类型的IP地址。"老"式地址叫作IPv4（IP协议第4版），"新"式地址叫作IPv6（IP协议第6版……是的，没有 IPv5）。

人们普遍认为，老式 IPv4 的地址不够用，这是人们逐渐转向 IPv6 的一个主要原因。即便如此，IPv4 的地址仍然有大约 40 亿个。我们目前描绘的方案意味着每个网络设备需要发送这几十亿个地址的所有更新。这也许是可行的，但这似乎不是一个很聪明的方法。然后，当我们查看较新的 IPv6 地址时，我们会发现它的规模是惊人的。你不仅可以分配几十亿个 IPv6 地址，而且由于地址足够多，这几十亿个地址中的每一个都可以和所在群体中的几十亿个设备通信……而且还会有剩余地址！从某些方面来说，这是一个很好的功能，因为它意味着我们不太可能遇到 IPv6 地址不够用的问题——但它也意味着路由器在更新管理方面必须更加智能。

IP 地址表示法

在我们前面的讨论中，IPv4 地址似乎只是一个整数。不过，更常见的做法是将其看作一个 4 字节的序列。一个字节由 8 个比特组成，可以表示从 0 到 255 的数字。因此，IPv4 地址的 4 个字节中的每个字节可以是 0 到 255 之间的任意值。IPv4 地址的字节由圆点分隔，因此最小的 IPv4 地址是 0.0.0.0。类似地，最大的 IPv4 地址是 255.255.255.255。这种书写方式并不会改变地址的含义或值。这有点像把电话号码 6175551212 写成 617-555-1212，后者更容易理解。当你拨打电话时，你向电话网络提供的号码是相同的，我们只是以不同的方式观看和呈现它。

我们可以用这种表示法写出单个端点的 IP 地址。如果我们想要写出两个不同端点的地址呢？一种解决方案是直接写出两个不同的地址，比如上面的 0.0.0.0 和 255.255.255.255。不过，如果我们把自己限定在相邻的地址群中，即顺序号码，我们就可以使用另一种技巧。

我们的方法与打印多页文档的一部分时使用的方法是相同的。我们可以列出多个单独的页码，比如"3，7，22"，也可以使用页码范围，比如"7-22"。页码范围有一个很好的性质，那就是不管我们谈论的页数是多还是少，指定页码的规格大小都是相同的。例如，页码范围"1002-1003"和页码范围"1002-5003"在这句话中的长度是相同的，尽管第二个范围指示的页数比第一个范围多几千页。

我们可以用指示相邻页的序列的方式指示一系列相邻地址。不过，我们不是列出起始和终止页码，而是提供 IP 地址和子网掩码——这种表示法指示了 IP 地址的多少位比特必须与提供的值完全相同。子网掩码表示法的奇特之处在于，它混合了 IP 地址的两种不同思考方式。像"192.163.7.1"这样的隔点表示法将一个 IP 地址的 32 位比特表示成 4 个十进制数，每个数表示 4 个 8 比特字节中的一个。像"/31"这样带有斜线的子网掩码也是十进制数，但它指的是二进制表示形式。要想理解"/31"的真正含义，我们不能将 31 应用到隔点地址中的某个数字上，比如 192 或 7。相反，我们需要考虑将地址"192.163.7.1"写成 32 位比特：

11000000.10100011.00000111.00000001

（这里的隔点只是为了方便阅读）

子网掩码 /31 意味着左边的 31 位比特保持固定，其余比特（这里只有 1 位比特）可以变化。类似地，子网掩码 /8 意味着左边 8 位比特保持固定，其他 24 位比特可以变化。还是那句话，这可能有点难懂——但它起到的效果和在文档中指定"7-22"的页码范围是相同的，只不过它所在的领域是网络地址而已。

最简单的例子是不会有人真正使用的，但是为了理解这种表示法，我们还是应该加以说明。如果我们写下 255.255.255.255/32，这和 255.255.255.255 是相同的——也就是说，这是所有 4 个字节均具有最大值的 IP 地址。末尾的 /32 说明所有 32 位比特必须完全匹配。

如果我们将子网掩码改成 /31，会发生什么呢？这意味着只有前 31 位比特需要完全匹配。所以，255.255.255.255/31 意味着两个地址：255.255.255.254 和 255.255.255.255。

我们并不是只能在最大的 IP 地址上进行这种操作。例如，192.128.7.0/31 也是一对地址，一个是 192.128.7.0，一个是 192.128.7.1。如果我们使用下一个较小的子网掩码，我们表示的地址数量就会加倍。所以，192.128.7.0/30 表示 4 个地址：

192.128.7.0

192.128.7.1

192.128.7.2

192.128.7.3

类似地，192.128.7.0/24 是从 192.128.7.0 到 192.128.7.255 的 256 个地址。

总结和过滤

路由器不是分享每个细节，而是对其路由信息进行总结。它不是发送每个 IP 地址的信息，而是将这些地址归并成子网。子网是用我们刚刚介绍的子网掩码表示法来指定的。子网中的所有 IP 地址具有"相似路由"，至少在抵达广告中将它们总结在一起的路由器之前是这样。

总结意味着路由器可以用少量的信息宣传大量的相邻地址。这是网络能够管理许多路由信息的一个原因。此外，路由器不是必须宣传它所知道的一切。所以，路由器不只是在总结，它们还会过滤它们的路由信息。路由器也许能够抵达某个目的地，但是如果它不想接收和处理这个目的地的业务量，那么它可能并不想宣传这种能力。此外，如果这个路由器知道的不是最佳路径，那么它对目的地的宣传也许是没有好处的。

分布式管理

现在，我们对于网络的大规模路由有了一些了解。下一个问题是，路由表的管理不是中心式管理。我们可以想象，如果我们集中管理路由表，会发生什么呢？我们需要收集所有网络设备的宣传，将它们全部拼凑在一起，形成某种全局路由表，然后分发相关表段。遗憾的是，我们会发现，随着网路的增大，新路线的计算会变得越来越慢。

实际上，路由计算是在路由器上分布式进行的。每个路由器根据本地知识和从邻居那里获得的知识制订本地决策。这些本地决策决定了路由器对于接收到的业务量的处理，并且决定了它与邻居分享哪些信息。分布式计算能够以中心式计算无法实现的方式扩展。不过，制订决策时的参考信息也会少一些。每个路由器制订决策时依据的仅仅是自己的本地知识，而不是完整的全局视角。

网络地址转换（NAT）

我们最初做了一个简单的假设：每个端点拥有独一无二的IP地址。我们也提到，IPv4地址只有大约40亿个。不过，连接互联网的设备在很久以前就超过了40亿个——实际上，在2014年，连接互联网的设备数量估计在100亿左右。显然，如果总共只有 40 亿个地址，我们就不能为 100 亿个设备各提供一个不同的地址。那么，如果我们需要共享和重复使用 IP 地址，IP 通信是如何工作的呢？

解决方案是一种被称为网络地址转换（Network Address Translation, NAT）的技术。NAT 有点像转发邮件：我们可以划掉原始地址，写上新地址。不过，我们可以看到，你不能仅仅划掉 32 位比特地址，然后写上新的 32 位比特地址，因为这样无法解决 32 比特地址只能对应于 40 亿个不同目的地的问题。

重要的是，每个端点处都有一种"子寻址"（副寻址）。两个 IP 地址之间存在连接，但这不是寻址的全部。除了 IP 地址，连接的每个端点处还有一个端口号。端口是一个整数，仅用于区分每个端点处的连接。我们之前在解释浏览机制时提到过端口（第 14 章），但我们现在考察的是端口的更一般的用法。一般来说，当两个相同的 IP 地址（比如爱丽丝和鲍勃）之间有两个或多个连接时，我们用端口确保两个端点不会因区分哪个消息属于哪个连接而产生混乱。

如果我们只想区分连接，只需要对两边的端口号进行递增，以确保它们与其他连接不同。这可能意味着从爱丽丝到鲍勃的第一个连接在发送者方面被标记为"Alice:0"（爱丽丝的 IP 地址，端口 0），从爱丽丝到鲍勃的第二个连接被标记为"Alice:1"（仍然是爱丽丝的 IP 地址，但端口号现在是 1），一旦有了这种安排，我们就不需要担心鲍勃这边会混淆两个连接了，因为虽然它们的源头具有相同的 IP 地址，但鲍勃可以根据 IP 和端口的组合区分不同的连接。

实际的端口分配规则比这个例子稍微复杂一些，但也不是特别复杂。通常，开启连接的一方（客户端）会选择本地唯一的客户端口号。同时，客户端也会为连接的另一端选择端口号，这个数字指示了它所希望的服务种类。例如，端口 80 通常表示"我希望网络服务器做出回复"。

建立连接以后，每个数据包有四个不同的寻址信息项。其中两项与数据包的源头（发送者）有关，另外两项与数据包的目的地（接收者）有关。这四个项目（源地址、源端口、目的地地址、目的地端口）有时叫作四元组（见图 18-6）。

网络地址转换的技巧在于，即使我们局限于旧式的 IPv4 方案，IP 地址也不是（只有）32 位比特空间。对话的每一端都可以通过 32 位比特 IP 地址和 32 位比特端口的组合识别。32 位比特只能表示 40 亿个不同的地址，但每增加一个比特，这个数字都会倍增（我们在第 6 章皇帝和棋盘的故事中看到了连续倍增的威力）。我们之前提到过，64 位比特的地址空间非常大。所以，如果我们愿意做一些簿记工作，就可以以方便的边界在四元组之

| 源地址 | 源端口 | 目的地地址 | 目的地端口 |

图 18-6　四元组

间进行转换，从而使用更大的地址空间。

在 IP 网络中，具有相同四元组的消息会被相同处理。如果网络中有多个具有相同四元组的消息，那么它们一定是通信双方单一逻辑信息流的不同部分。网络地址转换的机制是将业务量从使用一个四元组转换成使用另一个四元组，同时又不至于和正在使用的其他四元组发生意外冲突。

要想有效使用网络地址转换，我们通常需要区分公有 IP 地址和私有 IP 地址。公有 IP 地址必须具有全局唯一性，不能重复使用，但私有 IP 地址只在组织内部可见，可以被多个不同组织重复使用。当私有 IP 地址与组织外部相连接时，其连接会使用公有 IP 地址。从私有地址向外发出的业务量会被转换成公有 IP 地址和端口。相应地，这个公有 IP 地址和端口向内传入的业务量会被转换回私有地址和端口。

路由失效

从路由失效的角度来看，互连的最后一层最容易理解。路由失效真的是一个问题吗？是的。在早期的网络研究中，一个著名的问题就是在路由器部分失效时发生的。每个路由器会维护一张用于制订路由决策的成本表。遗憾的是，某个路由器的硬件出现了非常奇特的失效，其成本表的内容似乎总是零。本地路由表的错误（全零）信息意味着这个路由器拥有抵达其他所有已知目的地的错误（全零）成本。

当这个路由器向邻居宣传这种零成本信息时，邻居会相应地更新它们的路由表。接着，问题路由器的邻居又将这种信息转发给它们的邻居。很快，整个网络都知道，这个有缺陷的路由器是通往每个网络目的地的最佳路由。当然，其他每个路由器都会将其所有业务量发送给这个路由器，这是一个不幸的结果。另一个必然又不幸的结果是，有缺陷的路由器由于过载而"崩溃"，因此所有人的业务量都无法抵达目的地。如果有缺陷的路由器保持停机状态，即遵循简单的失效停止模式，网络就会恢复。不过，这不是失效停止模式，而是拜占庭失效的生动而现实的案例。路由器重新启动，然后再次尝试参与和邻居的路由协议。它再次宣传自己拥有通往所有地点的零成本路线。一台路由器的一次简单失效意味着整个网络无法传送任何业务量。只有当问题路由器被识别并关闭时，网络服务才能够恢复。

虽然这种奇特的网络失效是一个不同寻常的案例，但它指出了构建网络的下一层次的挑战。到目前为止，我们一直假设路由是分布而同质的，但整个互联网不仅是由不同的本地网络技术组成，而且是由不同的路由技术组成。因此，我们刚刚描述的那种路由失效通常只会影响互联网的一部分，而不是同时影响整个互联网。虽然互联网是一个极为复杂的系统，而且部分系统不断出现失效，但是不太可能出现所有人都无法使用网络服务的全网范围的失效。互联网的结构其实是由自主网络组成的联邦，我们接下来将会研究这种结构。

不同路由的互连

观察一个特定的单一网络内部，我们会发现，这个网络的所有路由器都在参与同一类型的计算。观察完全不同的另一个网络内部，我们仍然会发现，所有路由器都在参与同一类型的计算。不过，如果将这两个网络放在一起观察，我们通常会发现，一个网络中的路由器与另一个网络中的路由器表现完全不同。要建立一个互联网，我们不仅需要在使用不同的本地网络技术的网络之间架设桥梁，还需要在使用不同类型路由的网络之间架设桥梁。和本地网络技术类似，我们不能指望不同的路由机制直接对话。相反，我们需要拥有特殊的设备，它们知道如何与双方"交谈"（见图 18-7）。

如果将这两个网络看成带有围栏的田地，那么用两个不同界面面对两个不同网络的路由器就是大门。以这种方式运行的路由器有时被称为网关，以区别于普通的路由器。

虽然这个解决方案的概念很简单，但在实践中它是昂贵而复

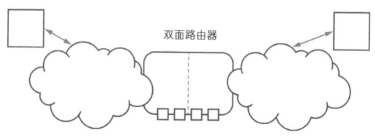

图 18-7　使用不同的路由机制连接网络

杂的。实际上，这和我们前面在不同的本地网络技术之间进行有效通信时遇到的问题基本相同。对于本地网络技术的互连，我们认为建立一系列的双向网关是愚蠢的。相反，我们会建立一个单一的一致的桥接格式。在以太网和"其他网络"等本地网络技术中，这个桥接格式是 IP。类似地，当我们想对具有不同路由方式的网络进行互连时，我们让它们通过一个一致的桥接层进行通信。我们已经看到，IP 是一个在本地网络技术之间架设桥梁的公共层。类似地，我们现在希望拥有一个在路由技术之间架设桥梁的公共层。如果愿意，你可以将这个公共层看成某种"跨互联网协议"。

不同路由方式的 IP 网络之间的公共层叫作边界网关协议（Border Gateway Protocol，BGP）。一个 IP 网络可能包含大量的节点和不同的本地网络技术，遍布世界各地。但从边界网关协议的角度看，如果整个网络运行于某种单一共享路由计算之上，那么它就是一个实体。在边界网关协议中，这种单一实体叫作自主系统（Autonomous System，AS）。边界网关协议定义了一个自主系统如何与另一个自主系统共享路由信息。每个自主系统由一个唯一的数字确定，对此你可能不会感到惊讶。例如，麻省理工学院的一个网络是 3 号自主系统，微软控制的一个网络是 3598 号自主系统，苹果公司控制的一个网络是 714 号自主系统，等等。序号分配没有规则，它们完全是按照各组织的申请顺序分配的。图 18-8 显示了一个包含三个自主系统的网络。

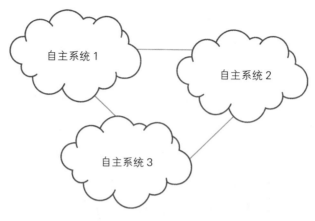

图 18-8　三个互连的自主系统

　　自主系统会宣传它能抵达的端点，这与路由器宣传自己能抵达的端点基本类似。不过，和路由器的路由宣传相比，边界网关协议宣传包含的信息通常要少得多，因为这种宣传会将整个网络总结成单一实体。

　　在自主系统内部，路由器只能与同级路由器密切合作，不能自由选择自己的行为，否则路由计算就会变得不可靠。相比之下，每个自主系统可以选择与另一个自主系统的交流程度。这就是自主系统中"自主"一词的由来——边界网关协议是可以出于纯经济或政治原因做出选择的网络层次，不需要其他实体的合作或同意。

　　在边界网关协议层面上，宣传内容与商业考量有关。为了理解这类问题，你应该记住三项一般的指导原则：

1. 网络通常乐于接收通往或来自付费客户的业务量。

2. 网络通常愿意接收通往或来自其他网络的具有类似业务量水平的业务量。

3. 网络通常不愿意为其他某个网络的客户传送大量业务量。

网络通常会调整它们宣传的信息，以及信息的宣传对象，以反映这些原则。

自主系统的边界如何确定？一个自主系统可以遍布全球（跨国网络提供商，比如某家大型电信公司），也可以只由实验室里的少数几台机器组成。如果某个网络与自主系统中的其他网络共享控制和路由政策，那么它就属于这个自主系统。相应地，如果某个网络的控制和（或）路由政策与某个自主系统不同，那么它就不属于这个自主系统。

就像我们担心 IP 地址可能会耗尽一样，我们可能也会担心自主系统编号不够用。幸运的是，和 IP 地址类似，自主系统编号存在公有和私有的区别，这很有用。公有自主系统编号是全局可见的，并且得到了仔细分配，而私有自主系统编号则可以在许多不同私有网络中重复使用，因为它们在更广泛的（公用）互联网上是不可见的。

因此，看似简单的网络云至少有三个不同层次的标准化格式和协议。在短距离上，以太网等本地网络技术允许设备之间发送消息——即使某个设备从一个插口拔出并插入另一插口。在长距离和不同的本地网络技术之间，IP 支持与物理距离和本地网络细节无关的消息发送。最后，边界网关协议允许多个自主 IP 网络合作（或者相互忽略），尽管它们的路由算法、商业目标或政策存在差异。

第 19 章　再谈浏览

在第 14 章中，我们描述了网络服务是如何回应请求的。不过，我们在这种描述中做了一个简化的假设：我们假设网络服务只用一台服务器回应所有的请求。任何广泛使用的服务（比如谷歌搜索）使用的都不是这种结构，原因主要有两点：

1. 来自世界各地的请求数量远远超出了任何一台计算机的处理能力。

2. 即使我们奇迹般地拥有一台足够快的机器，我们也更愿意使用多台计算机，以便拥有容错能力。

我们希望用一台不可阻挡的单一大型服务器取代之前假设的单一服务器。我们的可用材料是大量独立失效的真实（小型）服务器。这些服务器可以放置在不同的专业设施中——即之前提到的数据中心。和不同的服务器类似，我们希望不同的数据中心的失效是独立的。

我们知道将需要多个服务器，但是要如何组织呢？有三个重要策略：

1. 在一个位置使用具有等效功能的服务器的多个副本。
2. 在一个位置使用具有不同功能的服务器的多个层次。
3. 将得到的多副本、多层次的服务器复制到多个不同的地理位置。

喷洒请求

第一步是在一组服务器之间分配请求，这些服务器都可以提供必要的服务。这种分配有时叫作"喷洒"请求。一台"前端"服务器负责喷洒业务量，就像它是唯一的服务器一样。

在图 19-1 中，所有发出搜索请求的客户端都在左边。我们

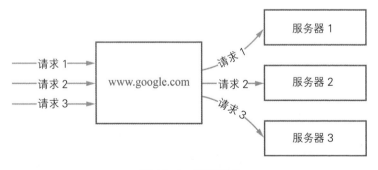

图 19-1　喷洒请求

看不到客户端，只能看到它们的一些请求——标记为请求 1、请求 2 和请求 3。所有客户端都与前端服务器交流，这台服务器在图中标记为 www.google.com。这台服务器看上去为它们提供了所有的服务。客户端不知道的是，前端服务器会维护真正的"后端"服务器列表。在图中，这些服务器被标记为服务器 1、服务器 2 和服务器 3。前端服务器将其接收到的每个请求都转发给某个后端服务器。前端服务器充当了传递业务量的交换节点，但它从未尝试对请求做任何有意义的工作。

由于前端服务器接触业务量只是为了转发，因此某个后端服务器必须完成任何特定请求所需要的所有实际工作。当后端服务器得到结果时，它将结果发送给客户端。通常，当后端服务器发送这种信息时，它看上去就像是由前端服务器生成的一样。

有一些专用系统用于完成前端业务量的分配任务。这种专用系统叫作内容转换器、负载均衡器或应用传送控制器——它们基本上是同一种事物，只是名称不同而已。有时，这种专用系统包含特殊的硬件。更多时候，它只是运行在普通服务器上的专用软件。

不管使用什么设备或软件，效果都是类似的：后端服务器仿佛构成了更大、更强、更能容错的单一服务器。这台虚拟服务器的能力比任何单一服务器都要强大。当我们之前考察虚拟内存和虚拟机时（第 11 章），它们的"魔力"来自执行步骤的机械极快的原始速度。这个速度可以足够快地重新安排有限的资源，使之

第 19 章　再谈浏览　313

看上去是无限的，至少比真实情况要多得多。在某些方面，虚拟服务器涉及的机制恰恰相反。我们不是试图使有限的资源看上去更多，而是试图让大量服务器看上去像单一服务器一样。

让我们停下来考虑一下到目前为止已经解决和没有解决的问题。这种安排使我们可以建立一个由多个服务器组成的"团队"，每个服务器都可以取代另一个。比起将请求喷洒到一个服务器，现在将请求喷洒到多个服务器，我们可以处理更多的请求。不过，当某个后端服务器开始处理某个请求时，我们仍然会受到其失效的影响。这台服务器可能根本无法给出答案。或者，它的失效可能对其他请求产生不良影响。例如，这台服务器可能在锁定某个共享数据时失效（想想第 9 章的锁）。或者，这台服务器可能在只做了部分更改的过程中失效，使共享数据失去一致性。所以，在服务器之间喷洒业务量是不够的。我们还需要通过某种途径确保在某个复杂过程中失效的活动不会留下混乱。

幸运的是，这种机制是存在的，叫作"交易"。交易是对数据做出"全有或全无式"更改的有力方法。如果失效是在一组更改的中途发生，你就可以利用交易机制记录的信息撤销或重复更改，以恢复到一致状态。交易本身是一个迷人的主题，但是对非专业人士来说，重要的是，交易提供了合适的选择逆转性或时间旅行，它们允许在失效时自动取消复杂的部分更改。

如果我们关心的不是将数据弄乱的部分失效，而是前端服务器的完全失效呢？根据前面的描述，我们提高了系统能力，但我们仍然会受到某个组成部分失效的影响。我们似乎应该拥有多个前端服务器，但我们需要在业务量分配上做一些不同的事情。如果只是放上另一个前端服务器来在多个前端服务器之间喷洒请求，这显然不会带来任何改进。我们将在本章稍后解决这个问题。首先，我们要考虑提高多个服务器能力的另一种方式。

层　级

我们知道，我们想要打造一个在能力和恢复力方面比单一服务器更强大的网络服务。将多个服务器组织成看上去像单一服务器只是第一步。在打造大型服务时，我们还可以使用更多技巧。

我们可以考虑将服务划分成不同阶段（见图 19-2）。

我们将一个典型的应用程序划分成了三种不同的活动类型。左边是与网络客户端交互所需要的工作：维护与客户端的对话，在网络词汇与应用数据结构之间转换。中间是确定如何处理特定请求的工作。这项工作可能很简单，也可能需要大量计算。右边是与各种存储数据交互的工作。对于典型的应用程序，这种"三层"框架效果很好——尽管它并不总是正确的选择。

图 19-2　用户和存储数据之间的三个层级

要想真正利用多层结构，我们不能只考虑像上面那样的应用程序的逻辑划分。相反，我们是用多个服务器实现每个单独的层级。在一个层级内部中，所有服务器可以提供相同的功能。所以，在一个层级内部中，我们使用哪个服务器并不重要。因此，可以调整一个层级的服务器数量，以匹配这个层级的需求，这与其他层级的要求无关。

下图将简单的三层结构从三个阶段的逻辑视角替换成了分层服务器的物理视角，每层有多个服务器。

图 19-3 中所有三个层级都包含多个服务器，但这些层级具有不同的大小。每列的方框表示一个层级里的服务器。在这个特定例子中，网络层的服务器最多，应用程序层的服务器最少。这只是一个例子——没有任何特定的规则规定它们的相对大小。

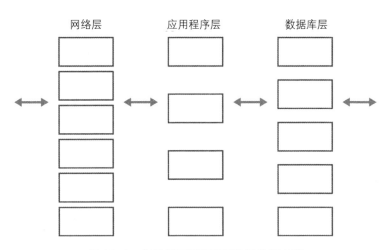

图 19-3　每层都可能有不同数量的服务器

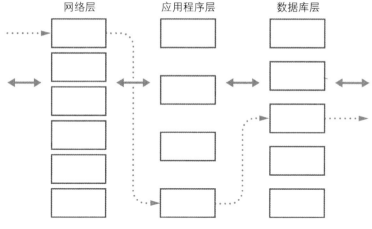

网络层　　　　　应用程序层　　　　数据库层

图 19-4　一个请求可能拥有复杂的路径

一个层级的服务器数量是由这个层级的工作负荷决定的。

这张图使用了和之前图 19-3 中连接三个逻辑阶段的相同的简单箭头。不过，一个更准确的图将会更复杂，箭头也会更多。每个层级内的业务量平衡与其他层级的行为可能是独立的。如果我们考虑一个穿过服务器的单个请求的路径（见图 19-4），那么这个请求完全有可能在每个层级中由位置完全不同的服务器处理。

正如图 19-4 的虚线箭头所示，网络层顶部的服务器处理请求，然后将其传送给应用程序层底部的服务器，后者又将其传送给数据库层中部的服务器。

地理分布

我们首先看到了如何在服务器之间喷洒业务量，然后看到了如何用层级将处理过程划分成不同阶段。这是在多个机器之间分散工作任务的两种方法。通过分散工作任务，我们可以构建高性能、高恢复力的多服务器系统。

我们还可以添加第三种因素。我们可以从地理上划分这些服务器，而不是把它们都放在同一区域。即使我们只关心容错，在一个数据中心放一些服务器、在另一个数据中心放一些类似服务器通常也是有用的。根据之前关于分隔的思考（第 12 章），我们知道，我们不想仅仅为了距离而拥有距离。但一些地理距离可以帮助系统抵抗地震或飓风等当地自然灾害。要想通过地理多样性获得恢复力，有两个要求。首先，这两个数据中心必须拥有足够的独立性，即使一处出现某种灾难性失效，另一处也可以继续运转。其次，每个数据中心的服务器必须能够在另一个数据中心不可用时提供类似的服务。

恢复力是在地理位置上分散服务器的唯一原因吗？不，至少还有两个附加原因：法规和速度。

让我们首先考虑法规。有时，法律要求将某些类型的信息保存在一个国家，将其他类型的信息保存在另一个国家。例如，关于德国顾客的信息可能必须存储在德国，而关于法国顾客的信息可能必须存储在法国。所以，服务器的一些地理分布主要是由法律法规的原因驱动的。

下面，让我们考虑速度。服务器的地理分布有时是由性能要求驱动的。我们在第 12 章说过，对于一些长距离的交互，光速不是很快。如果某个应用程序有很高的性能要求，其用户又分散在世界各地，那么服务器的分散也很重要——不是为了使它们单独失效，或者使之位于特定的国家，而是为了让它们更接近用户。

在图 19-5 中，显示了来自全球的各种请求与加利福尼亚单一地点的服务进行交互。值得注意的是箭头的长度以及数据中心附近的线条密度。

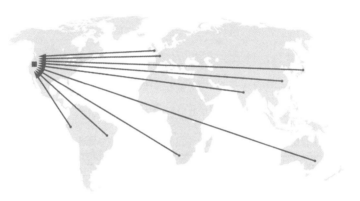

图 19-5　从单一地点为全球客户服务

与之相比，图 19-6 接收了完全相同的业务量，但却将其发送给了三个数据中心——一个中心仍然在加利福尼亚，另外还有两个中心分别位于伦敦和中国。许多长线条大为缩短，这很可能会为发出这些请求的用户带来更好的性能。现在，这个全球服务对于影响加利福尼亚数据中心的灾难有了更强的抵抗力。

这种地理分布通常是通过巧妙使用域名系统实现的。我们曾

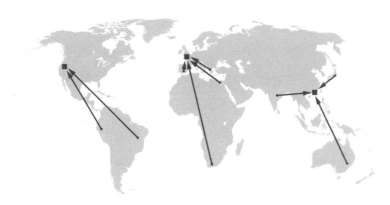

图 19-6　从多个地点为全球客户服务

在第 14 章讨论过域名系统。在域名系统中，我们不需要为每个查找某个名字的客户提供完全相同的答案。所以，我们可以将来自世界不同地区的客户请求发往不同的服务器。此外，同样的技巧也可以解决我们在本章前面看到的问题，即我们拥有多个后端服务器，但是还想拥有多个前端服务器。对于单一数据中心，我们不关心地理分布，但我们仍然可以用域名系统分散业务量。你可能会想，如果我们能用域名系统分散业务量，为什么还要在本章前面引入那些前端服务器呢？实际上，在可能的业务量控制水平方面，域名系统的巧妙使用比使用前端服务器要差很多。所以，只有在没有更好的办法时，我们才会选择用域名系统完成这项任务。

　　一些专家建立了自己的服务器网络，用于为广泛分布的客户服务。他们建立的网络叫作内容分发网络（Content Delivery

Network，CDN）。有时，运行这种网络的公司也被称为内容分发网络。内容分发网络的业务其实是以"时隙"的形式向不同的应用程序出租部分或全部服务器。如果将应用程序安置在许多不同的服务器上对你有利，但是亲自建立和运行所有这些服务器又没有经济效益，那么你可以考虑使用内容分发网络。

总而言之：构建像谷歌搜索这样的大规模网络服务可能涉及服务器的地理分布。这种地理分布的部分原因是为了提高容错能力，但它也可能存在与法律和系统性能有关的原因。

云计算和大数据

所有这些服务器端的结构技巧都无法被浏览器看到。从客户端的角度看，所有这些复杂性都是隐藏的。和我们之前的描述相比，客户端的活动并没有发生变化。客户端（仍然）只需要将统一资源定位符转化成实体并显示出来。服务器端可能用存在地理分布的多个物理服务器组织成了一个逻辑服务器，并且（或者）将服务器组织成了不同层级——但客户端不需要或者不希望知道这种结构。

由于客户端不会受到实现结构的影响，因此多服务器系统的规模具有很大的调整空间。如果要求很高，你可以添加更多服务器，以提高性能，但成本也会增加。如果要求不高，你可以取消部分服务器，以降低成本，但性能也会降低。当我们利用这种灵活性时，我们可以使用"云计算"一词。我们之前介绍过网络云，它可以让我们忽略消息是如何从一个端点传输到另一个端点的。现在，甚至一些端点也被拉进了云，从可以识别的机器转变成了计算服务。在云计算中，计算和存储的供应被视为一种计量公共设施，就像电和天然气一样。在这种计量模式中，你需要多少就使用多少。你对于底层机械没有所有权，只是在租用它们而已。

你和你的家庭可能既不知道也不关心如何发电。同样，典型的云计算用户在很大程度上也并不关心计算的具体物理实现。相反，云计算用户用一个或多个虚拟机执行计算，同时确定需要使用的计算和存储空间。云计算供应商分配和回收虚拟机使用的服务器和存储器，以回应这些要求。

作为一种构建灵活的大规模服务的方式，云计算本身就很有趣。此外，在大多数大数据技术的使用中，云计算方法也是一个重要组成部分。在这些大数据方法中，大量的计算能力被短暂地用于大量数据，以生成之前无法获取的有用思想。支持大数据的关键改变主要来自经济，而不是技术：云计算支持了大量计算资源的短期出租。

在考虑汽车和交通工具的使用时，我们会看到类似的情况。如果我们有一辆车，我们可以在12天中的每一天将它借给不同的朋友。但如果12个朋友同一天到来，比如想要出席一个特别的活动，那么我们的一辆车就不会起到太大作用。如果能在12个朋友进城的同一天租给他们12辆不同的汽车，那就太好了。

同时取悦 12 个朋友可能是一件很有吸引力的事情，但是如果我们局限于一辆汽车，我们就无法做到这一点。

类似地，同时使用大量计算能力来快速得出结果是很有用的，它与长时间使用较小的计算能力得出结果的成本可能是相同的。大数据技术的吸引力主要集中在云计算所能实现的这种重新安排上：你可以用几乎相同的成本更快地得到结果。

第四部分　防御进程

第 20 章　攻击者

在本书前两部分中，我们考虑了计算机系统是如何工作的。接着，在第三部分中，我们考虑了计算机系统是如何失效的。在知道失效无法避免以后，我们研究了通过引入冗余资源容忍失效的方法。通过对这些资源的恰当安排，我们可以确保系统在偶尔失效时继续工作。

在本书最后一部分中，我们将考虑与蓄意攻击有关的问题和解决方案。我们之前关注的是"自然"失效——即完美组件是不可能创造出来的——现在，我们关注"人工"失效，它是由试图摧毁健康系统的攻击者造成的。本章着眼于蓄意攻击的性质。后面几章阐述一些得到确认的问题——软件的严重脆弱性以及密码的重要作用。然后，我们将几条线索结合在一起，解释比特币系统是如何运转的。

防御概述

无论是从经济还是哲学的角度看，防御攻击都远远没有前面的话题那样令人满意。当我们考虑系统的正常运转或者系统在预期失效模式中的运转时，我们可以对系统的预期成本和行为做出有用的陈述。不过，我们的分析受限于一种默认脚注："前提是没有无法预料的可怕进展。"当我们关注正常运转或者容忍正常失效时，如果系统运行良好，我们仍然可以将其看作（某种）成功，除非出现完全无法预料的异常而奇怪的情况。与之相比，当我们转而关注攻击和蓄意不良行为时，我们实际上是将上述脚注当成我们的主要关注点。所以，这个问题具有双重性：

1. 我们并不能预测每一次可能发动的攻击。

2. 即使我们可以通过某种方式预测每一次攻击，我们通常也没有资源防御每一次攻击。

在某些方面，我们可以将其看作角斗士在罗马竞技场中面临的局面。我们可以选择武器和盔甲，可以训练自己，但我们无法做到无懈可击。过多的武器和过多的盔甲会使我们变得沉重而移动缓慢，但速度和灵活性意味着需要放弃我们非常想要选择的保护（包括武器和盔甲）。

我们必然处于一个不舒适的位置上，只能被迫接受那些我们可以防御的攻击，同时承认我们无法防御其他方式的攻击。我们还需要承认，我们的最终目标不是完美的安全性。如果盗贼下了决心，那么大多数房屋都不保险。房主通常的目标不是将盗窃风险降到零，而是降到可以接受的低风险水平。门锁、照明、警觉的邻居和警察巡逻等机制都可以促使盗贼在其他地方寻找更容易下手的房屋。正如一则老笑话所说，你不需要跑得比熊快——你只需要超过附近的其他潜在受害者。

病　毒

为什么会有行为不当的程序？有时，不当行为是一个无意的缺陷。我们之前说过，编写正确的程序是很难的（第5章）。不过，人们有时会故意让程序做出不当行为。这种程序可能"正确"实现了编写者的目标，尽管从普通用户的角度看它不是具有正当行为的程序。

病毒就是一种故意做出不当行为的程序。病毒的主要目的是自我传播，其次是取得其他效果。一些病毒极具破坏性，可以清除数据，或者使计算机无法使用；另一些病毒基本没有其他效果，只会以异于正常程序的方式存在和传播。令人担忧的是，即使看似无害的病毒也可能在稍后遇到触发条件或者接收到触发信号时从事破坏性的活动（你可能会想到第5章提到的奇怪而难以预测的"爆炸程序"）。

和生物病毒类似，卫生是对抗计算机病毒的一种重要防御手段。在这里，卫生指的是避免接触未知程序，尤其是未知程序的执行。进一步说，你需要知道哪些行为会执行程序，并且避免这些行为，除非你真的想要执行某个程序。对于非专业人士的挑战是，许多看似无辜的行为——点击链接、打开邮件——都可能启动程序，有时甚至没有任何可见的迹象或警告。

许多常见的病毒会将受感染的计算机当成兼职奴隶，在需要时让它们执行计算和网络任务。这样一组被征用的机器叫作僵尸网络，常被罪犯和破坏者用于实施大规模攻击，这种攻击很难对抗和追踪。这意味着防病毒卫生的好处不仅包括对个人机器的保护，还包括对其他人机器的保护。即使潜伏在你的机器中的一些病毒不会为你带来问题，它也可能会为其他人带来问题。如果你保持适当的防病毒卫生，不在无意中参与秘密犯罪活动，你周围的用户就会从中受益。

病毒及其"生态"——卫生习惯、防病毒工具等——在个人计算机的使用上似乎是一件很奇怪的事情。我们的生活中存在许多其他类型的电子设备，其中许多涉及一些软件——但我们通常不会为这些设备的病毒或防病毒保护而操心。病毒问题从何而来？它能否消除？

单用途与多用途

我们应该区分单用途设备和多用途设备，因为脆弱性很多都源自多用途设备的性质。个人计算机是一种通用机器。每个不同的应用程序会使计算机产生不同的行为。通过在不同的程序之间切换，我们可以实现几十种专用设备的效果。实际上，我们不仅可以拥有多个程序，还可以让程序以复杂的方式影响其他程序。

有一些程序可以创建其他程序，比如被称为编译器的编程语言转换器（我们稍后将更多地介绍编译器，参见第 22 章）。有一些程序可以修改其他程序，比如连接器，它可以将不同的组件结合成更大的新程序，并根据需要解决连接问题。另一个这样的程序叫作调试器，它可以将"钩子"插入程序，用来跟踪这个程序的执行流程，以便了解该程序在做什么。最后，我们已经了解到（第 7、10、11 章）操作系统是控制或切换其他程序的程序。你很容易认为所有这些程序或程序交互都是理所当然的，但是如果机械只接受单一程序或一小组固定程序，那么它们就很难实现了。

如果多用途设备支持多操作系统，它就会具有额外的脆弱性。在计算机正常运行中，操作系统负责决定接下来运行什么程序——但操作系统本身也是一种程序。操作系统不能是开启操作系统的机制，因为此时操作系统还没有运行。那么，操作系统是如何启动的呢？通常，有一个叫作引导加载程序，其作用有点像内燃机的起动电机。起动电机负责让发动机运行起来，然后结束自己的任务。类似地，引导加载程序负责让操作系统运行起来，然后不再做更多事情。引导加载程序只知道如何将操作系统载入计算机，然后将控制权交给操作系统。接着，操作系统开始加载更多的服务和应用程序。

关于对抗病毒，部分问题在于操作系统直到运行以后才能掌控信任和安全性。如果病毒能够影响引导加载程序，或者影响引导加载程序使用的数据，那么操作系统怎么防御病毒都没有用——因为病毒在操作系统运行之前就会获得控制权。

计算机科学家常常用代码一词表示"用于充当程序的数据"。通用机器之所以强大，部分原因在于它有能力读取或构建普通的被动数据，然后将其解释成活跃代码。特别是，一个程序可以抓取其他人生成的"数据"块并执行它。这正是引导加载程序所做的事情，也是操作系统所做的事情。新执行的程序可能会让我们的计算机去做一些远远超出我们能力和想象的事情。将被动数据转换成活跃代码是一种强大的能力，但它具有两面性。系统向其他人编写的所有优秀、精彩的程序开放也意味着向其他人编写的所有可怕、糟糕的程序开放。

可扩展性和病毒

在早些时候，我们无须担心电视机或其他电子设备里的病毒。这里的区别并不只是因为现代设备使用了更多软件。即使较早的设备通过软件控制自己的功能，它们也没有太大的可扩展性。每个电子设备用于相对狭窄的用途，不会尝试充当通用计算机的角色。它们涉及的软件只是一种实现"材料"，就像硅晶片或铜线一样。因此，在过去，电视和音响没有可以下载和运行的"应用程序"。

由于多用途设备固有的风险，只要可行，坚持使用单用途设备通常是明智的。例如，一些供应商在销售各种用于企业计算的网络"电器"时，每一种电器都被宣传为单用途设备。一种电器可以提供某种文件存储，另一种电器可以提供某种网络业务量过滤，第三种电器可以在多个服务器之间"喷洒"业务量（就像我们前面在第 19 章中看到的那样）。虽然这些设备被称为"电器"，但它们并不像冰箱或烤箱那种电器——从一开始就是为了单一用途设计的。相反，这些网络"电器"其实是运行在普通个人计算机上的软件——其硬件和我们可以买到的硬件相同，不是奇特且不同寻常的东西。我们之前说过，个人计算机属于多用途设备。它没有特定功能，但它可以根据程序完成各种任务。

原则上，建立在个人计算机硬件上的网络电器如果包装成装载在个人计算机上的软件，那么它就可以像个人计算机那样运行。所有相关功能都存于软件中。不过，将硬件和软件放在一起销售是有价值的。当软件和硬件被捆绑成电器时，制造商可以修改个人计算机上的操作系统，以匹配电器的用途，从而降低脆弱性。例如，制造商可以取消在个人计算机上加载新程序的功能。这种限制保护了电器的主要功能：运行在相同硬件上的行为不当的"邻居"程序再也不能干扰主程序了，因为这种邻居根本不存在！同样，制造商还可以禁用通用通信机制，这种机制可能成为病毒的攻击途径，但它并不是电器主要功能所必需的。

将软件包装成"电器"是通过消除通用性和可编程性降低脆

弱性的一个例子。我们还可以看到让设备变得"智能"的相反趋势——更具灵活性和可编程性，更多定制，可下载的应用程序，等等——当设备更具可编程性时，它更容易受到病毒和其他蓄意不当行为的影响。我们无法完全消除这种风险，除非同时消除它的好处。一种可能是直接取消或禁用可编程性。另一种可能是允许可编程性，但只能通过受信看门人进行。不管怎样，安全性的提高都是以降低灵活性为代价的。

预防病毒

我们的大多数单用途设备不是已经转化成电器的个人计算机。相反，它们是像简单电视机或计算器这样的设备，只是为了一个目的而设计和制造的。这种单用途电子设备在离厂以后通常不允许将数据转化成进程。如果它允许这种转化，那么它通常只有一个严格控制的更新机制。与之相比，个人计算机的关键就是成为支持各种有用程序的引擎，其中大多数程序是生产和销售个人计算机的人无法预料的。对于通用个人计算机使用类似的狭隘的"更新"机制会大大降低它的价值，尽管这种限制可能也会降低机器的脆弱性。

我们是否无法拥有远离病毒的系统？不，但它可能是不切实际的。程序员知道，我们可以设计一个非常小的正确程序。但编写没有错误的大型程序是很难的，因为它很容易超出程序员的认知极限（第 5 章）。这些认知极限似乎是人类固有的。我们可以利用一些技术编写出超越这些认知极限的软件，但是这很昂贵。除了在失效时可能致命的系统，这方面的提高通常是不经济的。

我们可以设计一个正确的小程序。同样，我们也可以拥有一个支持数据正确转换成进程的小型系统。困难在于要将这种系统保持在较小规模上。原则上，每个用户都可以编写他们刚好需要的应用程序和操作系统，不附带任何额外功能。不过，这与我们实际生活的世界区别很大。每个人都将成为程序员，每个人都需要从头构建自己的软件环境。没有共同的计算环境，也没有共享程序的理由。因此，这个世界不会有病毒问题。不过，我们所有人都需要为构建和维护自己的个人软件做许多工作——这个问题可能比病毒更严重。

和生成正确软件的第一个副本的代价相比，生成后续的副本几乎是没有成本的。前面说过，软件是无形的，我们有时甚至难以确定它是否真实（第 1 章）。软件的"制造"和其他商品的制造完全不同。实际上，软件供应商经常面临的问题是，生成无须付款的软件副本太容易了。一份关于软件和信息业的激进分析报告认为，在财产和贸易观念应用于软件时，需要重新思考这些观念。毕竟，如果我能在没有任何损失的情况下把我的软件提供给你，那么这并不是常规的交换。在更加典型的（非软件）环境中，把我的物品销售给你意味着它现在为你所有，而不是为我所有。

由于生成正确软件的第一个副本很昂贵，但随后的复制非常便宜，因此有很强的经济力量反对每个人独自编写系统。这些经济力量促使我们进入另一个世界。在这里，通用功能只有少数不同的实现。在实践中，许多用户共享操作系统和应用程序要经济得多。

检测病毒

我们现在知道，如果我们拥有多用途（可扩展，可编程）系统，那么它很容易受到病毒攻击。既然我们无法预防所有病毒，我们能否检测病毒呢？我们能否建立某种具有可靠性保证的病毒检测器？不一定。还是那句话，我们也许可以在很小的规模上解决这个问题，但是无法在大规模上或者针对一般情况解决这个问题。

判断一个给定程序是否存在不当行为的问题是我们之前研究过的终止问题的另一种形式（第6章）。最狭义的终止问题是，在某些情况下，我们无法用一个程序预测另一个程序的行为。现在，从哲学角度看，你应该注意到，这种限制可能没有意义。存在一些无法预测的程序并不意味着我们所关心的程序不能得到正确处理。也许，所有相关程序都可以成功得到分析，理论上的限制对于我们寻找问题的能力完全没有影响。这里的哲学论述类似于指出蓝莓可能致癌，但达到可能致癌的最低剂量需要连续20年只吃蓝莓。可能的致癌影响也许仍然是有趣的信息，但它不太可能对我们的生活产生实际影响。

但在现实中，终止问题是一个重要的指导方针。它之所以重要，不是因为我们可以确定相关程序的特征，而是因为我们处于对抗局面中。我们试图寻找病毒，而攻击者（编写病毒的人）希望隐藏病毒，不让我们发现。如果病毒编写者很聪明，他们就会利用他们能找到的任何入口。终止问题的存在意味着病毒编写者几乎一定拥有可以利用的开放通道。这里的基本理论是，不管好人多么努力工作，他们都会忽略一些事情。

总结一下，出现病毒问题的原因是：

1. 我们的计算机通常是可编程的。
2. 我们使用的软件不是我们亲自编写的。
3. 任何信任机制都不是百分之百可靠的。

如果我们使用没有通用可编程性的设备——比如没有升级或扩展能力的单用途设备——我们就可以减少或消除感染病毒的可能。如果我们准备亲自编写所有软件，包括所有编程工具，我们也可以完全消除感染病毒的可能。不过，只要我们相信另一个人的软件，我们就很难确定软件里面有什么。即使看似无辜的软件工具也可能具有破坏性，我们将在下一章进一步探讨这一点。

第 21 章　汤普森入侵

肯·汤普森（Ken Thompson）是一位著名的计算机科学家，拥有许多成就。我们之所以关注他，主要是因为他让世界知道了软件系统的信任问题。他的成就之一是与其他人一起发明了备受欢迎和极具影响力的 Unix 操作系统。1983 年，这项工作为他赢得了图灵奖，该奖项通常被称为"计算机科学界的诺贝尔奖"。这与我们的故事似乎没有太大关系，但这也正是事情的有趣之处。

在他的图灵奖获奖感言中，汤普森透露，他故意在 Unix 中创建了一个漏洞——他建立了一个被计算机科学家称为"后门"的秘密机制。具体来说，根据汤普森的设计，他可以登录任何 Unix 系统。他对世界上的每一个 Unix 系统都拥有这项特权，尽管系统管理员不会看到他登录的任何迹象——例如，他不会出现在任何授权用户列表中。此外，汤普森还把后门设计得非常隐蔽。在不知道这项具体技巧的情况下——我们将在本章讨论这项技巧——即使是最仔细的检查也不太可能发现这个后门。

汤普森发表讲话时的场面一定很奇怪。当大人物们聚在一起颁发一个重要年度奖项时，即使是像计算机科学这样的新兴领域，人们也会预料到这是一场无聊的活动。几个人会站起来讲话，观众会发出几轮礼貌的掌声，奖项会被颁发，记者会拍照，然后人们各自回家。观众一定不会预料到他们会听到新的信息，而且一定不会预料听到一个对于边缘罪行的暧昧承认。但这正是他们在那一次图灵奖颁奖典礼上听到的事情。

虽然汤普森在他的图灵奖感言中没有用"入侵"一词指代他的设计，但是这种机制现在通常被称为"汤普森入侵"或"肯·汤普森入侵"，缩写为 KTH。这里的"入侵"一词既有积极含义，又有消极含义。在工程师中，"入侵"常常是褒义词，表示独创的技巧。在媒体上，"入侵"通常是贬义词，表示对计算机系统完整性的入侵。汤普森描述的入侵同时包括这两层含义。如果你对它有了恰当的理解，它会令你大开眼界（根据我的经验，就连许多计算机专业人士也没有真正理解它的意义）。

高级语言转换

为了理解汤普森使用的机制，我们必须知道编程的两个方面，它们在实践中很重要，但是还没有在我们对计算机科学概念的讨论中出现。

1．计算机硬件执行的步骤很小、很简单。它们极其细微，具有重复性。要想完成任何有意义的工作，计算机需要执行大量步骤。因此，它们很难和人类的认知能力匹配。人类通常不是在由微小步骤和机制组成的机器水平上工作，而是用高级语言编程，这些语言更加舒适，可以用更少、更复杂的操作表达计算。

2．操作系统可以——而且通常是——用这些高级语言写成的。

汤普森入侵巧妙地利用了计算领域的这两个特点。

在我们进一步讨论之前，应该考虑一个高级语言和真正被执行的机器代码的具体例子。一个非常简单的例子是我们之前谈论程序片段时写过的那种东西，比如：

$$y \leftarrow x+1$$

这个式子很容易理解：一个名为 y 的事物将被更新，其结果是 x 的值加 1。不过，机器上可用的指令不允许出现 x 和 y 这样的抽象变量名称。虽然机器指令允许我们将某个值加一并存储在某个地方，但使用这些指令时需要持续关注具体细节，比如每个变量的具体存放位置。机器指令无法谈论 x 和 y，它需要指定具体的内存地址。

用机器指令工作就像用全球唯一的身份号码而不是人名来指代人一样麻烦。我们不是向简（Jane）介绍约翰（John），而是向 937-01-3874 介绍 492-93-2901。随后，我们还需要继续使用这些号码，而且不能出错。

　　更糟糕的是，机器的加法运算只能应用于被称为寄存器的特别位置。所以，我们不仅需要用一长串号码表示的具体位置谈论抽象值，而且需要将事物移入和移出这些特别的寄存器。仍以约翰和简为例，我们不仅需要向 937-01-3874 介绍 492-93-2901，而且需要首先将每个用序号表示的人送到特定的房间，然后才能进行引见。在介绍两人相互认识之后，由于这种可用房间数量有限，因此我们需要将两个人送回之前的位置。

　　在所有这些运送和簿记工作结束后，我们完成了哪些工作呢？仅仅是两个数字相加而已。这似乎有点烦琐。

　　高级语言的优势在于，它允许程序员编写简单的内容，这类似于他们思考计算的方式。然后，这些高级表述被转换成完成实际工作所需要的一切数字、移动和簿记。但有一个关键是，在最初编写的程序被计算机执行之前，"人类友好型"编程语言必须转换成"机器友好型"指令。

汤普森入侵：简单版本

　　现在，回到汤普森的图灵演讲上。他的入侵有两个要素。我们首先确定这种入侵的具体要素，然后提取一般原则。

Unix 操作系统是用 C 编程语言编写的。计算机不能直接运行 C 程序。相反，这些程序需要转换成更简单的机器指令。这个过程很像我们概括表达式"$y \leftarrow x+1$"的过程。

将 C 语言转换成机器指令的程序本身就是用 C 语言写成的，它会被转换成机器指令，然后被执行。它被称为 cc（意为"C 编译器"）。在本章中，我们对"编译器"和"转换器"两个词语不作区分。计算专业人士可能会死抠字眼，指出不是所有转换器都是编译器。但这种区别对我们的讨论并不重要。

图 21-1 显示了编译器 cc 是如何处理一个简单程序的。实际上，我们这里只是引入了一张图，以匹配我们之前提到的将 C 语言版本转化成机器代码版本的需要。你还可以注意到，C 编译器本身就是机器代码，计算机必须执行这个代码，以进行转换。

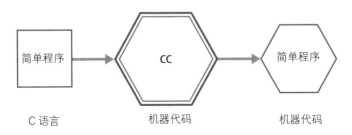

图 21-1　编译器 cc 对普通程序进行转换

接下来，图 21-2 显示了 cc 是如何进行自我转换的。被执行的 cc（中间，粗线）提取用 C 语言写成的 cc 版本（左边），生成用机器代码写成的 cc 版本（右边）。

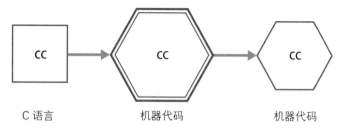

C 语言　　　　　机器代码　　　　　机器代码

图 21-2　编译器 cc 进行自我转换

汤普森入侵的一个要素是一个高级语言由程序用相同的高级语言进行转换。另一个要素是，操作系统也是用相同的高级语言写成的。操作系统本身就是一个程序——尽管是一种特殊程序——和其他高级语言程序类似，它必须先被转换成机器指令，然后才能执行。

由于操作系统也是 C 程序，因此它拥有类似的图（见图 21-3）。

在我们不关心汤普森入侵的一般情况下，操作系统和 cc 的关系没有什么特别之处。不过，我们之前说过，汤普森入侵在 Unix 操作系统中隐藏了一个可以使他登录的"后门"。我们将会

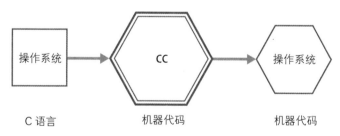

C 语言　　　　　机器代码　　　　　机器代码

图 21-3　编译器 cc 对操作系统进行转换

看到，C 编译器就是这种攻击的一部分。

我们首先讨论简化版本的攻击。在这个版本中，我们要更改 C 编译器（cc），使之可以检测自己何时转换某个程序。这个被检测的程序就是操作系统。对我们来说，转换器如何进行这种检测并不重要——在操作系统这类相对较大的稳定程序中，转换器几乎一定可以找到将其识别出来的独特特征。重要的是，当转换器发现它在转换操作系统时，它会以一种特殊的方式运行。

让我们将修改后的（淘气的）转换器称为"黑 C"，简称 HC。我们可以像之前使用 cc 一样使用 HC。现在，我们不会过多地考虑 HC 的自我转换，尽管这一点在稍后会变得很重要。我们主要想强调，我们可以修改 C 编译器，使之做一些淘气的事情。特别是，当 HC 转换操作系统时，会发生一些有趣的事情（见图 21-4）。

当 HC 转换操作系统时，它不会直接转换。相反，它首先（通过某种方式）检测到这个输入是操作系统。然后，它（通过

图 21-4 编译器 HC 对操作系统进行淘气的转换

某种方式）插入后门。具体地说，当它看到操作系统的相关部分时，它不仅会进行正常的转换，还会插入额外的机器指令，使汤普森可以用他的名字和密码登录。

我们还没有真正解释检测和改写是如何发生的，我们也不会做更详细的论述。对我们来说，这些具体原理并不重要，我们只要知道它们能够发生就可以了。这里的中心点是，操作系统的编写和执行之间存在一个转换步骤，这种转换可以被创造性破坏。

我们将在下一节看到，完整版本的入侵更加复杂。不过，即使对于这个简单版本的入侵，也有一个重要的安全问题。你无法通过阅读 C 版本看到操作系统的后门。C 版本中没有后门——后门是从 C 到机器指令的转换过程中插入的。

不过，攻击者通过修改 cc 建立 HC，这意味着防御者可以阅读 HC 的 C 版本，以寻找异常行为。在 HC 的某个地方，有一个部分大致是这样的：

如果（修改操作系统）则插入后门

原始 cc 中没有这样的内容。所以，防御者可以检测系统的 C 编译器，寻找这种不同寻常的行为。防御者可以寻找和移除修改操作系统的相关指令，将 HC 重新转变成 cc。

汤普森入侵：真实版本

将后门攻击放入转换器，而不是直接放入操作系统的做法使之更难被发现。重复这一技巧可以生成非常邪恶的攻击，这就是汤普森入侵的真实版本。

这个改进版本中存在另一个被修改的转换器，叫作"双黑C"，简称"H2C"。和它的前身 HC 类似，H2C 的大多数功能和 cc 相同，我们可以显示它在转换后"生成自身"的图（见图 21-5）。

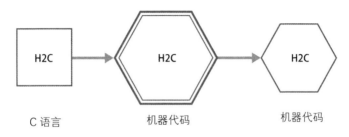

图 21-5　编译器 H2C 的自我转换

和它的前身 HC 类似，H2C 可以检测自己何时转换操作系统，并且插入后门。这个新版本更有趣的地方在于，它还会检测自己何时转换转换器，即没有被黑的原始编译器 cc。

所以，转换器 H2C 可以检测到原始编译器 cc 正在被转换，并且插入"插入后门"的指令，正如转换器可以检测到操作系统正在被转换，并且插入后门（见图 21-6）。

换句话说，H2C 可以检测自己何时被要求转换 C 编译器 cc

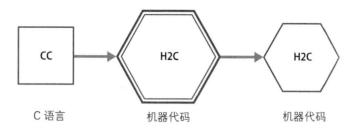

图 21-6 编译器 H2C 对 cc 进行淘气的转换

的某个版本。用户希望 H2C 对于输入能够直接生成一个机器指令版本。但 H2C 生成的却是自己的机器指令版本。它实际上将用户要求转换的转换器程序替换成了自己。

无形攻击

这有点烧脑，所以让我们暂时停下来，考虑一下它的含义。我们后退一步，来到 H2C 被转换成机器指令版本的地方。在那之后，它可以将暗中进行改写的部分从 H2C 的 C 版本中移除！攻击者在 C 程序中不再需要这段代码了，因为被破坏的转换器可以将其插入。

虽然黑掉转换器的技巧并没有出现在转换器的 C 版本中，但是每次转换器被转换时，创建被黑转换器的功能都会发挥作用。即使你对你所使用的转换器产生怀疑，用看似正确的 C 版本重新转换出一个转换器，你得到的输出仍然是被黑掉的版本。

如何摆脱这种入侵？当它进入转换器时，它就像无法轻易消灭的传染病一样。我们还没有怎么谈论转换器是如何检测自己何时应该使用这种技巧的。根据它的检测方式，我们可以愚弄它，或者彻底地更改程序，使之不再触发这种技巧。不过，任何重建转换器和操作系统的正常过程现在都会被彻底腐蚀。只有根本改变才有可能消除这种入侵。除非有人不厌其烦地从干净的程序开始一点一点重建——计算机科学家称之为通过源代码自举——否则无论如何改变转换器，植入攻击的技巧几乎都会留在转换器中。

如果我们维护多个独立的 C 编译器，也许可以提高检测到这个问题的可能性。通过仔细比较编译器自我转换和转换完全不同的编译器时发生的事情，我们可以看到这种后门插入技巧的迹象。遗憾的是，这种方法很昂贵，在大多数情况下可能不适用，其原因与我们之前考虑多版本软件时发现的问题是相同的（第16章）。

评估危险

为什么汤普森入侵如此危险？我们可以根据后门或其他攻击的"麻烦等级"对问题进行非正式的分析。我们首先考虑一个没有后门、正确运转的系统。

- 第一级攻击只是将后门直接放入操作系统。这就产生了一个漏洞，但它很容易在操作系统程序中看出来。
- 第二级攻击是用转换器将后门插入操作系统。它所造成的漏洞在操作系统中是不可见的，但是仍然可以在转换器程序中看出来。

- 第三级攻击是用转换器将插入后门的指令插入转换器本身。它所造成的漏洞在操作系统和转换器中都是不可见的。

所有这些关于程序转换其他程序和在其他程序中插入指令的瞎折腾有什么意义？它有助于描绘我们在数字世界中的能力范围的另一个极限。我们在第 5 章中指出，由于程序的庞大规模、复杂性以及众多状态，我们很难确保程序正确运行。我们现在可以看到，问题不仅在于程序可能含有影响其功能的错误，它还可能拥有精心隐藏的机制，这些机制会以无法检测的方式搞破坏。虽然我们很想通过各种机制对抗不受信任的代码，但在某些方面，使用其他人的软件与信任他们是不可分割的。

汤普森入侵的破坏形式不限于软件，它的影响可能发生在任何接入软件的系统中。在现代世界，几乎任何复杂的设备都会接入软件。例如，现代计算机执行步骤的机械是用复杂的软件设计工具制造的。因此，利用这些思想的攻击者可以将无法检测的元素植入这些设计工具。然后，这些破坏元素可以将行为不良的组件插入正在设计的硬件中。同样，硬件的检查或分析工具也可以被破坏。被破坏的硬件可能会对它所执行的一切指令实施这类入侵，使人们几乎无法避免负面结果，只能替换硬件。这件事的后果很严重：你不能相信任何事情，除非它是你从头到尾亲自搭建的——而这是不切实际的。所以，从现实意义上说，我们所有人一直暴露在我们无法真正信任的系统中。

第 22 章　秘密

到目前为止，在所有关于加强信任的讨论中，我们都假设问题是局部的。当我们处理一台执行步骤的机器时，可以根据机器的一些物理实现建立信任机制。例如，我们描述了中断导致特定的（本地）受信中断处理代码得到执行的方式（第 10 章）。我们还可以将受信程序载入计算机（本地）存储器的某个部分，这样就可以非常仔细地检查那些尝试写入这个受信区域的行为。我们仍然无法避免所有攻击——例如，我们提到了病毒（第 20 章）和汤普森入侵（第 21 章）等问题——但是当一切位于本地时，我们至少很容易区分有特权的操作系统和没有特权的普通应用程序。

我们在第 12 章中了解到，分布式系统在功能、正确性、性能和容错能力方面会带来新的问题。所以，对于分布式系统带来的信任问题，你应该不会感到吃惊了。在分布式系统的世界里，没有与特权地址或特权内存区段相对应的事物。相反，我们拥有按距离分隔的不同实体，它们自主运行，仅仅用消息通信。

任何一个消息中都有用来识别不同通信机器的数字（网络地址）。你很容易认为，这些网络寻址数字类似于在一台机器中确定不同存储位置的内存寻址数字——这种想法是错误的！两者的区别在于，网络地址很容易伪造。正像在网络消息中接收到的那样，每个网络地址只是另一种数据而已。你无法阻止流氓计算机伪造这些网络地址。所以，即使你认为某台特定的机器是我们唯一可以信任的、为我们提供特殊命令的机器，我们也完全无法阻止攻击者伪装成这台特定的机器。因此，如果攻击者试图伪造一个特定的内存地址，就会导致本地操作系统的内存保护中断（第 10 章）。

在一台机器内部，硬件可以规定地址的含义，防止某些类型的误用。操作系统不需要向它所支持的程序证明自己的身份和特权，因为它控制着它所在的物理机器的各个方面。（正像我们在第 11 章中提到的那样，这种完全控制权是编写虚拟机监视器的挑战之一。）相比之下，网络消息完全无法阻止地址信息的误用或滥用。接收消息的操作系统无法控制发送者的任何操作。任何机器都可以根据意愿构造任何消息，包括用于欺骗接收者的故意欺诈和伪造。

前面说过，每个远程通信方都是自主的。即使我们的本地机器是安全的，远程机器也可能会被攻击者破坏或控制。远程通信方距离遥远——因此不能像本地机器那样接受物理控制和检查。由于自主性和距离，接收者无法依靠本地操作系统或物理硬件建立信任关系。相反，分布式系统的信任机制取决于两个部分：

1. 接收者需要确保接收到的消息来自特定发送方，而不是冒充者。

2. 接收者需要确保特定发送方的确是它想要信任的发送方。

你应该记住，这两个部分都很重要，每个部分本身无法单独解决另一个问题：

- 如果消息不会受到拦截或篡改，但是我们不知道我们是否在与正确的一方通信，那么我们很容易与攻击者直接建立高质量信道。
- 如果我们非常相信与我们通信的是正确的一方，但我们的消息会受到拦截或篡改，那么攻击者很容易篡改对话。

保密是解决方案

既然我们无法依赖硬件机制，那么如何在分布式系统中执行某种信任呢？在分布式系统中，信任取决于保密。我们可以确定一个消息的确来自正确的发送方，但它们需要包含一些只有你和他们才知道的信息。

发送者和接收者都是防御者。发送者试图在面对攻击者时向接收者发送消息。如果下面三个条件成立，防御者就可以成功：

1. 接收者接收到发送者的消息。
2. 接收者对于消息的理解和发送者相同。
3. 攻击者不理解消息（可能是因为攻击者从未见过它）。

每当上述一个或多个条件不成立时，防御者都会失败。所以，如果接收者从未得到消息，或者接收者由于攻击者的破坏得到的消息版本和发送者不同，或者攻击者可以阅读并理解消息，防御者都会失败。

发送者最初生成的消息和接收者最终看到的消息叫作明文。在任何人进行任何"保密工作"之前，明文是消息的最初形式。在所有转换执行完以后，明文也是消息的最终形式。和明文相比，受保护的隐蔽形式的消息叫作密文。

攻击者、防御者、明文和密文这些术语可以使我们更详细地谈论一些保护信息的不同方式。

为了支持保密，我们希望通过某种途径找到对攻击者来说很昂贵、对防御者来说很便宜的问题。幸运的是，有许多不同种类的问题找到解很困难，但检查一个可能的解却很容易。

例如，如果我们有大量的城市选项和它们之间的距离的数据，那么很难想出通过所有城市的最短路线——有这么多选项，正确选项又不是显而易见的。但如果我们拥有当前"最优"解，那么检查新提出的某个解是否更好是很容易的：我们只需要检查新的解是否路程更短，是否仍然通过所有城市。

保密机制也是同样的逻辑。攻击者需要做许多工作（理想情况下是不可行的大量工作）——就像寻找最短路线的例子一样。同时，防御者只需要做相对较少的工作——比如检查新的可能路线。

隐写术

我们考虑的第一种可能是防御者暗中将信息本身隐藏起来的情形。在这种安排下，防御者（发送者和接收者）试图隐藏他们的角色以及密文的存在。发送者可能会在物理上隐藏消息，或者将其嵌入其他看上去更加无辜的信息中。所有这些互动被称为隐写术，即"隐式书写"。

隐藏信息意味着什么？考虑一下通过垃圾邮件秘密传递消息的可能性。大多数家庭每天都会收到邮寄物品，包括信件和账单，以及各种广告或宣传。这些都是为了引起人们的注意，但它们常常被忽略或丢弃。垃圾邮件本身是一个可见信息的载体，尽管人们认为它们的信息没有太大价值（"垃圾"一词由此而来），但要考虑邮政服务通过垃圾邮件秘密传递数字信息的可能。人们很容易提供或扣留一些垃圾邮件，使其与传递的数字相对应，从而每天传递 0 到 5 之间的数字。当然，这个例子带来了一个关于传输内容的问题，但它的确传达了将信息隐藏在另一种通信机制中的本质。

这种隐藏方法有两个主要缺陷。一个问题是，它取决于防御者是否拥有共同的理解。所以，它不适用于之前从未见面的防御者，不能方便地适应需要改变方案的情形（也许是因为攻击者发现了原方案）。另一个问题是，隐藏意味着数据率很低。你需要传递的信息越多，就越难隐藏它们的存在。这类似于老派间谍在使用微缩照片时可能遇到的问题。微粒照片是图像信息的显微照相微缩版。间谍隐藏一个含有少量计划的微粒照片也许很容易，比如将其隐藏在邮票或者戒指珠宝下面。但如果你想要传送一整部百科全书，包含 500 颗微粒照片，那么就很难不被发现了。

密码术

和隐藏信息的存在相比，另一个极端是使用某种为人熟知的技术模糊消息内容。在这种方法中，攻击者很容易获取密文，但是它的形式很难分辨。这种方法的专业术语叫作密码术。某种"机械"可以在明文和密文之间转换，它通常是一个程序，但有时也可以是硬件和软件的组合。隐写术试图完全隐藏消息的存在，密码术则允许攻击者知道更多。除了明文本身，唯一不能让攻击者知道的事情就是用于将明文转换成密文的机密。这个驱动转换的机密叫作密钥。

通常，良好的密钥是一串随机的比特。密钥的长度由加密方案决定，较长的密钥一般对应于较强的（较难攻击的）加密。遗憾的是，具有合理质量的加密密钥长度已经远远超出了人们的记忆力（本书写作时是从 128 位到 512 位比特）。这种长度的密钥又需要某种密钥管理系统，使人们能够按照需要生成、存储和提供这些长密钥，而不需要将其写下来或者通过其他方式透露给别人。通常，密钥管理系统用人们能够记住的较短密码为密钥加密（这是对于加密的某种递归使用！）。用户用短密码发送或接收加密数据，但它们需要通过中间步骤提供更长的密钥，用于真正的加密或解密任务。

这种机制的一个缺陷是，每一个步骤和每一个新的复杂性级别都提供了另一个攻击机会。信任既涉及技术系统，又涉及人类系统。通常，攻击者不是破解了加密系统复杂的数学机制，而是直接通过盗取或猜测粗心用户的密码取得了成功。

"源于模糊的安全性"

我们说过，密码术的合理实现需要假设攻击者已经知道了加密机制的工作方式。不过，我们还应该提及另一种不太明智的实现可能：有时，人们倡导使用加密技术而不是为人熟知的技术转换消息。从直觉上看，和为人熟知的技术相比，加密技术似乎应该能够提供更好的保护。不过，这是直觉具有误导性的例子之一。虽然人们常常认为这种方法很不错，但这并不是事实。

为什么？在实践中，你很难将实现技术的知识限制在通信双方。如果许多用户共享这种实现，就更难限制这种知识了，比如广泛使用的操作系统和应用程序。在这种情况下，所谓的保密实现不太可能真正保密。相反，它很可能以最糟糕的方式被暴露出来，攻击者对其了如指掌，而防御者对其潜在的漏洞却不甚了解。

相比之下，如果防御者使用为人熟知的机制，那么需要保密的事情就很少了。实际上，只有密钥本身需要得到良好的保护。攻击者和防御者对于系统的实现具有平等的分析机会，这提高了防御者发现和修复漏洞的可能性。

使用加密实现的总体方法有时被总结成"源于模糊的安全性"。应当注意，这是一句嘲讽的口号，而不是理想的条件。如果你看到有人兜售源于模糊的安全性，请远离他们！

在本章的其余部分，我们将重点关注正确的解决方案，即为人熟知的加密系统。在这里，只有密钥才是秘密。

共享秘密和一次性密码本

如果加密消息很容易获取，加密机制又为人熟知，那么唯一可以保护数据的就是解密的成本。一般来说，防御者的唯一优势就是关于密钥的知识。攻击者很可能使用更多的计算机，他们可能也愿意花费很长时间破解某个消息。在一个正常运转的加密系统中，防御者很容易为消息加密和解密，因为他们拥有必要的密钥，但攻击者基本无法做到同样的事情。

到目前为止，我们一直假设防御者共享密钥。数千年来，密钥的共享是加密工作的必要条件。计算机时代最重要的——可能也是最惊人的——特点之一就是它导致了一种完全不同的秘密通信方式。

首先，让我们了解一下旧式秘密通信及其局限。共享秘密通信存在一个"鸡生蛋"的问题。防御者之间可以拥有非常安全的通信，但前提是他们首先能够通过某种途径建立安全通信（哦！）。

在共享秘密通信中，最好的安全性来自使用一次性密码本。你可以将一次性密码本看成记事本，每一页上印有一个密钥。通信双方最初拥有相同的一次性密码本。通信时，对于每一条新消息，他们会撕下一次性密码本最上面的一页（上面带有上次使用的密钥），然后用下面那一页上的密钥发送新消息。当然，软件实现既不会使用纸质密码本，也不会将纸撕下来。相反，"密码本"只是一系列不同密钥而已，每个密钥只用一次，随后就会被丢弃。由于没有一个密码会被重复使用，因此防御者无须担心攻击者收集加密消息并且试图寻找共同模式。攻击者不会找到任何与之前使用的密钥有关的共同模式，因为每个消息都是用不同的密钥加密的——每个密钥来自一次性密码本上的一"页"。只要防御者可以保持同步使用密钥，而且更改密钥的频率超过攻击者对于业务量的分析，这个方案基本上就是无法破解的。特别是，当密钥是真正的随机数，并且与被发送的文本长度相同时，可以证明，密码是无法破解的。

不过，一次性密码本有两个严重的问题：

1. 如果防御者不同步，通信就会失败。如果防御者丢失一次性密码本，或者不知道应该使用哪个密钥，就会出现这个问题。例如，如果你开始为消息加密，然后又改了主意，那么你应该"后退"——也许是将你撕掉的一页粘回去。如果你由于机器崩溃而没有完成消息加密，那么你很难做到这一点。

2. 这个方案不适用于从未通过其他途径建立安全连接的双方。如果防御者能够见面，他们就可以安排使用相同的密码本。这样一来，他们"只会"遇到同步问题。不过，这并不适用于相距很远、无法见面的防御者。他们可以使用其他某种秘密通信技术，但这不会像一次性密码本那样安全。

防御者不应该通过不安全的技术传输一次性密码本。如果一次性密码本的传递不够安全，它可能会被攻击者拦截。可能被攻击者知道的一次性密码本对于防御者来说几乎没有价值。

密钥交换

一项值得注意的改进是密钥交换的想法（为纪念发明者，计算机科学家称之为迪菲-赫尔曼-墨克密钥交换）。在密钥交换结束时，双方知道相同的共享秘密，但是其他所有人都不知道。就防御者和攻击者知道的事情而言，这个结果和一次性密码本一样好。但和一次性密码本相比，密码交换是通过公开交流实现的。两个防御者不需要提前建立安全信道。所以，密钥交换可以使我们部分摆脱在实现保密之前需要保密的"鸡生蛋"问题。

和密码术的大部分内容类似，密钥交换的基本机制涉及数学知识，但我们可以通过颜料混合理解其原则。混合两种颜色的颜料很容易，但从混合后的颜料分离出原始颜色成分却很难。如果我们将相同比例的三种颜色颜料混合在一起，那么混合的顺序并不重要，因为最终颜色是相同的。

假设爱丽丝拥有秘密颜色 a。相应地，鲍勃拥有秘密颜色 b。此次交换通过某种武断的方式选择了一个公共颜色 P。P 是公开可见的，攻击者是知道的。下面是从颜料混合角度描述的密钥交换原理：

1. 鲍勃和爱丽丝将自己的秘密颜色与公共颜色混合，因此爱丽丝生成了混合物（a+P），鲍勃生成了混合物（b+P）。

2. 接着，双方向对方提供混合物。这不会透露任何一方的秘密颜色，因为它只存在于混合物中。爱丽丝会拿到来自鲍勃的混合物（b+P），鲍勃会拿到来自爱丽丝的混合物（a+P）。他们各自持有包含对方秘密颜色的混合物。

3. 最后，他们将自己的秘密颜色与接收到的混合物混合在一起。爱丽丝得到（b+P+a），鲍勃得到（a+P+b）。我们知道它们是相同的混合物，因此也具有相同的颜色。爱丽丝和鲍勃现在拥有共享秘密，但他们从未透露过自己独特的秘密颜色。

即使攻击者将其在不同组合中看到的一切混合在一起，他也无法构造出共享秘密。攻击者总会拥有过多的 P。由于分离颜料很难，因此攻击者知道问题所在也没有关系。

密钥交换是一种很巧妙的技巧。遗憾的是，它无法让爱丽丝和鲍勃知道他们正在与正确一方通信。前面说过，我们并不想与攻击者建立共享秘密，而密钥交换并不能让爱丽丝知道"她的鲍勃"就是她想要联系的鲍勃。

公开密钥

一群计算机科学研究人员用两项相关的发明为保密实践带来了变革。第一项是公钥密码（第二项是密钥分配中心，我们将在下一章中详细讨论）。

公钥密码改变了密钥在秘密通信中的性质。在前面几节描述的共享秘密密码术中，密钥是保密的，只有通信双方知道。

图 22-1 显示了密钥如何在两个防御者之间进行共享秘密加密，下面是攻击者。这些系统的实际挑战是，两个防御者需要想

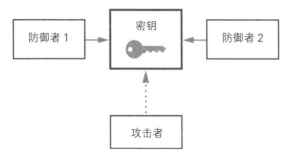

图 22-1　共享秘密密码术中的密钥

办法共享密钥，同时不让攻击者知道。虽然这件事可以做得很巧妙，但它存在一个固有问题：由于防御者需要共享密钥，因此这种共享可能会被破坏，使攻击者也能共享相同的数据。

　　公钥密码改变了密钥所需要的共享结构。在公钥密码中，密钥不再保密。相反，它是部分公开、部分保密的，保密的部分只有一方知道。

　　图 22-2 显示了完全相同的防御者和攻击者，但它使用了公开密钥系统。密钥变得更加复杂。过去有一个密钥，现在则有四个。不过，共享也变得更加容易。有两个公开密钥可以被所有人知道。防御者不关心攻击者是否拥有公开密钥。还有两个私人密钥完全没有被共享——在图中，它们被"锁"在沉重的盒子里。由于防御者无须彼此共享这些私人密钥，因此这些密钥更容易防御攻击者，攻击者更难找到它们。

　　和公开密钥系统相比，共享密钥系统的问题是，密钥必须和"唯一正确的人"共享。公开密钥系统完全避免了这个问题。在

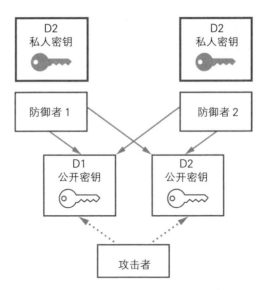

图 22-2 公开密钥系统中的密钥

公开密钥系统中，有的密钥是公开的，可以和所有人共享，有的密钥是私人的，无须和任何人共享。

不难看出，公开密钥系统中的密钥管理要更容易。不过，我们还不知道这种系统是如何工作的。密钥是以"公开或私人"的形式成对出现的。在每对密钥中，这两个部分的数学关系"易于检验，但难以生成"。别忘了，我们这里的计划是利用这种差异保护秘密，确保防御者获得容易的任务，而攻击者获得困难的任务。

乘法和因数分解

为了了解这里所涉及的数学知识，我们要考虑乘法和因数分解。这些运算是相反的（数学家称之为互逆）。每个人都在小学学过，乘法将两个或多个数字合并成一个结果。同时，因数分解将这种运算颠倒过来，将一个数字分解成两个或多个数字，这些数字可以通过乘法合并，得到最初的数字。

你可能在初等数学中学过，质数是只能分解成自身和 1 的数字。例如，2、3、5、7、11 是质数，4、6、8、9、10 不是质数。第二组数之所以不是质数，是因为 2 是 4 的因数，2 和 3 是 6 的因数，2 和 4 是 8 的因数，3 是 9 的因数，2 和 5 是 10 的因数。

现在，假设我给出一个较大的数字——比如 920,639——让你生成两个质因数。这个问题很难用手解决。大多数人无法明显看出它的因数，而尝试不同方法可能又非常烦琐。不过，如果我给你 929 和 991 这两个数字，让你检查它们是不是解，这个问题就相对容易了。你只需要执行乘法运算（929×991），并证明结果是 920,639。你可能认为这个乘法问题也不简单——但它比因数分解问题要容易得多。即使只用纸和笔，你也只需要几个简单的步骤就能把两个给定的三位数乘在一起，而确定六位数的质因数则要困难得多，需要更多步骤。实际上，乘法的结果丢弃了最初的质因数信息，这些信息很难恢复。如果你不知道质因数是什么，求解质因数就是一个困难的过程。

通过乘法传递消息

所以，乘法比因数分解要容易——那又怎样？实际上，这三个数字（929、991 和 920,639）对于保守秘密没有什么用处。在使用计算机时，要想达到一定的难度，所有的数字都需要非常大，因为计算机的算术运算速度比人要快得多。幸运的是，每当我们为一个数字增加一个比特时，这个数字可以表示的大小都会倍增——正如我们之前在棋盘故事中看到的那样（第 5 章），持续的倍增很快就会使数字变得非常大。即使数字大得令人难以理解，其原则仍然是相同的。

到目前为止，我们讨论中的一个更重要的问题是，虽然我们指出了乘法和因数分解的差异，但我们还没有解释如何在传递消息时利用这种差异。为了弥补这个缺陷，让我们描述一个通过这种方案传送消息的例子。请记住，这绝对不是真正的公开密钥方案——我们只是想让你对于信息传输中的乘法和因数分解的对比有所了解。

假设我们的"消息"是一个数字。让我们首先看看爱丽丝如何将数值 49 发送给鲍勃。为了使用信息发送方案，每个防御者都有一个小数字，而且知道大数字。假设爱丽丝的小数字是 929，鲍勃的小数字是 991。为了传输 49，爱丽丝要做乘法：$49 \times 929 = 45,521$。我们的"密文"45,521 看上去与"明文"49 很不相同。所以，从非常粗略的角度看，加密似乎很有效。

在接收端，鲍勃将收到的消息乘以 991，再将结果除以 920,639。$45,521 \times 991 = 45,111,311 / 920,639 = 49$。所以，鲍勃成功恢复了爱丽丝的消息。

现在，鲍勃想将数字 81 发回去。鲍勃通过乘法 81×991 得到 80,271。和之前一样，密文 80,271 与明文 81 差别很大，与爱丽丝之前发给鲍勃的密文也没有相似之处。

在接收端，爱丽丝（之前 49 的发送者）将接收到的消息乘以 929，再除以 920,639。80,271×929=74,571,759/920,639=81。所以，接收者再次成功恢复了发送者的消息。

观察这个交流的攻击者只能在一个方向上看到 45,521，在另一个方向上看到 80,271。他可能也知道"公开密钥"是 920,639。这些数字没有明显的联系。防御者用他们已经知道的数字进行简单的乘法和简单的除法。同时，攻击者只能通过试错猜测缺失的数字。通过使数字变大，以及使用比单次乘法更复杂的运算，防御者可以大大提高攻击者的任务难度。

这个简单的方案利用了乘法的一个便捷性质。你可能知道这个性质，但你可能对它视而不见。我们可以用 929 乘以 991，也可以用 991 乘以 929。实际上，当我们将三个数字相乘时，相乘的顺序并不重要，我们仍然会得到相同的结果。

这个因数分解和乘法的例子只是从直觉上说明了如何用"单向"函数建立加密。单向函数指的是易于执行但很难反向执行的运算。在这里，你只要知道存在正确的数学原理就够了。我们不需要亲自构造这些事情。我们只需要了解它们的存在，知道我们可以使用它们，它们并不是魔法——尽管它们的性质令人惊讶。通过公开密钥加密，我们可以利用特定数学"材料"的具体性质。

远程证明身份

我们暂时假设，我们可以通过某种方式在正确的地点得到正确的密钥。根据这种假设，公钥密码可以很好地为防御者提供容易的工作，为攻击者带来困难的工作。假设每个人都拥有正确密钥，我们研究一下公开密钥系统是如何工作的。随后，第 23 章将会解释如何在正确的地点得到密钥。

假设爱丽丝想要用公钥密码与鲍勃通信。爱丽丝和鲍勃各有一对密钥，每对密钥由一个私人密钥和一个公开密钥组成。爱丽丝保留自己的私人密钥，但她可以自由分享相应的公开密钥。同样，鲍勃从不分享他的私人密钥，但他可以自由公布相应的公开密钥。

由于我们假设可以在正确的地点得到所有的正确密钥，因此爱丽丝拥有鲍勃的公开密钥，鲍勃拥有爱丽丝的公开密钥。我们暂时忽略的主要问题是，爱丽丝如何知道她的"鲍勃公开密钥"真的是她想要与之通信的鲍勃的公开密钥。我们只是假设她通过某种方式找到了正确的密钥。同样，我们只是假设鲍勃通过某种方式拥有了爱丽丝本人正确的公开密钥。

根据这种配置，假设鲍勃收到了爱丽丝的消息，消息中称爱丽丝想要建立安全信道。鲍勃如何知道这个消息的确来自爱丽丝呢？他不可能知道，至少暂时如此。不过，鲍勃可以要求消息的发送者证明她真的是爱丽丝。怎么做到这一点呢？他可以让发送者证明自己拥有爱丽丝的私人密钥。一种方法是直接索取爱丽丝的私人密钥——但这很愚蠢，原因有两个。首先，如果爱丽丝和鲍勃分享她的私人密钥，这个密钥就不再是私人的了。其次，即使看到密钥，鲍勃也无法判断它是不是爱丽丝的私人密钥。要想验证它的确是爱丽丝的私人密钥，唯一的方法就是检查它是否与爱丽丝的公开密钥相匹配——而爱丽丝的公开密钥已经在鲍勃手中了。

也就是说，要想验证爱丽丝的身份，鲍勃的主要任务不是知道爱丽丝的私人密钥是什么，而是知道这个密钥能做什么。根据这种思想，爱丽丝显然可以通过回应鲍勃的盘问证明自己的身份。本质上，鲍勃是在说"给这个加密!"，然后爱丽丝做出回复。如果爱丽丝的回复只有爱丽丝才能构建出来，鲍勃就会知道，他在与真正的爱丽丝交流。

图 22-3 显示了交换的各个阶段。在第一部分，鲍勃向爱丽丝发送盘问口令"?"，并要求她回复加密版本。

在下一部分，爱丽丝用私人密钥在盘问口令周围构建了一个模糊的"容器"。在第三部分，她将这个加密口令回复给鲍勃。

收到加密口令后，鲍勃在第四部分进行解密。在第五部分，鲍勃对于来自爱丽丝的加密"包裹"使用爱丽丝的公开密钥。最后，鲍勃将爱丽丝的公开密钥应用于加密回复，发现它含有"?"——鲍勃知道，这是他发给爱丽丝的内容。

既然这个挑战能用爱丽丝的公开密钥解密，这说明它一定是用爱丽丝的私人密钥加密的。能够这样做的人一定是爱丽丝（至

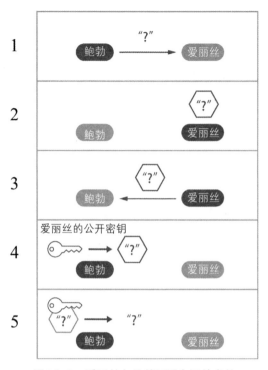

图 22-3　爱丽丝向鲍勃证明自己的身份

少根据公钥密码是这样）。

如果攻击者伊芙试图冒充爱丽丝，但没有爱丽丝的私人密钥，她就无法构建出表现正常的加密包裹。对于伊芙的假冒包裹使用爱丽丝的公开密钥，要么会得到不同于"？"的答案，要么会失败。

鲍勃应该要求爱丽丝对什么内容加密呢？它应该是攻击者无法猜测的事物。所以，随机选择一个大的数字应该是可行的。因此，鲍勃选择一个随机数，将其记住，然后发送给爱丽丝。当回复到来时，鲍勃用爱丽丝的公开密钥解密。如果解密后的值与他发给爱丽丝的值相匹配，鲍勃就可以确信对方真的是爱丽丝。由于公钥密码的数学原理，我们可以确信，做出正确回复的唯一可能途径就是使用爱丽丝的私人密钥。所以，如果鲍勃得到正确回复，这很可能意味着某个拥有爱丽丝私人密钥的人做了相对简单的工作生成了这个回复。

简而言之，鲍勃可以通过这种方案确定与他通信的人是爱丽丝。值得注意的是，这个宽泛的结论有一些脚注和前提：

- 没有爱丽丝密钥的人有可能通过非常艰苦的努力生成正确的回复，尽管这种可能性很小。
- 爱丽丝有可能失去对私人密钥的控制权，因此回复的人可能不是爱丽丝，尽管这种可能性很小。

这两个可能性不大的问题并不容易解决，因此我们只能与之共存。不过，第一个简单的方案还有一个漏洞可以解决：如果鲍勃和爱丽丝之前有许多对话，那么攻击者很容易对此加以利用。我们将在下一章解决这个漏洞的问题。

第 23 章 安全信道、密钥分配和证书

在上一章中，我们讨论了鲍勃如何确定他是否真的在与爱丽丝通信。虽然爱丽丝通过向鲍勃发送消息开启了通信，但是她需要面对镜像问题：她（还）不知道她是否真的在与鲍勃交谈。她知道她在向鲍勃的地址发送消息，但是让我们暂时开一开脑洞。如果攻击者拦截了这些消息，并发回攻击者版本的回复，应该怎么办呢？我们有办法排除这种可能性吗？

我们在上一章看到了鲍勃检验爱丽丝身份的方法。爱丽丝可以使用同样的方法，让鲍勃为某个随机数加密。爱丽丝记得她所选择的随机数，并将其与鲍勃的回复进行比较。所以，爱丽丝的消息"你好，我想和你交谈"需要包含一点额外信息。这条起始消息包含一个随机数，鲍勃需要用他的私人密钥为其加密，并在他的回复"同意"中将其发回爱丽丝。爱丽丝用鲍勃真实的公开密钥为这个自称是鲍勃回复的消息解密，并将其与她发送的数字

进行比较。如果两者匹配，那么爱丽丝可以确信，这个数字的确是由鲍勃加密的。

在本章中，我们将简述爱丽丝和鲍勃安全通信的完整过程。为此，我们需要引入一些缩写。虽然这些细节对于解释安全通信问题很有帮助，但即使跳过这些，你也不会错过重点。所以，如果你觉得这些方法和符号让你头晕，你可以跳到关于"密钥分配中心"的一节。

当我们写下

$$[X]y$$

时，这意味着用密钥 y 为明文 X 加密。我们还可以写出反向操作，即

$${Z}a$$

它表示用密钥 a 为密文 Z 解密。请注意，加密会隐藏信息，使用方括号；解密会暴露信息，使用大括号。

我们还会使用下列缩写：

B 表示鲍勃的公开密钥
b 表示鲍勃的私人（秘密）密钥

根据这些缩写，我们可以说，在用公开密钥加密并用私人密钥解密后，我们应该可以重新得到每一条消息 X：

$$\{[X]B\}b=X$$

反向过程也是如此的。在用私人密钥加密并用公开密钥解密后，我们可以重新得到同样的消息 X：

$$\{[X]b\}B=X$$

你可以看到，这些符号很快就会变得非常复杂，但它们所表示的转换并不难理解。

下面是使用了这些缩写的 7 个步骤，它们概括了目前的相互身份验证是如何进行的：

1. 爱丽丝发送：爱丽丝发送与鲍勃交谈的请求，包括她所记下的随机数 Na（Na 中的 a 表示爱丽丝）。

2. 鲍勃回复：鲍勃向爱丽丝发送回复。他的回复包括用他的私人密钥加密的爱丽丝的数字：[Na]b。他还会发送他所记下的随机数 Nb（Nb 中的 b 表示鲍勃）。

3. 爱丽丝解码：爱丽丝收到的消息包括模糊元素 X（由于鲍勃的加密而变得无法辨认）以及随机数 Nb。爱丽丝用鲍勃的公开密钥解密模糊元素 X，可以写成 {X}B。这样可以得到鲍勃加密前的内容，因为 {X}B={[Na]b}B，而根据前面的"公式"，我们知道 {[Na]b}B=Na。

4. 爱丽丝知道：由于爱丽丝恢复了 Na，而且这个数字与她发送的数字相匹配，因此她知道这个消息的确来自鲍勃。

5. 爱丽丝回复：爱丽丝向鲍勃回复的内容包括用她的私人密钥为鲍勃的数字加密后得到的数字：[Nb]a。

6. 鲍勃解码：鲍勃收到的消息含有模糊元素 Y（由于爱丽丝的加密变得无法辨认）。鲍勃用爱丽丝的公开密钥解密模糊元素 Y，可以写成 {Y}A。这样可以得到爱丽丝加密前的内容，因为 {Y}A={[Nb]a}A，而根据上面的"公式"，我们知道 {[Nb]a}A= Nb。

7. 鲍勃知道：由于鲍勃恢复了 Nb，而且这个数字与他发送的数字相匹配，因此他知道这个消息的确来自爱丽丝。

这不是我们最终使用的完整方案。我们还会做出进一步的改进。但这已经足以让你对这一过程有所认识了。

这有什么价值？

你可能认为，这是一种极为复杂的通信方式。所以，我们应该倒退一步，回忆一下这些复杂机制的价值。尽管我们在无政府主义的数据通信世界中运行，任何人都可以冒充其他人。但我们距离确保自己不被欺骗的方案已经非常接近了。这种方案可以使我们从完全自由的无信任状态达到对通信对象的高度信任。所以，这些付出是值得的。现在还有两个遗留问题。首先，这个方案还不够强大，无法避免被坏人欺骗。其次，这种方案是有条件的，爱丽丝需要知道鲍勃的公开密钥 B，鲍勃需要知道爱丽丝的公开密钥 A。我们将在下一节解决第一个问题。之后，我们将会解释密钥分配，以解决第二个问题。

在此之前，我们还应该重新检查我们所取得的安全问题的基础，以便了解哪些事情可能出现什么问题。这种通信方案的安全性取决于随机数、公开密钥和私人密钥的保密性。让我们依次考虑这些元素。

随机数：爱丽丝和鲍勃需要使用不容易猜到的随机数。例如，如果爱丽丝的随机数生成器非常糟糕，总是选择 42，那么攻击者很容易使用鲍勃之前的回复冒充鲍勃。爱丽丝根本无法判断它们的区别。爱丽丝和鲍勃需要拥有无法预测、没有重复、品质良好的随机数生成器。

公开密钥数学：公开和私人密钥必须具有特定的属性，具体地说——

- 公开密钥很容易解密由私人密钥加密的内容，反之亦然。
- 私人密钥不容易根据公开密钥推导出来。

- 如果没有匹配密钥，那么你很难根据密文得到明文。

如果上述任何一个属性无法满足，我们就不能根据上面概括的方案实现安全通信。

私人密钥保密：在使用公开密钥方案时，"身份"实际上相当于特定私人密钥的使用。如果爱丽丝让其他人使用她的私人密钥，这个人看上去就会与"真正的"爱丽丝完全相同。实际上，从密码角度看，这个人才是真正的爱丽丝。因此，我们必须记住，这个方案实际上确定的是各方是否拥有特定的私人密钥——而不是其他身份或授权概念。

改进的安全信道

现在，让我们改进我们的系统以解决我们提到的一个问题。在这种解决方案中，我们仍然假定爱丽丝和鲍勃神奇地拥有了对方的公开密钥。下一节，我们将展示如何解决密钥分配问题。

我们现在添加的改进是加密爱丽丝和鲍勃用于盘问对方的随机数。爱丽丝和鲍勃不想向攻击者展示任何不必要的信息。例如，某个随机选择的数字可能（纯粹偶然）与某一方之前发送的数字重合——这种可能性不大，但它是存在的。我们需要考虑到观察和记录一切信息的攻击者。这种攻击者可能会利用任何重复：当攻击者将之前使用过的数字看作盘问口令时，攻击者可以用之前记录过的回复替代这种盘问，从而劫持对话。

解决方法很简单。发送者不是直接发送一个攻击者可以阅读的随机数，而是在发送之前将随机数加密。发送者应该如何为随机数加密？理想情况下，它应该以只有接收者才能阅读的方式加密。为实现这一点，双方可以发送用对方公开密钥加密的随机数盘问口令。实际上，每一方会将包括随机数在内的整个消息加密（包括对于对方盘问的回复）。这样一来，攻击者就看不到对话中的任何其他元素了。

下面是改变后的对话过程。它的结构与之前基本相同，但它的步骤比之前要复杂一些，而且变成 8 个步骤：

1. 爱丽丝发送：爱丽丝发送与鲍勃交谈的请求，包括她所记下的随机数 Na。爱丽丝在发送之前用鲍勃的公开密钥为请求加密。所以，爱丽丝发送的是 [Na]B。

2. 鲍勃解码：鲍勃收到模糊信息，我们称之为 Q。他用私人密钥为其解密：{Q}b。由于 Q=[Na]B，因此这相当于 {[Na]B}b。我们知道，{[Na]B}b=Na。鲍勃现在已经提取了 Na，这是爱丽丝随机选择的盘问口令。

3. 鲍勃回复：鲍勃向爱丽丝发送回复。他的回复包括爱丽丝的数字 Na，但它得到了鲍勃私人密钥的重新加密：[Na]b。鲍勃还发送了他所记下的随机数 Nb。因此，鲍勃的回复包括两个数据项：对于爱丽丝最初盘问口令的回复，以及鲍勃向自称是爱丽丝的人提出的新的盘问口令。鲍勃用爱丽丝的公开密钥为这两个数据加密：[[Na]b, Nb]A。注意嵌套项：它是爱丽丝最初发送的数字 Na。它拥有一个加密的"内层"证明自己来自鲍勃，还有一个加密的外层保护它只能被爱丽丝阅读。

4. 爱丽丝解码：爱丽丝收到模糊信息，我们称之为 R。她用私人密钥进行解密：{R}a。我们知道（因为我们看到了鲍勃的加密），R 包括用 A 加密的一些内容（我们称之为 S）：[S]A。因此，当爱丽丝解密时，{[S]A}a=S，她可以恢复最初被加密的内容 S，不管它是什么。S 中有两项。第二项只是一个数字（也就是 Nb），但第一项此时是另一个模糊对象，我们称之为 T。所以，爱丽丝现在有了一个模糊对象 T，而且知道鲍勃的盘问数字 Nb。爱丽丝知道 T 是鲍勃对于她的盘问的回复。于是，爱丽丝用鲍勃的公开密钥为鲍勃加密的部分解密：{T}B={[Na]b}B=Na。通过这个过程，她恢复了 Na。

5. 爱丽丝知道：由于数字 Na 与她在第 1 步中发送的数字相匹配，因此她知道这个消息来自鲍勃。我们可以说，鲍勃通过了她的盘问。

6. 爱丽丝回复：爱丽丝将她在第 4 步中提取的鲍勃的数字 Nb 添加到对于鲍勃盘问的回复中。爱丽丝用她的私人密钥加密这个数字：[Nb]a。这个加密步骤是为了让鲍勃知道这条消息来自爱丽丝。然后，为了保护它不会在路上被人阅读，爱丽丝用鲍勃的公开密钥为这个结果再做一层加密：[[Nb]a]B。第二层加密确保了只有鲍勃才能阅读爱丽丝对鲍勃盘问的回复。

7. 鲍勃解码：鲍勃收到模糊对象，我们称之为 U。他用私人密钥进行解码：{U}b={[V]B}b=V。所以，他提取了另一个模糊对象，作为爱丽丝的回复，我们称之为 V。然后，鲍勃用爱丽丝的公开密钥为爱丽丝的回复 V 解密：{V}A={[Nb]a}A=Nb。

8. 鲍勃知道：鲍勃现在已经恢复了 Nb。由于这个数字与他之前在第 3 步中发送的数字相匹配，因此他知道这个消息的确来自爱丽丝。我们可以说，爱丽丝也通过了鲍勃的盘问。

这看上去可能很复杂，很烦琐——确实如此——但是不要忘了它所实现的效果。如果我们暂时假设与公开密钥系统相关的所有数学限制都能满足，爱丽丝和鲍勃拥有对方的公开密钥，那么这种交换意味着爱丽丝和鲍勃可以建立一个通往对方的安全信道：他们知道对方是他们希望与之交谈的对象，而且知道其他人无法看到他们的讨论内容。这很了不起。别忘了，在 20 世纪末之前整个文明世界的密码史中，这个结果是不可能实现的。

密钥分配中心

我们所概括的 8 步对话允许双方建立安全信道，前提是爱丽丝已经拥有了鲍勃的公开密钥（反之亦然）。从某种程度上说，这相当于假设爱丽丝和鲍勃拥有其他人不知道的相同的一次性密码本。这个假设可以带来很好的安全性。不过，如果你没有很好的安全性，你就很难或者无法实现这种假设。

因此，在某种程度上，公开密钥加密术最令人震撼的部分不是信息交换本身，而是密钥分配。如果你事先不知道一个人的公开密钥，你怎么能得到他的真正公开密钥呢？

从概念上说，解决公开密钥的可靠分配问题很简单。我们假设有一个密钥分配中心，可以建立每个人与每个密钥持有者的信任关系（见图 23-1）。密钥分配中心知道爱丽丝是谁，鲍勃是谁，并且知道他们的公开密钥。而且，爱丽丝和鲍勃知道密钥分配中心及其公开密钥。

爱丽丝和鲍勃不需要知道对方（也不需要知道与密钥分配中

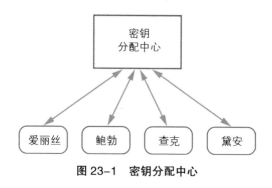

图 23-1　密钥分配中心

心建立个人关系的所有其他人）。爱丽丝和鲍勃与密钥分配中心的关系足以使他们获得对方的公开密钥，即使他们最初可能不知道或不信任对方。

你可能会想，为什么爱丽丝不直接联系鲍勃，索取他的公开密钥呢？这种做法在一些特殊情况下也许可行，但一般来说，它无法使我们绕过令人沮丧的鸡生蛋问题：如果你之前从未联系过鲍勃，你怎么知道他真的是你想联系的鲍勃呢？一般来说，你需要让你已经信任的两个人的共同朋友向你引见对方，或者证明对方的身份。密钥分配中心采用了同样的想法，使之成了简单而通用的机制。

首先，爱丽丝和密钥分配中心通过某种可靠的机制知道了对方的公开密钥。这个机制很可能涉及某种与计算机和网络无关的交互，它可能与公钥密码没有任何关系。例如，爱丽丝可能会前往当地的密钥分配中心办公室，与该组织的员工对话，提交个人身份的材料证据。同样，鲍勃和密钥分配中心知道对方的公开密钥，这可能也是通过"真实世界"的交互实现的。

所以，密钥分配中心知道爱丽丝的公开密钥和鲍勃的公开密钥。而且，爱丽丝和鲍勃知道密钥分配中心的公开密钥。不过，爱丽丝和鲍勃不知道对方的公开密钥。我们希望爱丽丝和鲍勃以不受攻击者影响的方式得知对方的公开密钥。

幸运的是，我们已经知道如何在知道彼此公开密钥的双方之间建立安全信道，这是我们上一节中提出的方法。所以，爱丽丝直接与密钥分配中心建立了安全信道，并索要鲍勃的公开密钥。安全信道的使用意味着爱丽丝知道她在与密钥分配中心交谈，密钥分配中心知道它在与爱丽丝交谈。因此，当爱丽丝向密钥分配中心索要鲍勃的公开密钥时，她可以相信，她接收到的数据的确是（密钥分配中心知道的）鲍勃的公开密钥，没有被某个攻击者替换。

同样，当鲍勃想要爱丽丝的公开密钥时，他可以直接通过安全信道向密钥分配中心索取。由于鲍勃知道他在与密钥分配中心交谈，并且信任密钥分配中心，因此他可以确信，他得到的是爱丽丝的公开密钥，而不是其他密钥。

这似乎是一个很简单的解决方案，它只是利用了我们之前提出的安全通信方法。我们之前说过，如果没有一项重要的发明，这种功能是无法实现的，这是怎么回事呢？

密钥分配扩展

我们描述的密钥分配中心适用于规模很小的情况。当我们试图扩大它的规模时，就会遇到一些问题。我们并不清楚如何通过简单的系统让任何人找到他们想要获取的其他任何人的密钥。同样，我们并不清楚让世界上的每个人都与一个密钥分配中心建立信任关系是否可行——或者是否合理。因此，虽然这个简单的系统是一个很好的出发点，可以思考如何从整体上实现安全通信，但我们提出的方案并不是很实用。

为了获得更加实用的系统，我们希望在不依赖于一个单一知识中心源的情况下解决密钥分配问题。我们注意到密钥分配中心承担了两个角色：它将名字和公开密钥相关联，而且是这些关联的受信源。我们可以将其看作两个不同的功能。我们可以用一种机制将名字和公开密钥相关联，用另一种机制确定哪些关联是可信的。

因此，我们要对简单的密钥分配中心的分配方法做两个重要改动：

1. 我们不是让密钥分配中心通过安全连接分配公开密钥，而是将每个公开密钥包装在由密钥分配中心签名的证书里。证书用于将名字和公开密钥相关联。由于签名不能伪造，因此我们知道链接是有效的，其有效性取决于我们对签名者的信任程度。我们将在下一节进一步解释证书。

2. 我们将证书的签名组织成认证中心的层次结构。认证中心由执行签名的技术机制和确定为哪些证书签名的人工判断过程组成。认证中心证明了它所签署的证书的可信度。本章稍后还会进一步解释认证中心。

有了这些改变，我们就有了常用的互联网信任架构的基本元素。

证　书

　　每个证书都将特定的名字与特定的公开密钥相关联，我们很容易检验该密钥。证书之所以有用，是因为它们有签名。没有签名，证书中的名字和密钥很容易被替换，我们也就没有理由相信名字和密钥之间的联系了。签名证书构成了一个包：名字、密钥和签名被捆绑在一起，任何篡改都会被发现。我们现在假设签名是可能的，并考虑为什么它们可以带来更好的解决方案。然后，我们将更仔细地研究签名的原理。

　　签名证书仅仅是签名证书而已，它的优点和缺点不是由提供者决定的。在这种"内在信任"的方案中，证书就像现金一样：不管我们收到的 100 元现金来自我们信任的人还是不信任的人，只要它是真实的 100 元现金，它就是有价值的，可以使用。同样，拥有合适签名的证书提供了名字和密钥之间值得信任的关联，不管提供证书的人是谁。决定其可信度的是签名，而不是来源。

　　和我们最先提出的密钥分配中心相比，证书是一种重要改进，因为第一种密钥分配中心方案需要与特定的单一中央服务建立安全连接。现在，我们不是试图建立像密钥分配中心那样可用性很高的单一中央服务，而是从众多不同的服务器上获取海量的证书副本。这些服务器不需要担心安全信道问题。实际上，它们甚至无须采取特殊措施保护证书，因为证书拥有内置机制可以检测篡改。攻击者无法通过入侵密钥分配中心服务阻止我们获取正确的公开密钥，因为我们可以通过其他许多来源获取相关证书的副本。

完整性密码术

签名不同于我们之前考虑的保密。我们之前用密码技术来保密，但对于签名，我们用密码技术来保持完整性。使用密码技术而不隐藏数据的说法似乎很奇怪。所以，让我们看一个非加密的签名案例，以说明这一点。

考虑和一个你不信任的对手下象棋。你需要离开房间。你可能不会注意到对手是否将一两个棋子移动到了对他有利的位置，尤其是当你水平不高时。即使你注意到了这种改变，你也很难证明对手在作弊。在这种情况下，你可以拍下棋盘的快照（也许是使用手机）作为一种签名。你没有隐藏棋盘，你不信任的对手仍然可能做出改动。但你现在可以比较棋盘与照片，这种机制可以清晰地验证棋盘是否发生了变化。如果棋盘和照片不符，我们就知道对手改变了棋盘。

加密签名与这种概念的"照片签名"有所不同。和证书类似，加密签名会将数据块与私人密钥相结合，生成签名块。签名和数据共同组成了"签名数据"。

在图 23-2 中，签名数据添加了一些用签名机制计算出来的额外比特。签名机制通过某种方式将原始数据与私人密钥相结合，以计算这些比特。签名数据（原始数据 + 签名）可以得到检

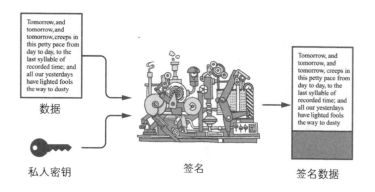

数据

私人密钥

签名

签名数据

图 23-2 为数据签名

验，以确保没有被篡改，就像我们稍后看到的那样。

在图 23-3 中，我们在用公开密钥检验签名数据。计算结果要么表明签名数据正常（附加块与原始数据和私人密钥相匹配），要么表明出了问题：

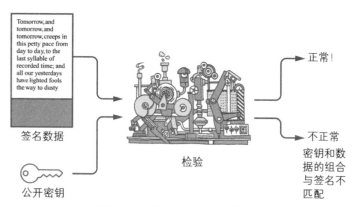

签名数据

公开密钥

检验

正常！

不正常
密钥和数据的组合与签名不匹配

图 23-3 检验签名数据的有效性

- 签名与数据不匹配。
- 公开密钥与私人密钥不匹配。

注意，我们不一定知道出了什么问题——我们只能知道某个地方出了问题。

这种签名和检验有哪些必要的属性？

1. 签名块必须是模糊的，以免攻击者轻易判断出如何更改签名块以匹配签名数据中的改动。为改变后的数据生成有效签名的唯一途径就是用相关密钥再次签名。同样，这种签名的模糊性并不意味着我们在隐藏原始数据。就签名而言，我们可以将原始数据作为没有改变的明文保留。签名只是提供了附在原始数据末尾的另一个可以检验的元素。

2. 签名块还必须是敏感的，即使是原始数据最细微的变化（一个比特翻转）也要在签名块中生成不同的值。这个要求意味着签名数据最小的变化也会"破坏"签名。

和公钥密码的其他方面类似，这些要求似乎很不合理。神奇的是，有一些数学机制具有正确的性质。和之前一样，我们不会试图解释签名的数学原理，我们只利用它们的性质。

签名证书

我们可以用签名区分证书的好坏。假设我们通过某种途径找到或收到了一个证书，（别忘了，在这个阶段，我们仍然假设每个人都知道密钥分配中心的公开密钥。在下一节，我们将摆脱对单一密钥分配中心的依赖。）只有由密钥分配中心签名的证书才是真实的。

因此，我们可以制作一个将名字与公开密钥相关联的证书，让密钥分配中心为证书签名，然后按照我们的意愿为这个证书制作任意数量的副本。对于了解公开密钥与名字相关联这一目的而言，每个证书的有效性和有用性是相同的。我们可以在不涉及密钥分配中心的情况下分配和共享"名字/密钥"对（name/dey/pairs）——我们已经不再需要密钥分配中心这个永远可用、永远正确的超级服务了。

撤　销

遗憾的是，这种新的好处伴随着新的缺陷。当众多证书在网上流传时，你几乎不可能撤销某人对名字和密钥的关联。例如，假设丹尼斯意识到他的私人密钥出了问题——某个坏人偷了密钥，或者他开始怀疑某人已经有了他的密钥。同时，爱丽丝很可能有一个由密钥分配中心正确签名的证书，将"丹尼斯"和已经出问题的公开密钥绑定在一起。丹尼斯并不想让爱丽丝用这个公开密钥保护两人的对话，因为某个攻击者可能会用相应的（出问题的）私人密钥冒充丹尼斯。

丹尼斯如何改善这种局面呢？他当然可以获得一对新的相互对应的私人密钥和公开密钥，替代之前的不良密钥。丹尼斯当然也可以让密钥分配中心签署新的证书，将"丹尼斯"与新的正确的公开密钥绑定在一起。不过，丹尼斯对于爱丽丝正在使用的旧有不良证书没有什么办法。毕竟，在爱丽丝试图通过证书中的信息联系丹尼斯之前，丹尼斯和爱丽丝可能根本不认识对方——而这种联系正是我们希望通过证书系统做到的事情之一。

我们在这里看到的是撤销的问题。证书在名字和公开密钥之间建立关联，这种关联无法篡改，但也很难修正——例如，如果出现了安全泄漏或者重新配置和升级等更普通的事情，导致名字和密钥之间的关联发生改变，我们就需要做出修正。

考虑到证书是一个自由分配的独立对象，我们如何消除旧有的过时证书呢？一个答案是使用证书撤销列表。希望使证书失效的实体将其添加到列表中，使用证书的实体查看列表，以了解证书是否被撤销。虽然在原则上证书撤销列表是有效的，但在实践中它很少成功。从某种程度上说，证书撤销列表是另一种形式的密钥分配中心：我们需要拥有可信的证书撤销列表来源，以确保我们的证书不会被攻击者破坏。遗憾的是，这种服务很难扩展。

在实践中，证书的范围主要是用过期机制来限制的——也就是说，每个证书只在特定日期和时间之前有效，之后就不再可信了。各组织可以在比较频繁的更新和替换过期证书与不太频繁的更新和替换过期证书之间做出成本权衡，后者在出现安全泄漏时会导致更长的暴露时间。

遗憾的是，过期机制很笨拙。通常情况下，一批证书的过期常常会导致一阵忙乱而无意义的簿记工作来替换它们。同时，人们常常在规定的有效期过期之后继续使用证书。根据大多数人的经验，证书过期常常是无辜的管理疏忽——是一种麻烦，而不是真正的安全问题。

认证中心

在上一节中，我们用证书摆脱与单一密钥分配中心服务交流的需要，但我们仍然需要使用单一的密钥分配中心作为所有签名的基础。我们之前提到过，另一半解决方案是允许不止一个实体签署证书。用计算机科学术语来说，我们从单一认证中心转向了多个认证中心。

任何认证中心都可以签署证书，但未知或不受信任的认证中心签署的证书和没有签名的证书并无太大区别。如果我们回顾之前的两个密钥分配中心方案（没有证书和有证书），我们可以说，在两种方案中单一的中央密钥分配中心是单一的共同受信实体。每个用户都必须信任密钥分配中心，因此每个用户都必须相信密钥分配中心签署的任何证书。从单一认证中心转向多个认证中心有两种不同的方法，它们在现实系统中都是有用的。一种方法是拥有多个独立的信任源，另一种方法是信任授权。

根认证中心和层次结构

如果我们考虑多个独立信任源，那么我们就从单一密钥分配中心转到了根认证中心。根认证中心与单一密钥分配中心在前面的解释中扮演的角色非常相似：它是一个受信实体，信任关系是由某种与签名和证书无关的机制建立的。签署证书的根认证中心有点像发放护照的主权国家。你可能愿意接收许多不同的护照，但你并不想接收任何自称是护照的文件。来自法国和德国的护照可能没有问题，但来自布基纳法索的护照就不一定了。

如何知道根认证中心的公开密钥呢？你可以在同一个根认证中心"自我签署"的证书中找到它。这种根认证中心证书有一些被植入浏览器里，因此你的浏览器很容易验证由那些流行的根认证中心签署的证书。如果你选择信任还未植入浏览器的根认证中心，你可以将它的证书手动添加到浏览器中。你可以通过添加证书表明你信任相应的认证中心，将其作为根认证中心。如果用户或组织选择不信任部分或所有相应的认证中心，通常他们可以做相反的事情——可以移除证书。

拥有多个独立的根认证中心提供了一种较大的规模：它们是可能具有独立失效模式的多个不同的不相关实体。不过，使用多个根认证中心并没有真正解决另一个扩展问题：如何支持针对特定单一认证中心的更大、更可靠的签名工作负荷？我们并不是让单一认证中心完成所有签名工作，而是使用具有信任层次结构的签名工作授权机制。这种做法类似于一个主权国家允许多个办公室和使馆签发护照。这种权力最终取决于根部，但根部不需要完成所有工作。在信任层次结构中，众所周知的认证中心可以签署包含另一个认证中心名字的证书。所以，认证中心不只是为爱丽丝或鲍勃等通信方提供关于名字和密钥绑定的保证，它也在为另一个认证中心提供关于名字和密钥绑定的保证。

现在，假设我们遇到了一个来自未知认证中心的证书。如果未知认证中心自身的证书是由已知（得到信任的）认证中心签署的，那么已知认证中心保证了未知认证中心本身是可以信任的。信任层次结构的许多优点与域名服务（第14章）和分散服务器（第19章）相同。特别是，信任层次结构允许下级认证中心"拥有"证书签名，正如域名服务允许下级目录"拥有"域名。我们不想用一台服务器实现全球签名服务，正如我们不会试图用一台服务器实现全球搜索服务和全球域名服务。相反，通过允许遍布全球的多个单独管理的认证中心从事签名工作，我们获得了容量、容错度和响应速度。

在这种层次结构系统中，检查一对名字和密钥的对应关系可能需要检查一系列证书。如果我们不知道并且不信任为某个证书签名的认证中心，我们就会检查这个认证中心的证书。如果我们不知道为这个认证中心的证书签名的认证中心，我们就会检查第二个认证中心的证书。我们循着证书链条向上查找，直到找到我们信任的认证中心，或者抵达链条末端。

如果我们遇到信任的认证中心，我们就可以相信第一个证书中名字和密钥的绑定。不过，在这个过程的最后，我们可能会发现证书链条中没有一个认证中心是我们信任的。如果我们沿着整个链条来到根认证中心，却没有发现一个我们信任的认证中心，那么我们没有理由相信名字和密钥的绑定是正确的。我们也无法确定它是错误的。我们也不知道是否存在攻击行为或攻击者。没能找到受信认证中心是一个问题，但它不一定值得担忧。我们只是不知道第一个证书中的密钥是否值得信任而已。

信任问题

我们之前提到过，信任系统既有技术因素，也有非技术（人员）因素。这与我们是否使用证书层次结构和多个认证中心无关——它也是脆弱性的潜在来源。特别是，我们需要知道，一个人或组织选择接受的证书可能是伪造的：这种证书看上去有效，从狭义技术角度来说也是完全合格的。然而，信任系统中的一些东西出了问题。例如，如果攻击者在从认证中心获取证书的过程中成功实施了欺诈，那么这个认证中心的合法签名将无法解决证书中的欺诈信息问题。

举一个具体的例子。假设攻击者伊芙说服了一个合法的认证中心向她发放一对私人密钥和公开密钥，同一个认证中心发放的证书将伊芙的公开密钥与爱丽丝的名字绑定在一起。现在，任何使用这个证书的人都认为自己在与爱丽丝交流，但他们实际上在与伊芙交流。证书和密钥本身没有任何问题，不会自动提醒人们有潜在危害，但这显然是一种糟糕的情形。即使证书看上去运转良好，通信方也需要警惕其他可能的攻击或不良行为迹象。

更糟糕的问题是，整个认证中心——不只是一个证书——都可能是伪造的。为什么？因为我们知道，信任一个认证中心意味着信任它所签署的所有证书，这正是信任层次结构的含义。因此，信任一个伪造的认证中心不仅意味着接受这个认证中心直接签署的所有证书，而且意味着接受虚假认证中心授权的其他任何认证中心签署的证书。

什么原因会导致认证中心出现这种问题呢？遗憾的是，即使是一个努力保持诚信的合法认证中心也会出现这种问题。例如，一些认证中心出现了安全疏忽，失去了对私人密钥的控制。如果攻击者控制了认证中心的私人密钥，那么每个相信这个认证中心的人都可能相信看似良好的虚假证书。

值得注意的是，这里所说的"每个人"包括每个使用签名证书进行交流的人。证书可信度不高的用户显然会受害，但任何试图验证证书的人都可能受到更微妙的影响。许多证书用户只是想确定证书是否正确。我们说过，证书方案部分吸引力在于这种验证可以在本地完成，无须联系发放者。证书的"普通用户"可能不认为自己是某个认证中心的用户，他们与这个认证中心的确也没有任何商业关系。不过，他们与获取证书的人一样会受到认证中心被黑的影响。当认证中心的签名可信度不高时，为了签署证书而向认证中心付费的人显然会受害——但每个使用问题认证中心发放的任何证书的人也会受害。

我们已经发现，不良证书没有有效的召回途径。因此，我们可以看到，某个认证中心的第一次信任失效在某种程度上也是最后一次：受到入侵的认证中心无法得到真正修复。我们在前几章中知道，系统的确会发生失效，因此认证中心非常脆弱，这很令人遗憾。更令人遗憾的是，会有多方受到认证中心失效的影响，其中许多人甚至是认证中心不知道的。多个独立根认证中心在一定程度上缓解了这种惊人的脆弱性，因为我们认为这些认证中心的失效是独立的。不过，这并不会让人感到特别宽慰。如果你本人受到其中某个信任失效的影响，那么你即使知道互联网上的其他大多数人没有受到影响，也不会感到很舒服。

第24章 比特币的目标

金钱是万恶之源，这是一句名言。所以，我们应该通过观察一种货币来结束对攻击者和防御者的研究。具体地说，我们要看一看比特币。在本章中，我们首先考虑更为一般的货币，以理解比特币这种系统的局限之处。下一章，我们将考察比特币解决这些局限的机制，并且介绍一些相关的局限性。

分类账簿

在探索金钱时，让我们首先考虑一个非常简单的例子：爱丽丝向鲍勃支付了2美元。这种付款可能是为了交换一些商品或服务，但在这里我们只关心付款。他们可以使用纸币，即我们熟悉的美国政府用绿黑墨水印制的纸片。例如，爱丽丝可以向鲍勃提供两张1美元的钞票。假设她最初有6美元，鲍勃最初有5美元。然后，她取出2美元，交给鲍勃，使她的总额减少到4美元。在鲍勃把这2美元添加到他的总额之中后，爱丽丝有4美元，鲍勃有 7 美元。

纸币有许多不方便的地方。在涉及大笔资金时，没有人希望亲手处理一大堆钞票。同样，如果爱丽丝和鲍勃离得很远，那么提供纸币在物理上是不可能的。

我们可以通过各种簿记代替纸币的使用，实现同样的效果。例如，爱丽丝和鲍勃可以在共享记事本上添加一些记录。这种记事本通常叫作分类账簿。图 24-1 显示了我们之前描述的初始状态。此时，爱丽丝和鲍勃的资金总额记录在一个分类账簿中。

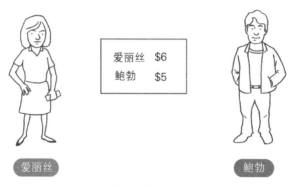

图 24-1　爱丽丝、鲍勃和分类账簿，初始状态

图 24-2 显示了我们之前描述的最终状态，它不是亲手递交纸币，而是使用更新的分类账簿。

爱丽丝：	$6
鲍勃：	$5
爱丽丝→鲍勃：	$2
爱丽丝：	$4
鲍勃：	$7

爱丽丝   鲍勃

图 24-2　爱丽丝、鲍勃和分类账簿，最终状态

注意，这些分类账簿项本身就是支付行为，而不仅仅是对于以其他途径发生的支付行为的记录。当我们看到付款无须递交纸币，可以通过更新记录的形式发生时，我们很容易理解爱丽丝和鲍勃相隔很远时是如何付款的。

以这种方式代替现金付款可能有点奇怪。不过，如果爱丽丝和鲍勃在同一家银行拥有账户，在账户之间转账，类似的簿记行为就会出现。他们不是在共享账本上记录信息，而是委托同一家银行准确记录他们的账户。当然，现代银行不是用分类账簿记录这些账户。相反，它们用计算机存储和处理必要的数据。

对于经济发达国家的大多数人来说，上述内容没有什么新鲜或惊人之处。不同的中间方还有许多变化和花样。交易可能涉及不止一家银行，可能有维萨卡或万事达卡等知名品牌的专门跨银行支付系统，以及支票清算所等各种更加不透明的支付实体。

不过，这种簿记是大多数金钱的存在形式，这一事实可能会令人惊讶。人们使用金钱主要有两种途径：存储有价值的东西，供未来使用，或者向某人付款，以交换商品或服务。当专家们研究主要被用于存储价值的"休眠"资金时，他们发现大多数资金存在于银行账户和各种投资账户中。同样，当专家们研究用于付款的"移动"资金时，他们发现大多数资金存在于支票、电子支付、签账卡、信用卡、借记卡等交易记录中。所以，从现实角度看，现代金钱仅仅是簿记而已。

在思考计算机系统和金钱时，我们可能会想到"什么是数字货币"或者"金钱在网络时代如何运转"等哲学问题。要想回答这些问题，我们应该记住，在某些重要方面，金钱已经数字化了。即使在考虑比特币和其他看似新奇的系统之前，我们也可以看到，在现代世界中，大多数金钱仅仅以计算机记录的形式存在。

特殊角色和普通参与者

我们可以稍微详细地分析一下银行转账的方法。我们已经看到有一个特殊角色，叫作簿记员（很可能是银行），负责记录每个人有多少钱。簿记员的角色可能涉及不止一个人或组织，但为了简便起见，我们将其看作单一实体。

还有第二个特殊角色，叫作担保人（很可能是美联储），负责支撑正在使用的货币的价值。担保人的角色同样可能涉及不止一个人或组织，但为了简便起见，我们也将其看作单一实体。

除了这两个特别受信方，还有相互转移资金的普通人。由于没有更好的术语，我们称之为参与者。比特币的本质就是在没有特殊受信方的情况下建立一个允许参与者转移资金的系统。

要想知道消除这些特殊角色需要什么，让我们首先依次考虑这些角色。

簿记员

簿记员会跟踪每个参与者做出的改变。所有参与者都必须信任簿记员。而且，簿记员必须总是能够记录参与者想要做出的任何改变。如果簿记员消失或者不工作，会怎么样呢？在这种情况下，参与者就不知道他们的余额了。参与者只能凑合使用对上次余额的最佳猜测。如果他们想要使用资金——购买、销售、转账——他们需要想办法在没有簿记员的情况下做到这一点。在最坏的情况下，所有资金都可能消失——没有簿记员，一个人就无法证明他对资金的所有权。

在实践中，大多数发达国家的银行都拥有存款保险，以应对资金丢失这种最坏情况——至少每个账户持有人拥有一定数额的保险上限。不过，即使我们相信自己得到了保障，免受资金的完全损失，我们可能也不喜欢这种最坏情况的隐含意义。信任簿记员是有风险的：如果簿记员有缺陷或者存在恶意，这个系统就会出现灾难性失效。簿记员的不良行为可能会危及你使用个人资金的能力。

担保人

现在，让我们转向另一个特殊实体，即担保人。簿记员负责记录美元余额，担保人则负责控制美元的含义。我们之前考虑了簿记员失效时参与者会经历什么。现在的问题是，如果担保人失效，会发生什么呢？

有时，这种失效是因为担保政府不复存在了，比如 1975 年越南战争结束时的南越。有时，担保政府仍然拥有主权，但是对货币严重管理不善。这种管理不善最惊人的例子是货币出现严重的通货膨胀。通货膨胀是指货币贬值的速度——也就是价格增长的速度。

虽然经济学家对于"正确"的通货膨胀水平存在分歧，但是所有人都承认，高通货膨胀率是不好的。许多国家都经历了恶性通货膨胀，最近的一个例子是津巴布韦，其年通货膨胀率从 1980 年令人不安的 7% 增长到 2008 年的超过 231,000,000%，后者是最后的官方记录，这导致了 100 万亿面值钞票的印制。（是的，每张钞票价值 100 万亿津巴布韦元！）最终，津巴布韦货币被废弃，人们转而使用外国货币。

虽然很少有人认为美联储会得像津巴布韦政府那样糟糕，但也有一些人对美联储的能力和良好用意持怀疑态度。担保人表现不佳的可能性有点像簿记员行为不当的可能性——这不太可能，但它一旦发生，就会带来严重后果。

比特币

比特币系统支持参与者在没有任何特殊角色的情况下进行支付。它不需要簿记员维护分类账簿。相反，参与者共同实现了一个共享的分布式账本。同样，它也不需要担保人监管货币的发行。相反，参与者共同实现了一个被称为比特币的价值单位。

比特币不仅消除了两个特殊的受信角色，在比特币系统中，甚至没有任何受信实体。特别是，参与者并不相互信任。实际上，即使参与者之中包括一些试图欺骗或者以其他方式破坏系统的人，比特币仍然可以作为一个可靠的、值得信任的分类账簿发挥作用。

这是否意味着比特币无法阻挡、坚不可摧？不是。如果社区中的每个人都在攻击它，或者大多数人都想颠覆它，它就不能可靠地运转。但是，如果只有一些参与者行为不正确——即使他们在主动破坏系统的运行——系统仍然会给出正确的结果。我们之前对于容错和软件失效的研究让我们看到了一些类似的问题（第16章），但比特币的机制与我们之前看到的机制是完全不同的。

比特币同时提供了分布式共享分类账簿和价值单位。原则上，这两个概念是完全无关的：

- 银行可以维护一个以比特币为单位的普通分类账簿。使用比特币并不需要分布式账本。

- 一群参与者可以实现一个分布式账本，用于跟踪记录美元余额和转账。使用分布式账本并不是一定要以比特币为单位。

在实践中，分布式账本和价值单位的实现是相互交织的，就像我们在下一章中看到的那样。在下面的解释中，我们将首先考虑如何让分布式账本为社区服务。此时，我们无须关心作为价值单位的比特币。

分布式账本

分布式账本需要在系统部分失效或行为不当的情况下仍能正常运转。和其他容错系统类似（第15章），我们知道，依赖单一数据副本意味着我们无法容忍这个副本的丢失或失效。所以，我们必须考虑使用以某种方式合作的多个副本。

为了理解比特币解决方案，我们考虑打造一个分布式账本的比较简单的方法。最初的可能是，每个参与者直接保留分类账簿的不同副本。如果我们采用这种方法，我们还需要某种机制，使所有参与者永远都能看到相同的改变——我们并不希望两个参与者对某个参与者的资金余额存在异议。

我们最好再次使用"攻击者"和"防御者"的语言体系。在比特币社区中，正确运转的参与者是防御者，运转失常或主动破坏系统的人是攻击者。防御者希望实现下列特性：

- 每个防御者在分类账簿中看到的每个条目都是相同的。我们称之为一致序列。

- 一致序列是稳定的，只在一端发生改变（我们将发生改变的端点称为尾部）。和其他日志类似（第15章），它会随着更多条目的加入而变长，但是之前的条目是恒定的，不会受到新增条目的影响。

- 参与者群体会随着时间的推移而变大或变小。某个参与者可以选择是否加入或离开，以及何时加入或离开（在后面一节，我们会考虑参与者加入或离开群体的动机）。

- 群体对于状态改变达成了某种共享的共识。特别是，防御者需要在攻击者主动阻挠的情况下对相同结果达成一致。

每个参与者对于其他参与者的信任或不信任是均等的。遗憾的是，参与者没有被明确地贴上"攻击者"或"防御者"的标签。

我们之前也见过这种问题：它类似于拜占庭协议（对于拜占庭失效模式的协议）。我们在第16章中提到过，拜占庭协议允许一群参与者达成一致，前提是大多数（通常是2/3或3/5）参与者表现正常。因此，对于比特币的一种高层次理解是，它是一个共享的可扩展记录系统，每条更新都通过一种拜占庭协议与其他参与者共享。（计算机科学家可能会对这种描述提出异议。确切地说，真正的拜占庭协议需要更大比例的"良好"参与者，它会给出更可靠的共享答案。比特币要宽松一些，可以提供关于一致序列的较弱的观念，同时允许更大比例的攻击者存在。不过，这些区别在我们的讨论中不是特别重要。）下一章将更详细地介绍如何真正构建这样的系统。

第 25 章　比特币的机制

在第 24 章中，我们提出了比特币的目标，并将其总结为共享的可扩展记录系统，它的参与者相互之间没有信任关系。在本章中，我们将考虑以这种方式运转的系统是如何构建的。

有些系统通过物理不可逆性实现一个稳定的永久记录。例如，一次性写入光盘等档案存储媒介，一旦写入数据就无法更改：根本无法擦除或覆盖它们。当我们描述比特币参与者之间的共识观念时，需要注意的是，它的稳定性并不是来自任何物理机制。在物理层面上，比特币记录完全可以逆转和覆盖——如果有足够大的攻击者群体进行这种攻击，那么分类账簿中的历史完全可以得到改变。一致序列的稳定性来自防御者的努力。

什么是防御者的努力呢？每个参与者都可以独立运转，并对于是否加入或离开以及接受或拒绝其他参与者的哪些信息做出决策。参与者需要在本地版本的分类账簿中加入真实更新，同时拒绝任何虚假更新。

假设查理是个造假者，维克托是他的欺骗对象。查理可以加入虚假记录，以显示他收到了资金，并将这些更新发送给维克托。另一种类似的造假方法是，查理收到显示他已付款的合法更新，但他拒绝承认。他不是将其转发给维克托，而是删除显示他已付款的记录。

不管使用哪种欺骗方法，查理都可以欺骗维克托。维克托会收到显示查理拥有虚假资金的更新，或者没有收到显示查理资金变少的更新。反过来，查理可能会让维克托向他出售有价值的事物，以交换这些不存在的资金。我们需要想办法保护维克托免受查理的伤害。我们也许无法阻止欺骗者伪造日志，但我们可以确保他们不会成功。

比特币有 4 个使欺骗者难以生存的特点：

1. 每一笔交易都难以伪造或修改。

2. 在序列尾端添加新条目具有某种挑战性。此外，修改的难度随着与尾部的距离增加而增加，因此交易越旧，更改就越难。

3. 参与者需要通过竞争在序列尾部添加更新，欺骗者无法确保他们获胜。

4. 要在序列尾部添加更新，仅仅赢得竞争还不够——你还需要让社区中的大多数成员接受这个更新。

我们将依次研究每个特点。首先，让我们考虑一下如何使每一笔交易难以伪造。

不可伪造的交易

如果序列中的每个条目都像我们前面的图中那样表示，比如"爱丽丝：6 美元"，那么伪造条目是很容易的。如果我们看到"爱丽丝：4 美元"这样的更新状态，我们就不会知道这是真实更改还是虚假更改。记录的条目可以是余额（比如这个例子），或者是"爱丽丝的账户减少 2 美元"这样的更改，或者是"爱丽丝账户向鲍勃账户转入 2 美元"这样的转账。问题不在于记录的形式，而在于我们不知道它是否可信。

幸运的是，我们已经知道了一种对抗欺骗和伪造的方法。在分配公开密钥时（第 24 章），我们已经看到了类似的区分可信信息和不可信信息的方法。当时，我们想找到与某个名字相关联的公开密钥。我们需要抵御的风险是，攻击者可能会伪造这种关联，欺骗我们。

当时的解决方案是为每对名字和密钥使用签名证书。签名确定了信息来自可信方，而且信息在可信方发布后没有发生改变。由于签名的数学性质，我们相信攻击者不可能替换数据。

类似地，爱丽丝也可以用私人密钥为交易签名。这种签名允许任何人检查签名交易的有效性。如果它通过了有效性检验，这意味着：

- 签名交易的确是由爱丽丝签署的。
- 它在爱丽丝签名后没有发生改变。

不过，如果签名交易没有通过有效性检验，它就是没有意义的。它可能不是由爱丽丝签署的，或者在爱丽丝签名后发生了改变。不管怎样，它都是不可使用的交易。

实际上，比特币还不止于此。虽然我们可以谈论"爱丽丝的公开密钥"，但在比特币的底层技术实现中，"爱丽丝"相当于她在支付系统中的那对公开 / 私人密钥。谁知道爱丽丝的私人密钥，谁就是爱丽丝。我们在初次研究公钥密码时注意到了这个特点（第 23 章），但它在比特币中更加明显。

比特币交易发生在由特定地址标记的"钱包"之间。这些地址来自公开密钥。在我们的讨论中，它们就相当于公开密钥——但是直接使用公开密钥不太方便。和我们在考虑证书时看到的不同，比特币没有故意想办法将人们与特定地址或公开密钥相匹配。这种不同寻常的结构是人们有时称比特币具有"匿名"属性的原因之一，这在技术上是不正确的。比特币的确不涉及任何个人名字，但钱包地址是一种化名，因此使用比特币类似于用笔名发表文章和出版图书。如果比特币真的是匿名的，它就完全没有了身份信息，也就没有了可追踪性。实际上，钱包地址就是身份，可以很容易在这些身份之间追踪交易。如果某个钱包地址可以绑定到某个人，那么这个人就与该钱包涉及的所有交易有关。

依次类推，我们可以想象这样一个世界，每一笔现金交易都需要记录相关钞票上的序列号，这些序列号会连同日期／时间／位置信息一起被发布到网站上。在这样的世界里，现金交易仍然是匿名的，因为当你购买苏打水时，便利店职员不会知道你的名字，但是当局很容易查出这些资金的去处和来源，这通常是现金交易无法做到的。

关心比特币可追踪性的人可以使用多个地址，以免暴露身份，但你很难确保自己的踪迹不被发现。调查人员已经成功了解了比特币用户交易中的许多有趣的支付模式，并且根据比特币支付记录对犯罪分子提起了诉讼。

无法伪造的历史

到目前为止，我们只是弄清了如何使每个条目难以伪造，但这并不能阻止攻击者删除一个或多个完整的条目，或者改变条目的顺序。现在，让我们考虑一下如何使序列难以修改。当我们首次得到序列副本时，可能需要验证其中的每个条目，以确定它没有问题。不过，我们不希望每次阅读或修改序列时都要重新验证序列中的每个条目。相反，我们希望降低检验的成本。

一种可能的解决方案是使用覆盖整个日志的数字签名。图25-1 显示了一个保护双项目日志的签名。这种签名意味着只要改变某个项目中的一个比特，与之相匹配的签名就会被破坏。

然后，我们可以添加一个项目，并使用新的签名保护新的三项目日志（见图 25-2）。

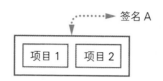

图 25-1　完整日志签名，双项目日志

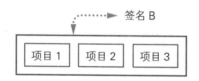

图 25-2　完整日志签名，三项目日志

　　虽然新的签名确保了三个签名项目随后不会改变，但是从双项目列表到三项目列表的转变是没有保护的：在移除签名 A 之后和添加签名 B 之前，我们无法阻止项目 1 或项目 2 的替换或更改。图 25-3 显示了这个问题。

　　在图的顶部是双项目序列，我们希望添加第三个项目。在第二行，我们需要移除签名 A，以添加第三个项目——仅仅添加第三个项目会破坏现有的签名，这是我们不希望看到的。但当签名不存在时，攻击者将项目 2 替换成了 X。然后，我们添加了项目 3，为三项目序列签了名，但是第二个项目已被破坏。

　　这里的签名方案显然没有正确运转，因为签名的移除和替换带来了一个漏洞。所以，我们希望为每个项目签一次名，然后不再改变这个签名。

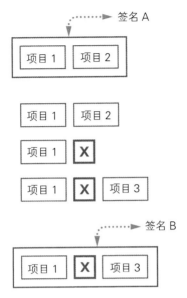

图 25-3 在没有保护时改变日志

可不可以每次添加项目时为整个日志重新签名？

图 25-4 显示了一个单项目日志及其相关签名。图 25-5 显示了一个双项目日志及其相关签名。

第二项被添加到带有签名的第一项后面，然后整个日志被重新签名。

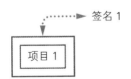

图 25-4 嵌套签名，单项目日志

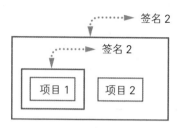

图 25-5 嵌套签名，双项目日志

原则上，这种方法看起来是成功的。在实践中，如果每次改变都要为整个日志再次签名，是会出现问题的。日志会越来越长，任何签名机制都会拥有与长度相关的成本。所以，为整个日志签名的成本会不断增长。一个潜在风险是，系统最终会变得很慢，读取所有需要签名的比特需要很长时间，更不要说进行签名计算所需的时间了。一个成功的长期运转的系统为自己的失败播下了种子。随着比特数量的增长，系统会变得越来越慢。我们并不想打造一个"成功灾难"系统，这种系统的成功运转确保它会随着时间的推移变得越来越慢。因此，我们希望系统的签名成本维持基本恒定，不管日志变得有多长。

幸运的是，我们不需要为整个日志签名。我们只需要确保能够以无法伪造的方式添加每个新条目。我们可以考虑直接将下面两个条目链接起来：

1. 上一个条目的签名；
2. 新条目。

前面说过，为一堆数据计算签名意味着签名数据一个比特都不能更改。即使更改一个比特也会"破坏"相关的签名——也就是说，如果我们检验被更改数据的有效性，签名就会无法通过检验。所以，为上一个签名和新条目计算签名意味着两者的任何一个比特都不能更改。

和之前的方案一样，图 25-6 显示了单项目日志和相应签名。此时，添加新元素不会涉及之前的所有项目。相反，新签名只覆盖上一个签名和新项目（见图 25-7）。

虽然签名没有覆盖整个日志，但它仍然具有非常相似的行为。在链条中，即使项目 1 的一个比特发生改变，相应的签名就会被破坏。

图 25-6 链式签名，单项目日志

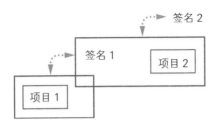

图 25-7 链式签名，双项目日志

在图 25-8 中，项目 1 中有一个小点发生了变化。因此，签名 1 不再与项目 1 相匹配，用大感叹号表示。

修复这种失配需要重新计算相关签名。在图 25-9 中，我们计算了一个新的签名，即签名 1'，从而修复了被改变的项目 1 和签名 1 的失配。但从签名 1 到签名 1'的改变又破坏了接下来的签名。在同一张图中，签名 2 被破坏了（用大感叹号表示）。所以，链条内部某处一个比特的改变会沿着链条向下传播，破坏后面的所有签名。虽然我们可以"修复"链条，使它再次拥有所有正确的签名，但是这种修复需要重新计算更改点后面的所有链式签名。

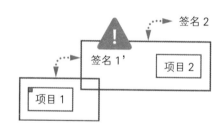

图 25-8　项目 1 的单个比特更改破坏了签名 1

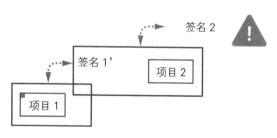

图 25-9　重新计算的签名 1 破坏了签名 2

根据这种链式结构方案,我们可以拥有难以伪造的可扩展项目序列。攻击者不能直接删除一个项目、插入一个项目或修改现有项目,因为任何更改都会破坏一系列签名,而重新计算这些签名具有很高的成本。

比特币谜题

比特币分类账簿不仅仅是将各条目链接在一起,使之无法分开,它还会限制可以添加的条目种类。为了理解这些限制,我们可以首先想象一大堆乐高积木,它们大小相同,但是颜色不同。到目前为止,我们描述的签名机制有点像将积木放在一起,然后用强力胶将其连接起来。胶水干燥的时间越长,就越难将积木分开。但我们还没有对颜色的添加顺序做出任何限制。假设我们现在有一条规则,即积木必须按照彩虹的顺序排列:红,橙,黄,绿,青,蓝,紫,然后还是红,还是橙,依次类推。这意味着当我们想要添加一块积木时,仅仅拥有链条末端和胶水是不够的——我们还需要找到具有正确颜色的积木。如果链条中的上一块是绿色的,那么仅仅准备许多红色积木是没有用的,我们需要的下一块必须是青色的。

上面用了一个众所周知的固定颜色顺序描述了这种限制。理解比特币真实规则的下一步是想象一个表格,这个表格可以确定当前颜色所对应的下一个颜色。对于彩虹的 7 种颜色来说,如果我们能够记住这些颜色,就不需要表格了。但如果颜色数量比这多得多，我们又必须遵循特定顺序（比如"紫红色"后面是"杧果色"），就需要使用表格跟踪下一个应该使用的颜色。

在比特币中，对于哪种元素可以跟在哪种元素后面也有类似的限制，但它比规定颜色顺序的巨大表格更复杂。乐高积木顶部有凸起，底部有凹槽。一块积木既要与之前的积木相匹配，又定义了下一块积木需要匹配的地方。与此类似，比特币序列中的上一个元素既是之前谜题的解，又是需要解决的新谜题。这些谜题是什么样的呢？在第 23 章中，我们看到了因数分解问题，那是一个难以解决但容易验证的问题的例子。你或你认识的人也许喜欢数独谜题，而数独也具有相同的特性。延长比特币分类账簿时需要解决的具体谜题既不是因数分解问题，也不是数独，但它具有相同的特性：它是数学问题，难以解决，但容易检验。

因此，比特币系统不是使用乐高积木序列并用每个颜色决定下一个颜色，而是使用谜题解答序列，每个解决定了下一个解。比特币有一个非常优雅的特点：需要解决的谜题取决于和签名相同的数学性质，但它是"反向的"。为了理解这一点，我们首先深入签名的内部，看一看散列函数。

散列函数

散列函数接受一个输入值，然后生成一个完全不同的输出值。它的确具有散列效果。通常，散列是通过对输入值各比特进行各种转换实现的，但我们不会进一步研究任何具体散列函数的工作原理。相反，我们只会考虑打造散列函数的一种比较疯狂的物理方法。假设你有 1,000 个小盒子，每个盒子内部写有从 0 到 999 的不同输出值。你把盒子带到某个合适的开阔空间，比如田野或体育馆，然后把它们分散开并充分混合，使所有盒子处于无序的随机位置。然后，你将它们收集起来——它们仍然具有随机顺序——并在每个盒子外面按顺序写下从 0 到 999 的输入值序列。现在，它就是你的散列函数。要想对一个数进行散列，比如 72，你只需要找到外面写有 72 的盒子，将其打开（找到一个值，比如 381）。

这种"基于盒子"的散列函数有两个特别之处。首先，输入值与输出值的范围相同（都是从 0 到 999）。其次，每个输入值都映射到单一输出值，反之亦然。和这种特定的盒子映射相比，实际散列更具一般性，但是我们不难对这个例子进行调整，以适应更一般的情况。例如，如果两个或更多不同的输入值可以映射到相同的输出值，那么这仅仅意味着一个盒子外面可能写有不止一个数字。

现在，考虑我们在这个例子中反向运行散列函数的情况。我们暂时不考虑为什么要这样做。我们只是看看它的过程。

假设我们的目标是找到输出值为 42 的输入值。当然，我们不能直接去找标有 42 的盒子，因为这是输入值——42 是输出值（写在盒子里面的值）。因此，我们需要一个一个地打开盒子，直到找到里面拥有 42 的盒子。我们可以按顺序打开盒子，也可以随机打开盒子，这不重要，因为我们不知道如何才能最快找到拥有 42 的盒子。不过，一旦找到拥有 42 的盒子，我们很容易把盒子外面的数字（比如 89）告诉周围其他人。任何持怀疑态度的人都可以走过来，亲自拿起标有 89 的盒子，验证里面是不是 42。

散列数据

真正的比特币谜题就像这种反向散列，但它使用的数字比这个例子大得多。实际上，比特币散列的输入值是我们希望添加到分布式账本中的那堆新信息。我们通常不会把一堆信息——一堆名字、数字和数据结构——看作一个数字。不过，在数字世界中，我们可以把任何一堆信息看作一串比特，并将其处理成很长的数字。

所以，让我们用更大的数字和更大的散列函数考虑同样的情况。我们不会试图沿用盒子的比喻，但我们会依赖于我们形成的直觉，即正向散列很容易（打开一个盒子），反向散列很困难（打开许多盒子，以寻找某个值）。

别忙，我还没说完！我们不只是将数据作为散列函数的输入值。比特币谜题的巧妙之处在于，我们添加到分类账簿中的数据有一个部分是可以调整的。在这个位置，我们可以添加我们想添加的任意数字。这意味着我们可以生成一系列不同的数字，用于对散列函数进行试验。

根据这种安排，我们可以生成许多不同的数字。我们能否生成任意数字？不能。即使数据中有一个可以调整的部分，我们也不能生成所有可能的数字。毕竟，数据块中仍然有一些不变的数据。这种将数据块看作数字的情况有点像下面的例子：输入值必须具有 429×××387 的形式，其中每个 × 可以是 0 到 9 的任意数字。这里有一定的可变性或自由度，但它也是有限制的。我们可以生成 429,000,387、429,924,387 或者 429,888,387，但我们并不能通过调整 × 生成 333,333 这样的数字。

我们不能生成所有可能的数字，这有没有影响？不必担心。在前面反向运行散列函数的例子中，我们寻找的是单一值 42。现在，如果需要寻找一个单一输出值，我们可能会遇到麻烦，因为我们知道无法生成所有可能的输入值。幸运的是，这在比特币谜题中不是问题。限制不会带来麻烦，因为我们寻找的不是单一匹配值。相反，我们寻找的是具有特定"形状"的任意数字。例如，在考虑十进制数时——真正的比特币谜题采用的不是十进制——规则可能是"任何以三个零结尾的数都可以接受"。所以，这意味着我们并不关心找到的数是 1,000、2,000、10,000还是 48,290,302,000——只要它末尾至少有三个零就可以了。真正的比特币谜题与此类似，它需要有一定数量的比特为零。

通过在数据块中的可变部分尝试不同的值，我们可以为比特币散列函数生成不同的输入值。在每次不同的尝试中，我们将数据块看作一个数字，"观察相应盒子的内部"（运行散列函数），以检查里面的数字末尾是否有足够多的零。只要找到一个成功者，我们就可以发布成功的数据块——包括可变部分的"正确"值。其他人很容易验证成功数据块的散列函数值的确具有正确"形状"。

由于散列函数原本就是复杂而无法预测的，因此找到正确输入值的唯一方法就是不断试错。一旦找到解，所有人都能看出它的确是正解。在此之前，没有人知道谁会首先发现它。寻找正解没有捷径。

正确发现的谜题解叫作区块。相应地，参与者共同构建的区块链条叫作区块链。

推动时间前进

我们已经看到了区块链防止伪造的三种方法：

1. 区块中每个与钱包相关的项目都会得到签名，以避免虚假交易。

2. 签名链条有助于确保攻击者很难改变区块链中的任何项目。

3. 只有解决难以预测的谜题才能延长链条，这使攻击者很难改变链条，而且任何攻击者都很难垄断为链条添加更新的过程。

这些技术意味着伪造区块链的不同版本是很昂贵的：它需要重新计算许多签名，并且需要解决许多试错谜题。

不过，我们仍然需要考虑到，某个拥有良好设备的攻击者可以将许多时间和资源投入这种暴力计算中。我们知道，改变链条的成本随着改变点后面的区块数量的增长而增长。因此，暴力攻击者可能会关注刚刚添加到链条上的条目。参与者能否对抗这种攻击？答案是肯定的，这源于系统的另一个特点：区块链不会保持静止，等待新项目的加入。相反，参与者一直在努力为共享链条添加更多区块，这是一个持续的过程。即使没有新信息需要添加到分类账簿中，参与者也在不断地努力延长链条。

为什么即使分类账簿内容没有发生改变，大家也要从事这种没有必要的延长链条的工作？我们可以将其看作施加了一个截止时间。假设我们需要解决一个困难的谜题。如果没有截止时间，解决这个谜题通常需要一个月。如果我们施加一个小时或更短的截止时间，即使谜题本身是相同的，它也会变得更难。类似地，如果链条是静止的，那么不管伪造链条多么昂贵都没有用——因为坚定的攻击者可以选择花费足够多的时间伪造。不过，这种伪造存在截止时间，因为谜题在不断变化。区块链既有难以伪造的表示形式，又有不断向前推进的"现在"。这种组合使替换日志的伪造变得非常困难。

群体挫败欺骗

如果攻击者在没有解决必要谜题的情况下直接宣称解决了谜题呢？别忘了，谜题的解很容易检验，尽管它很难得到。每个参与者维护着链条的本地视图，可以独自判断某个区块是否可以添加到链条末尾。正常运转的参与者（防御者）在收到无效谜题解时会直接将其忽略。如果社区中的大多数人都这样做，那么链条的共同视图就不会受到欺骗者的愚弄。

反过来，如果欺骗者忽略正确的解，又会怎样呢？欺骗者的本地链条视图将不再与其他人的视图相匹配。特别是，欺骗者仍然会去解决在链条"原有"尾部添加新内容的问题，而其他人已经前进到了新的问题。忽略正确的解只会伤害欺骗者。

我们还可以非正式地指出，要想实现成功的欺骗，欺骗者需要拥有远超其他所有人的计算能力。凭借完全占据主导地位的计算能力，他可以比其他人更快地找到解。经过足够多的时间，它可以建立一个完全虚假的账簿，使之成为最长的链条，并被更大的群体接受。不过，如果计算能力被分配到拥有不同利益的参与者之中，即使一些参与者试图作弊，整个系统仍然会正常运转。注意，我们也可以将这种推理反过来，得出一个警告：如果一个或一群参与者可以聚集大多数可用计算能力，他们就可以作弊。

挖矿的回报

我们说过，比特币系统依赖于说服参与者花费资源为区块链生成新元素。实际上，仅仅有一些参与者从事这项任务是不够的——要想挫败攻击者，防御者需要确保用于延长区块链的资源多于攻击者可以使用的资源。如何做到这一点呢？答案非常简单：成功延长链条的参与者可以获得回报。区块链每次成功添加一个元素都会生成少量新的比特币，由成功解决相关谜题的参与者所有。新的比特币是如何出现的呢？分布式账本中会出现一个条目，就像其他转账条目一样。我们可以将其看作每个区块中的预留条目，里面写有参与者的身份。如果参与者首先解决了问题，它就会成为链条的一部分。为链条添加区块的过程通常叫作挖矿。

让我们比较一下比特币挖矿与淘金。比特币挖矿与淘金类似，因为人们会投入许多精力和机械，以追求难以预测的回报。对于比特币挖矿，所有的精力和机械都具有计算性质——但总的来说，这种类比仍然有效。淘金者处理大量低价值矿物，以寻找少量黄金。比特币矿工处理大量无效谜题答案，以寻找少量正确答案。

不过，这种类比存在局限。比特币挖矿与淘金明显不同的一个地方是，理想的回报没有富矿脉和贫矿脉之分。所有比特币矿工都在一个矿井里竞争，这个矿井是由宇宙的数学性质定义的。实际上，他们都在一个矿井的同一个"矿面"上工作。

另一个鲜明的对比是，速度对矿工来说至关重要——谜题的解只有立即发布才有价值，这样它才会击败所有同样在寻找下一个解的竞争者。淘金则不同，只要你得到了黄金，它就是你的，不管其他人是否知道此事。在某种程度上，和淘金相比，比特币挖矿更像是竞标——如果有人竞争同一地产，那么只有第一个签署文件的人才是获胜者。

另外，与淘金相比，比特币挖矿的生产率由自动反馈过程控制。当比特币生成得太快时，挖矿就会变得更困难。当比特币生成得太慢时，挖矿就会变得更容易。系统中可以开采出的比特币数量是有一个众所周知的限制的，因此挖矿最终会停止。在此之前，比特币之矿永远不会像金矿一样被采光——它也永远不会像金矿一样抵达新的富矿脉区。

污染和比特币

虽然高速解决数学谜题听上去非常干净和环保，对环境没有影响，但现实是实现高速计算是需要能量的。比特币矿工在独创性和工程设计上相互竞争，争夺谁能最有效地将能量转换成区块链上的新区块。不过，区块链本身只与解决谜题的数学运算有关。因此，人们常常会使用许多廉价能源，而不是关注能源的使用效率，这在经济上很有吸引力。在撰写本书时，有一些区域的比特币矿工主要使用高污染的廉价煤炭生成所需电力，以获得优势。

即使我们用能源以热能或电力的形式向人们提供利益，提高"不良"能源的消耗量似乎也不是很好的选择。当污染和产热的增长仅仅用于驱动某种计算"跑步机"时，选择这种有害能源的做法尤其值得思考。虽然这种活动在阻止比特币交易作弊方面可能有价值，但如果它会破坏环境，那么它似乎不应该具有如此高的优先级。

如果所有矿工使用类似的能源，那么比特币系统结构是很优雅的。但这种对于最便宜、最糟糕的能源的"逐底竞争"是一个严重缺陷。我们可以看看这种局面能否得到改善。也许未来的比特币版本或者另一种打造分布式账本的竞争策略可以解决这个问题。

挖矿与价值

矿工群体并不是固定的。相反，每个参与者随时都可以自由加入或离开矿工群体。实际上，如果你兴趣很高，你可以亲自获取挖掘比特币所需要的设备和知识——没有看门人会来判断你加入群体的价值，这是它的一个吸引人之处。这个群体是驱动区块链的引擎，群体的努力是系统对抗欺骗的一个重要组成部分。所以，我们应该稍微仔细地观察一下是什么因素促使参与者加入或离开矿工群体。

成为矿工意味着拥有某种执行步骤的机械，并且选择执行挖矿计算，即为链条添加更新时需要完成的解题任务。如果没有其他矿工，回报和努力的分析是很容易的：唯一的矿工会获得所有回报。只要有了其他矿工，回报就没有保证了。相反，这有点像买彩票。

在彩票中，赔率的设计使玩家平均而言会输钱。比特币矿工比彩票玩家更精于计算——他们只愿意在能够获胜的情况下参与游戏。每个玩家只会在预期回报超出成本的情况下参与游戏。如果一个玩家认为这种交换会带来损失，他就会停止挖矿。但这个简单的公式带来了一个问题：在任意时间点上，是什么决定了这种交换具有吸引力或不具有吸引力？这个决定必然是一个判断问题——交换是在"赢得"链条下一个区块的可能成本与接下来的预期回报之间进行的。我们可以更详细地对此进行分析，但这不会使我们更加理解整个比特币系统。对于加入和离开决策的考察，我们可以直接给出结论：我们无法得到完全精确的答案——由于回报的无法预测性、其他玩家的未知行为和比特币实际价值的波动性，系统中存在许多噪声，无法制订精确可靠的规则。值得注意的是，虽然比特币系统的一部分被编写为程序，而且非常固定，但是每个参与者挖矿或停止挖矿的决策必然取决于人为判断。

自举价值

比特币将经济激励与理想的系统行为联系在一起，该系统用比特币回报矿工的工作。这种方法很好，前提是你能让它运转起来。但它有一个自举问题：回报为什么是有价值的？一些比特币变种和衍生物已经被创建，这并不令人吃惊——毕竟，当你意识到可以在没有政府参与的情况下创建货币系统，为什么要止步于一种货币呢？但每一种新货币都会再次带来鸡生蛋的问题，这个问题在比特币初期也曾困扰过它：一种货币要想具有价值，需要得到普遍接受。要想得到普遍接受，这种货币需要有价值。

举一个具体的例子。想象鲍勃希望创建一种新货币，叫作鲍勃币。鲍勃很容易直接建立这个系统，开始挖掘鲍勃币，并在每次延长区块链时给自己一些鲍勃币，作为奖励。不过，如果他是唯一拥有鲍勃币的人，那么鲍勃币就没有任何价值，任何和鲍勃共同加入鲍勃币世界的人都不会有明确的收益。

这种货币与初创公司有一些有趣的相似之处。两者都有一个步骤，看上去像是凭空创造出了可能有价值的事物，一个是挖掘比特币，另一个是发行股票。我们最好把两者创建的"事物"理解成某种伟大事物的份额。

为什么人们会接受以初创公司股票形式提供的付款？因为他们相信它在未来更有价值，因为他们相信公司的未来。同样，为什么比特币的早期采用者会接受比特币的回报？因为他们相信这种回报在未来将会升值。

比特币与管理

比特币是一个巧妙的系统。不过，它的起源会引发一些可以理解的担忧。这个系统是由中本聪发明和发布的。在撰写本书时，还没有人能够以令人满意的方式将这个名字与真实的个人或组织联系在一起。由于没有人能够确定是谁发明了这个系统，因此很难判断他们的动机。这个系统完全有可能存在隐藏的利益冲突或者彻头彻尾的欺骗，它应该会影响我们使用这个系统的意愿。

斯诺登揭露的美国国家安全局的活动，其中包括美国国家安全局颠覆密码标准的一些惊人努力。我们完全可以想到，某个参与者——他不一定是美国国家安全局，也不一定是任何美国机构——正在用比特币做类似的事情。不幸的是，我们甚至不清楚这种颠覆是否会影响比特币（用于在未来作弊）或者比特币本身是不是一个巨大的阴谋（用于避免更好、更不容易追踪的加密货币）。只要比特币系统的来源仍然是模糊的，这些怀疑就会持续存在。公平地说，即使比特币的所有起源和早期历史被完全揭示，它的性质仍然可能引发一些担忧。

由于某种类似的原因，比特币系统的管理也存在问题。这些问题不会影响系统每天每分钟的行为：区块链中记录交易的正常操作似乎非常可靠。虽然存在各种攻击和错误，但在撰写本书时，比特币系统本身仍然在运转。如果一些参与者采取行动，使系统状态变得分裂或不明确，那么拥有最大计算能力的参与者最终会获胜。系统的持续运转会化解冲突。比特币在这方面的实验大概可以看作一种成功。

虽然让比特币发挥作用的特性强大而有趣，但我们不应该做出夸大，声称它可以提供组织社会的新方式。事实上，至少有一些传闻证据指向相反的方向：比特币需要某种"政治"元素才能更好地发展。虽然系统的日常操作运转得很好，但是当这个操作系统遇到自身的设计限制或缺陷时，就会出现严重的问题。比特币并不完美，这种不完美有时会成为系统继续运转的严重阻碍。此时，我们显然可以看到，中本聪的设计并没有任何可靠的选择机制，在区块链机制应该具有的不同演化版本间进行选择。我们可以说，系统的运转效果是可以接受的，但它的"元操作"并不充分。在某些方面，比特币就像没有修正程序的宪法一样。

当然，对于在相互不信任的参与者之间使用的系统而言，信任是很难建立的。不过，使用比特币的经验表明，如果没有任何信任，演化中的系统一定会遇到很难解决的情况。在某些决策中，如果至少有一些参与者相互信任，那么解决问题会变得更容易——他们可以接受暂时丧失控制权或权力，以获取更好的最终结果。

比特币的意义

比特币有什么意义？这个系统很好地说明了一点：即使有一些人试图作弊，我们也可以建立有效的分布式账本。不管比特币以后如何成功或失败，这个结论都很有价值。不管比特币将来会取代世界支付系统还是由于管理不善而崩溃，它都是一个宝贵的实验，它将完成许多人在它诞生时无法想象的事情。

比特币对整个世界都具有潜在的重要性。我们可以在它身上看到下一波数字革命的种子。我们看到了文本信息的数字化和网络化。之后，我们看到了音频和视频的数字化和网络化。在比特币身上，我们可以看到货币、承诺、合同和契约等各种金融实体的数字化和联网途径。

如果我们将关注点转回到这本书的主题上呢？比特币作为一个计算系统有什么意义？在用数学代替信任这件事上，比特币比我们研究过的任何其他系统走得更远。当你不认识群体中的其他人（或者认识并知道他们不可信任）时，比特币可以为群体实现有意义的事情，这种能力非常有趣。比特币是由个人利益和数学的迷人组合驱动的。

第 26 章　回顾

恭喜你！你已经完成了这场旅行。你看到了单一进程的部分工作原理。你看到了多个进程相互作用的一些方式。你看到了失效对进程的一些影响以及组织系统以克服这些失效的方法。最后，你看到了进程攻击和防御的一些原理。

想一想这场旅行为你的生活带来了哪些变化。你有过改变人生的经历吗？你是否学到了使你就业能力更强的技能？答案很可能是否定的，哪怕没人会反对你做出肯定回答。对此，我一定会感到高兴——请把你的经历告诉我！

在我看来，更有可能的是你获得了不同的视角。你看到了一些你以前从未看到过的事情，也知道了你眼中的新思想之间的联系。当然，你可以在许多关于不同主题的不同书籍中了解新的思想和联系——那么，这里的思想有什么特别的价值呢？

在考虑这个问题时，我读到了威廉·吉布森（William

Gibson）下面的这段话。他在回答我们将来是否会在大脑中植入计算机的问题：

> 我很怀疑我们的孙子辈能否理解计算机和非计算机的区别。换句话说，他们不认为"计算机"是一类特别的物体或功能。我想，这是计算真正得到普及的合理结果：世界将变得很奇怪……
>
> 在这个世界里，人类大脑不需要物理增强，因为最重要的、极为强大的增强已经通过后地理分布式处理的形式发生了。
>
> 你不需要在大脑中安装智能设备，因为你的冰箱和牙刷已经非常智能了，它们将时时刻刻出现在你身边。

我不知道我是否一定认同吉布森提出的这种未来无法避免的观点，但我不想做事后诸葛亮。20 世纪 80 年代初，当我还是一名计算机科学专业的本科生时读到了他的小说《神经漫游者》。当我首次阅读他的书时，我每天都在对穿孔卡片和批量计算进行原始的操作。吉布森写到了网络空间和虚拟现实，他所设想的世界在 30 年后已经初具雏形，但它在今天仍然具有未来气息，没有完全得到实现。

我不了解未来智能牙刷的各种功能，但我知道它可能采用的一些计算机制。产品会来来去去，技术问题会出现和过时，但计算的底层现实是不变的。它们是宇宙的性质，不是当前技术的属性。理解宇宙的这些特性可以使我们有能力处理生活中各种计算系统。更重要的是，它还可以使我们深刻理解关于通信、进程、失效和协调的更广泛的思想——它们都在以某种方式影响着我们的日常生活。

致　谢

许多人为本书提供了帮助。有些人提供了舒适的工作环境（在河床技术公司、多宝箱公司和麻省理工学院）。有些人对一些章节或整部手稿做出了评论，有些人在重要环节提供了专业知识和指导。感谢你们！

按中文首字母顺序排列：阿迪蒂亚·阿加瓦尔（Aditya Agarwal）、阿泽·贝斯塔夫罗斯（Azer Bestavros）、艾莉·戴（Elly Day）、芭芭拉·利斯科夫（Barbara Liskov）、巴特勒·兰普森（Butler Lampson）、布兰科·拉姆（Blanco Lam）、戴明英（Minh-Anh Day）、迪纳·卡塔比（Dina Katabi）、恩钦达·恩钦达（Nchinda Nchinda）、F. G. 戴（F. G. Day）、弗兰斯·卡里舒克（Frans Kaashoek）、格拉布街发射实验室2014年参与者、哈里·巴拉克里希南（Hari Balakrishnan）、吉姆·怀·德兰（Jim Hoai Tran）、吉姆·米勒（Jim Miller）、杰

弗逊·戴（Jefferson Day）、杰里·肯内利（Jerry Kennelly）、杰西卡·帕平（Jessica Papin）、克雷格·詹宁斯（Craig Jennings）、卡特里娜·拉库茨（Katrina LaCurts）、凯伦·索林斯（Karen Sollins）、凯西·洛（Kathy Loh）、劳拉·帕克特（Laura Paquette）、里基·林（Ricky Lin）、马尔科姆·戴（Malcom Day）、玛丽·李（Marie Lee）、马乔里·戴（Marjorie Day）、迈克尔·戴（Michael Day）、乔纳森·戴（Jonathan Day）、山姆·马登（Sam Madden）、沃尔特·乔纳斯（Walter Jonas）、约翰·古塔格（John Guttag）、作家协会。

特别感谢我无与伦比的妻子图-汉·德兰（Thu-Hằng Trần），她已经忍受了我两次看似没有止境的写作项目——90年代中期的博士论文以及现在的这本书。对于她的支持，我很少向她充分表达我的重视和感谢。我希望这里的致谢有助于弥补这一点。我依然爱你，你知道吗？

图书在版编目（CIP）数据

数字世界是如何运转的 / (美) 马克·斯图尔特·戴
著；独孤轻云译. -- 北京：九州出版社, 2023.12
ISBN 978-7-5225-2443-6

Ⅰ. ①数… Ⅱ. ①马… ②独… Ⅲ. ①数字技术—应
用 Ⅳ. ①TP391.9

中国国家版本馆CIP数据核字(2023)第210418号

版权登记号：01-2024-3272

数字世界是如何运转的

作　者	［美］马克·斯图尔特·戴　著　独孤轻云　译
责任编辑	王　佶　周　春
出版发行	九州出版社
地　址	北京市西城区阜外大街甲35号（100037）
发行电话	（010）68992190/3/5/6
网　址	www.jiuzhoupress.com
印　刷	嘉业印刷（天津）有限公司
开　本	889 毫米 × 1194 毫米　32 开
印　张	14.25
字　数	280 千字
版　次	2023 年 12 月第 1 版
印　次	2024 年 12 月第 1 次印刷
书　号	ISBN 978-7-5225-2443-6
定　价	86.00元